教育部职业教育与成人教育司推荐教材
中等职业学校数控技术应用专业教学用书

数控铣削编程与加工技术

（第2版）

张英伟　主编

電子工業出版社
Publishing House of Electronics Industry
北京·BEIJING

内 容 简 介

本书为教育部职业教育与成人教育司推荐教材，是根据《中等职业学校数控技术应用专业领域技能型紧缺人才培养培训指导方案》编写的，符合核心教学与训练项目的基本要求和中级数控铣床操作员职业技能鉴定规范的基本要求。其中前 4 章为基础知识，主要讲述数控铣削加工过程、机床及装备知识、数控铣床的操作以及数控铣削加工工艺基础；第 5 章至第 11 章为数控铣削手工编程知识，主要讲述编程规范、指令应用及编程方法等。第 12 章为数控铣床/加工中心考证训练，主要讲述职业鉴定的规范及综合应用编程、工艺、操作等知识。

本书以项目驱动的形式阐述相关知识，力求突出应用性、实践性，使理论教学融入实践教学之中，并试图引导教学过程按照实际生产过程来进行。

本书可作为中等职业学校数控技术应用专业教材，也可作为职业技术院校机电一体化、机械制造类专业教材及机械类工人岗位培训和自学用书。

本书还配有电子教学参考资料包，包括教学指南、电子教案及习题答案等。

图书在版编目（CIP）数据

数控铣削编程与加工技术 / 张英伟主编. —2 版. —北京：电子工业出版社，2009.12
教育部职业教育与成人教育司推荐教材・中等职业学校数控技术应用专业教学用书
ISBN 978-7-121-09671-6

Ⅰ. 数…　Ⅱ. 张…　Ⅲ. ① 数控机床：铣床-金属切削-程序设计-专业学校-教材　② 数控机床：铣床-金属切削-加工-专业学校-教材　Ⅳ. TG547

中国版本图书馆 CIP 数据核字（2009）第 183308 号

策划编辑：白　楠
责任编辑：李　蕊　　文字编辑：李雪梅
印　　刷：北京盛通数码印刷有限公司
装　　订：北京盛通数码印刷有限公司
出版发行：电子工业出版社
　　　　　北京市海淀区万寿路 173 信箱　邮编　100036
开　　本：787×1 092　1/16　印张：13.25　字数：339.2 千字
版　　次：2006 年 8 月第 1 版
　　　　　2009 年 12 月第 2 版
印　　次：2025 年 2 月第 21 次印刷
定　　价：23.50 元

凡所购买电子工业出版社图书有缺损问题，请向购买书店调换。若书店售缺，请与本社发行部联系，联系及邮购电话：（010）88254888，88258888。

质量投诉请发邮件至 zlts@phei.com.cn，盗版侵权举报请发邮件至 dbqq@phei.com.cn。

本书咨询联系方式：（010）88254583，zling@phei.com.cn。

前 言

随着现代制造业在我国不断兴起，对具备数控加工职业能力的岗位需求越来越大，在此背景之下，根据教育部颁布的《中等职业学校数控技术应用专业领域技能型紧缺人才培养培训指导方案》开发编写了本专业系列教材。

《数控铣削编程与加工技术》是根据数控铣削编程与操作员职业岗位要求设置的课程，重点介绍了数控铣床相关的基础知识、编程技术、加工技术训练等。

本教材的编写始终坚持以就业为导向，以职业能力培养为核心，将数控铣削加工工艺和程序编制方法等专业技术能力融合到教学项目之中。

教材内容的编写主要体现以下几方面特点。

(1) 围绕中级数控铣床操作人员的“职业能力”对内容进行取舍。根据“技能型紧缺人才的培养要把提高学生的职业能力放在突出位置”这一指导思想，借鉴中级数控铣床操作人员应具备的“核心职业能力”，对教学内容进行取舍。教材围绕数控编程、加工工艺两部分内容展开，特别强化了铣削加工工艺方面的知识和训练，使学员逐步提高职业能力。而对于与编程、操作无关的理论知识，将全部删除。

(2) 通过项目驱动式的组织形式分散难点。本教材的组织形式是设置若干个项目，每个项目都以一个实际零件的加工任务为核心引出新的数控指令和数控工艺知识。项目内容从易到难，逐步将各种数控加工指令与工艺知识引出，在一个个数控零件加工项目的驱动下，完成数控加工指令与工艺知识的学习。

(3) 深入浅出、适当重复的编写风格。本教材采用螺旋式上升的方式展开内容，新知识、新技能在原有基础上引出，同时复习巩固已学过的内容。如在分析铣削编程与加工实例时，所选工程实例复杂程度逐步提高，在已有知识的基础上引出新的编程方法与工艺知识，做到既有重复又有提高。

(4) 紧密结合职业资格考核标准加强技能训练。根据中职学生岗位需求，本教材在各个章节中根据知识点的深入，逐步融入职业岗位训练内容，并以数控铣削中级工职业资格考核标准进行综合性强化训练，提高学生的实践能力和岗位就业竞争力。

本书由张英伟任主编，蔺利丽、谢楚缄为参编，并由谢晓红和杨晖任主审。由于编者水平和经验有限，书中欠妥之处在所难免，敬请读者批评指正。

为了方便教师教学，本书还配有教学指南和电子教案（电子版），请有此需要的教师登录华信教育资源网（www.hxedu.com.cn）免费注册后再进行下载，有问题时请在网站留言或与电子工业出版社联系（E-mail：hxedu@phei.com.cn）

编 者

2009 年 9 月

目　录

第 1 章　初识数控铣削……1
1.1　数控铣削的预备知识……1
1.1.1　数控铣削的加工范围……1
1.1.2　数控铣削加工装备……2
1.2　数控铣削的加工过程……4
1.2.1　加工工艺分析……4
1.2.2　编制数控加工程序……6
1.2.3　输入数控加工程序……8
1.2.4　校验与试切……8
1.2.5　零件加工……8
1.3　数控铣削加工涉及的技术……9
思考与练习 1……9
第 2 章　数控铣床的坐标系与运动……10
2.1　铣削加工的切削运动……10
2.1.1　数控铣削的主运动……10
2.1.2　数控铣削的进给运动……11
2.2　数控铣床的坐标系……12
2.2.1　数控铣床的机床坐标系……12
2.2.2　编程坐标系……15
2.2.3　工件坐标系与机床坐标系的关系……16
2.2.4　机床参考点……17
思考与练习 2……17
第 3 章　数控铣床的基本操作……18
3.1　中小型数控铣床数控系统简介……18
3.1.1　FANUC 公司的主要数控系统……18
3.1.2　SIEMENS 公司的主要数控系统……18
3.1.3　“华中数控”系统……19
3.2　数控铣床操作界面概述……19
3.2.1　铣床控制面板……19
3.2.2　数控系统工作界面……20
3.3　机床的工作方式……21
3.4　FANUC 0i 系统铣床控制面板介绍……22

3.4.1 FANUC 0i 铣床操作面板介绍 …… 22
3.4.2 FANUC 0i 铣床数控系统操作面板介绍 …… 23
3.5 数控铣床的上电操作步骤与安全规程 …… 25
3.6 数控铣床的基本操作方法 …… 25
思考与练习 3 …… 28
第 4 章 数控铣削加工工艺基础 …… 29
4.1 数控铣削零件工艺分析 …… 29
4.1.1 数控铣削加工的零件类型 …… 29
4.1.2 数控铣削加工工艺的特点 …… 30
4.1.3 数控铣削加工工艺的主要内容 …… 31
4.1.4 零件样图与工艺卡 …… 31
4.1.5 定位基准的确定 …… 37
4.1.6 加工方案的确定 …… 38
4.1.7 对刀点与换刀点 …… 38
4.1.8 走刀路线的确定 …… 39
4.2 数控铣削刀具与切削用量 …… 41
4.2.1 数控铣削常用刀具 …… 41
4.2.2 铣削刀具选用原则 …… 42
4.2.3 切削用量的计算 …… 43
4.2.4 铣削切削用量的确定 …… 44
4.3 数控铣削刀具与工件的装夹 …… 45
4.3.1 铣削刀具的装夹 …… 45
4.3.2 工件的定位与装夹 …… 45
思考与练习 4 …… 46
第 5 章 数控铣削编程基础 …… 48
5.1 数控铣削编程概述 …… 48
5.2 数控铣削加工程序的组成与格式 …… 51
5.3 数控指令分类与典型数控系统指令 …… 52
5.3.1 准备功能（G 功能） …… 53
5.3.2 辅助功能（M 功能） …… 54
5.3.3 其他功能指令 …… 54
5.4 常用指令编程要点 …… 58
5.4.1 模态指令和非模态指令 …… 58
5.4.2 进给功能指令 …… 59
5.4.3 主轴功能指令与转速编程 …… 60
5.4.4 辅助功能指令 …… 60
5.4.5 坐标系的设定 …… 61
思考与练习 5 …… 64
第 6 章 直线与圆弧插补指令应用 …… 66
6.1 项目准备知识 …… 67

6.1.1 绝对坐标编程与相对坐标编程……67
6.1.2 快速定位指令（G00）……68
6.1.3 直线插补指令（G01）……69
6.1.4 圆弧插补指令（G02/G03）……70
6.1.5 西门子数控系统圆弧插补指令的使用（G2/G3）……74
6.2 项目分析与实施……76
6.3 拓展训练……78
6.3.1 加工方案一——分层铣削……79
6.3.2 加工方案二——螺旋铣削……81
6.4 项目总结……84
思考与练习 6……85
第 7 章 刀具半径补偿指令应用……86
7.1 项目准备知识……86
7.1.1 刀具半径补偿的概念……86
7.1.2 建立刀具半径补偿指令……87
7.1.3 取消刀具半径补偿指令……89
7.1.4 刀具半径补偿的其他应用……91
7.2 项目分析与实施……91
7.3 拓展训练……95
7.4 项目总结……98
思考与练习 7……99
第 8 章 刀具长度补偿指令应用……100
8.1 项目准备知识……101
8.1.1 刀具功能指令……101
8.1.2 刀具长度补偿的概念……101
8.1.3 型腔加工的工艺分析……108
8.2 项目分析与实施……110
8.3 拓展训练……114
8.4 项目总结……118
思考与练习 8……119
第 9 章 固定循环指令及其应用……120
9.1 钻孔加工项目准备知识……120
9.1.1 固定循环的概念……121
9.1.2 返回点平面的选择……122
9.1.3 钻孔循环指令 G81……122
9.1.4 取消循环指令 G80……123
9.1.5 钻孔循环指令 G82……123
9.1.6 深孔钻孔循环指令 G83……123
9.1.7 高速深孔钻孔循环指令 G73……124
9.2 钻孔加工项目分析与实施……125

9.3　内孔螺纹加工项目准备知识……128
9.3.1　右旋攻螺纹循环指令 G84……128
9.3.2　左旋攻螺纹循环指令 G74……130
9.3.3　刚性攻螺纹方式……130
9.4　内孔螺纹加工项目分析与实施……131
9.5　镗孔加工项目准备知识……134
9.5.1　镗孔循环指令 G86……135
9.5.2　精镗孔循环指令 G76……136
9.5.3　背镗孔循环指令 G87……137
9.6　镗孔加工项目分析与实施……138
9.7　项目总结……141
9.8　SIEMENS 数控系统的固定循环功能……142
9.8.1　SIEMENS 数控系统固定循环概述……142
9.8.2　钻削循环……143
9.8.3　螺纹切削循环……144
9.8.4　镗削循环……145
思考与练习 9……146
第 10 章　子程序的应用……149
10.1　项目准备知识……150
10.1.1　子程序的概念……150
10.1.2　FANUC 子程序指令分析……150
10.1.3　SIEMENS 系统子程序指令分析……152
10.2　项目分析与实施……153
10.3　拓展训练……158
思考与练习 10……161
第 11 章　宏指令……164
11.1　宏程序的概述……164
11.2　宏程序的调用……165
11.3　宏程序本体……165
11.4　宏变量……166
11.5　宏程序的操作……167
11.5.1　算术和逻辑操作……167
11.5.2　控制指令……168
11.6　应用举例……169
第 12 章　数控铣床/加工中心考证训练……171
12.1　数控铣床/加工中心技能鉴定的基本要求……171
12.2　数控铣削中级工样题 1……173
12.3　数控铣削中级工样题 2……179
附录 A　中级铣削/加工中心操作工知识试卷样题 1……185
附录 B　中级铣削/加工中心操作工知识试卷样题 2……193

第1章　初识数控铣削

本章首先以一个最简单零件的加工过程为例，完整阐述了数控铣削零件的基本加工过程，进而明确学习数控铣削技术应该掌握的基本知识和相关概念，了解如何系统学习这门课程的方法，并以此为契机引领大家进入数控铣削技术的学习乐趣之中。

【学习目标】

（1）掌握数控铣削加工的实现过程。
（2）了解数控铣削加工程序的编制过程。
（3）了解数控铣削加工涉及的技术。

1.1　数控铣削的预备知识

在开始一项数控铣削任务之前，首先要熟悉一下数控铣削的一些基本知识。

1.1.1　数控铣削的加工范围

铣削加工作为一种金属切削类加工，在机械加工领域具有举足轻重的地位。传统的铣削只可以加工平面、成型面、各种沟槽等，但随着数控技术在机械加工领域的应用，数控铣削在原有的加工范围外，又有了许多扩展。除了主要的平面铣削、曲面铣削和轮廓铣削外，还包括对零件进行钻、扩、铰、镗、锪加工及螺纹加工等，如图 1-1 所示。

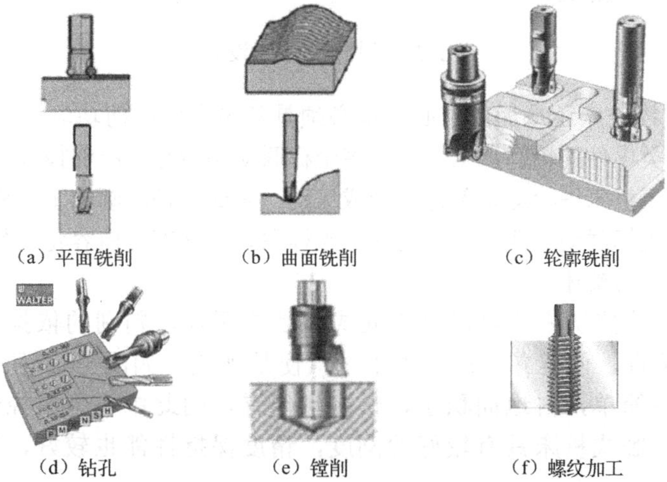

（a）平面铣削　（b）曲面铣削　（c）轮廓铣削
（d）钻孔　（e）镗削　（f）螺纹加工

图 1-1　数控铣削的加工范围

1.1.2 数控铣削加工装备

工欲善其事，必先利其器。在了解怎么进行数控铣削加工之前，还必须了解要完成上述铣削加工所需要的基本装备即数控铣削加工装备，主要包括数控铣床、夹具、刀具、测量装置和其他辅助工具等。

1．数控铣床及加工中心概述

能完成上述数控铣削类加工的机床从功能上大体可以分成两类：普通数控铣床和数控镗铣加工中心，如图1-2所示，其本质的区别就在于数控镗铣加工中心（简称加工中心）具有刀库和自动换刀功能，而普通数控铣床则没有。试想一下，需完成在平面加工后还要在该平面上完成孔加工时，若使用普通数控铣床，则需要停车后人工换刀并进行重新对刀，不仅加工效率较低同时加工精度又不易保证。而采用加工中心则只需要在刀库中预先装好所需刀具，并做好刀具的调整工作，加工时便能在需要时利用自动换刀装置完成换刀工作无须人为干预，大大提高了生产效率和加工质量。因此，在现代制造领域中加工中心正逐步成为主流铣削类机床。

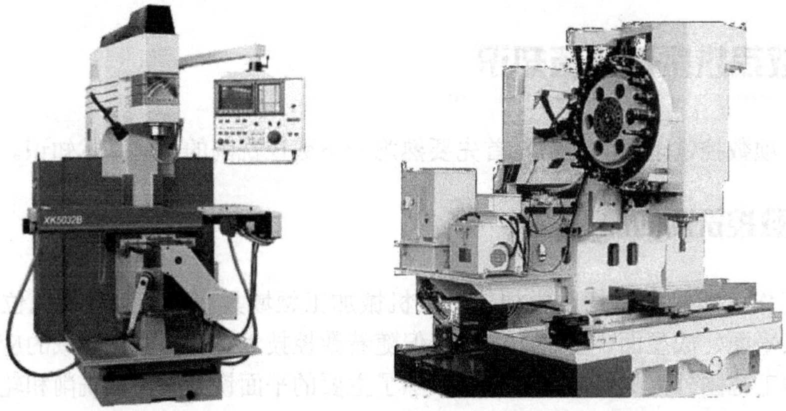

（a）数控铣床　　（b）数控镗铣加工中心

图1-2　数控铣削加工设备

此外，不论数控铣床还是加工中心，都必须具备多坐标联动功能，以便于各类复杂的平面、曲面和壳体类零件的轮廓加工。所谓多坐标联动功能是指能够控制多个坐标轴同时运动的功能，其实现了机床进给运动部件的合成运动，完成各种轮廓加工。通常所说的联动包括二坐标联动、三坐标联动、四坐标联动和五坐标联动。此部分内容将在数控机床坐标系中做详尽介绍，在此不再赘述。

而从结构上，数控铣床又可以分为立式和卧式两种，判别的依据主要为主轴的方向，机床的主轴垂直，便是立式；主轴水平，便是卧式，如图1-3所示。通常，立式相比卧式结构上更简单，占地面积小，价格也便宜，因此中小型数控铣床多数采用立式。而相比立式，卧式机床具有较好的刚度，精度保持性能也较好，因此适用于大型机床。

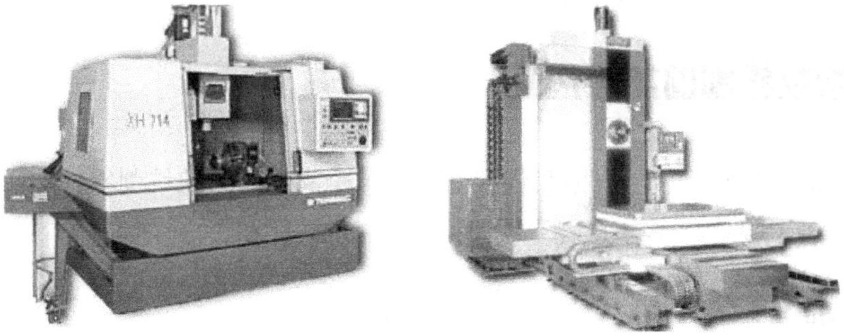

（a）立式　（b）卧式

图 1-3　数控铣床的两种类型

2. 夹具

夹具主要用于零件在机床上的定位和夹紧。夹具的选择要依据具体零件的形状和定位要求确定，常见的通用夹具有平口钳和压板等，如图 1-4 所示。

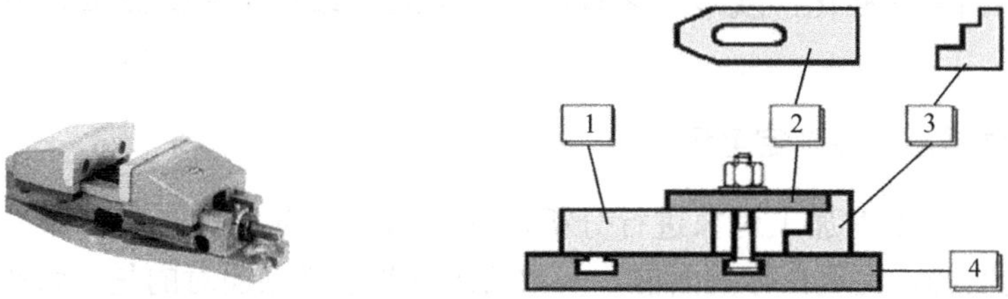

（a）平口钳　（b）压板

图 1-4　通用夹具

3. 刀具

数控铣削所用刀具的种类繁多，主要有铣刀、孔加工刀具、成型刀具等，如图 1-5 所示。刀具的材料也各异，选择刀具要依据被加工零件的材料、几何形状、表面质量要求、切削性能等进行多方面的考虑。

图 1-5　数控铣削所用刀具

1.2 数控铣削的加工过程

有了上面的预备知识后，下面我们就看一看一个真正的数控铣削零件加工过程是怎样完成的。

1.2.1 加工工艺分析

试想一下在一个普通零件加工之前，我们都会提出下面几个问题：

（1）我们要加工什么？——对加工对象进行分析。

（2）怎样进行加工？——确定加工方案。

（3）选择什么工具完成加工？——确定工艺装备。

而这些与加工息息相关的分析过程，决定了加工过程每个环节的任务、要求和采用的具体方法。我们将这些任务、要求和方法统称为加工工艺，而为了便于指导加工，往往将这些工艺分析的结果文档化，就是工艺规程。下面我们以一个实例简单介绍加工工艺的制订过程。

1. 分析零件样图，并确定毛坯

在加工之前首先要对加工对象进行分析，获取与加工有关的信息。而加工对象往往不会是一个现成的实物，呈现在你的面前，多数情况下我们必须面对的是一张清楚描述零件外观的机械零件样图。因此，作为机械加工人员，第一项要掌握的技能就是“识图”，就是要求能够准确地将图纸信息转换成零件的加工信息，如零件的被加工部分的形状、尺寸、材料、精度、表面粗糙度和零件的数量等。例如，如果进行下面零件的加工，如图1-6所示，我们应该从零件样图中获得哪些与加工有关的信息？

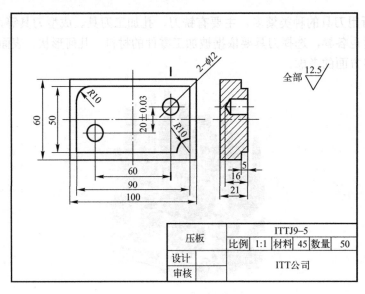

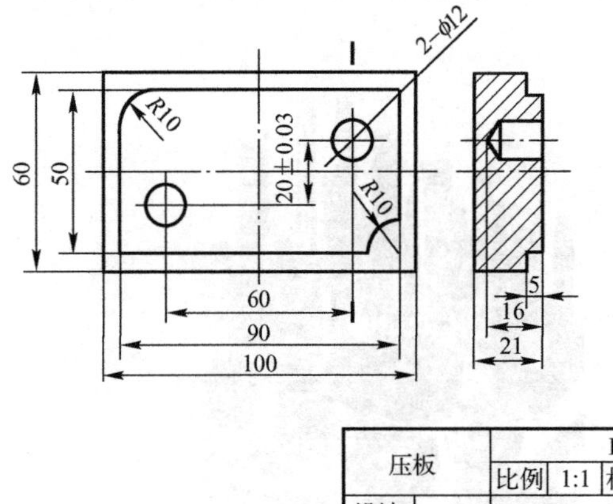

压板	ITTJ9–5	
	比例 1:1 材料 45 数量 50	
设计	ITT公司	
审核		

图1-6 压板零件样图

由图 1-6 可以看出，该零件的材料为 45 号钢，数量为 50 件，而主要被加工部位为零件六个主要平面和环形轮廓及两个孔，对于加工部位的精度，除两个孔有位置精度的要求，其余部分并未规定。而零件的表面粗糙度 R_a=12.5 μm。

由此我们可以确定：零件毛坯为 110 mm×70 mm×30 mm 的 45 号钢，并绘制出毛坯零件图，如图 1-7 所示。

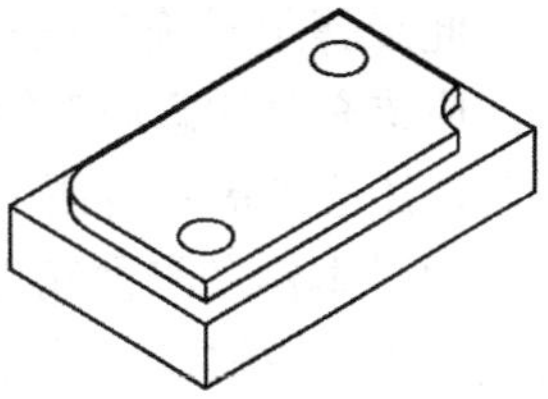

图 1-7　压板立体图

2. 确定加工方案

确定加工方案就是依据样图上的加工信息（材料、数量、精度等），确定加工方法和加工过程，如铣削、车削、磨削或是其他加工方法。在此还要确定使用的机床。可以看出，要想正确地选择加工方法，我们还应具备一定的机械加工基础知识。具体而言，包括以下两个方面。

1）确定加工方法

有了以前我们对数控铣削方面介绍的预备知识，经过分析，显然此零件平面及环形轮廓的加工应该采用铣削，而孔的加工应该采用钻削。无疑，50 件的批量非常适合于数控加工。

2）确定加工过程，制订工序

此步骤是制订加工工艺的重要环节，其决定了加工过程如何进行，先做什么，后做什么，并要求制订出每一步的任务和要求即工序卡。

此零件采用三道工序：先加工六个平面，再加工环形轮廓，最后完成孔加工。由于采用加工中心作为加工机床，后两道工序可以合为一道，即利用加工中心具有的自动换刀功能可以实现一次装夹完成两道工序的加工。

3. 确定工艺装备

当加工过程制订完成之后，就要针对每道工序确定所需要的加工装备，包括刀具、夹具等。

1）刀具的选择

根据本例中的零件材料和加工情况选择适当的刀具类型、刀具材料，如表 1-1 所示。使用多把刀具实现自动换刀时，还需要确定刀具在刀库中的位置（刀号）及刀具补偿值。

表 1-1　刀具表

工 序 号	工 序 名	刀　具	图　例
1	平面加工	面铣刀 刀号：03	
2	轮廓加工	ϕ8 mm 立铣刀 刀号：01	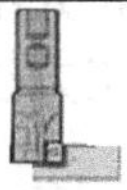
3	孔加工	ϕ12 mm 钻头 刀号：02	

2）设计装夹、定位方式

此步骤用于确定在每道工序下，工件如何定位？如何夹紧？在考虑工件定位精度的同时，应该充分注意加工的可能性，即夹具是否影响加工过程，是否与刀具产生干涉？批量生产时，还应考虑是否便于对刀，以及如何提高装夹效率等问题。

由于本例各平面精度要求不高，根据加工情况，采用平口钳装夹。装夹时要注意零件应高于平口钳钳口，以便于轮廓加工。为了便于定位零件，还可以采用拷板定位等方法。

4. 确定加工工艺参数及走刀路线

根据每道工序的要求，还需要确定每道工序所需的必要工艺参数，包括进给速度、主轴转速等。工艺参数的选择是否合适，直接影响到零件加工的精度、质量和效率。

此外，为了便于编程，在制订工艺过程中，往往要对加工路线做出预先规划，确定编程原点、起刀点、抬刀点、走刀路线等，并绘制出相应走刀路线图。下面以该零件环形轮廓加工为例，绘制走刀路线图，如表1-2所示。

表1-2 压板走刀路线图

零件名称	压　板	零件图号	01－01	工序卡编号	01－01
加工内容	凸台轮廓			程序号	O1000

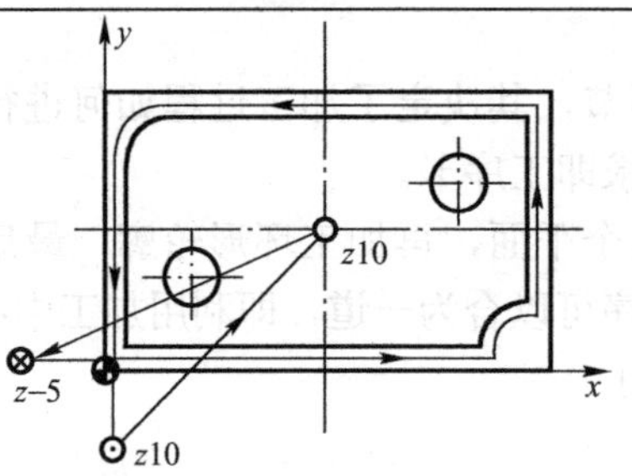

符号	⊙	⊗	⊕	○⟶	⟶	⇢	
含义	抬刀	下刀	编程原点	起刀点	走刀方向	快移	

5. 制订工艺规程

当整个加工方案确定之后，要将所有加工工序及要求文档化，制订出工艺规程，包括制作工序卡、工件安装和原点设定卡、数控加工走刀路线图、数控刀具卡等。

总之，数控加工的首要工作就是工艺分析，即要在加工之前对零件样图进行分析，明确加工的内容和要求，制订工艺规程，制作工艺卡片。内容包括：确定加工方案，确定毛坯尺寸、材料，选择适合的数控机床，选择或设计刀具和夹具，确定合理的走刀路线及选择合理的切削用量等。这一工作要求编程人员能够对零件样图的技术特性、几何形状、尺寸及工艺要求进行分析，并结合数控机床使用的基础知识，如数控机床的规格、性能、数控系统的功能等，确定加工方法和加工路线。

1.2.2 编制数控加工程序

在完成上述工艺处理工作后，即可根据工艺规程的要求和零件样图的尺寸编写零件加工程序；数控加工程序是使数控机床执行一个确定的加工任务且具有特定代码和其他符号编码的一系列指令。而编程的过程，就是用代码模拟加工轨迹和状态的过程。根据采用的数控系统不同，数控加工程序采用的格式和代码有所不同，因此程序编制人员熟知数控机床的功能、程序指令及代码是非常必要的。本书主要以国内广泛使用的 FANUC 0i 系统和 SIEMENS 802D 数控系统为例，如果采用其他系统请参照随机的编程手册。

一般零件程序的生成有两种途径：手工编程和计算机辅助编程。

- 手工编程：程序编制人员根据加工轨迹，使用数控系统的程序指令，按照规定的程序格式，逐段编写加工程序。
- 计算机辅助编程：利用 CAM 软件或其他辅助编程软件，辅助生成符合规定的数控加工程序。

下面是采用 FANUC 0i 系统编制的零件环形轮廓的数控加工程序。刀具轨迹和编程原点如表 1-3 所示，刀库中 01 号刀为ϕ8 mm 立铣刀，02 号刀为ϕ12 mm 钻头。

表 1-3　数控加工程序清单

零件名称	压板	工序卡编号	01-01
序号	指令码	注释	
	O1000	程序号	
N10	G54;	程序内容	
N20	G90 G00 X50 Y50 Z50;		
N30	T01 M06;		
N40	G43 G00 Z10 H01;		
N50	G42 X-10 Y5 D01;		
N60	Z-5;		
N70	M03 S1500;		
N80	G01 X85 F100 M07;		
N90	G02 X95 Y15 R10;		
N100	G01 Y55;		
N110	X15;		
N120	G03 X5 Y45 R10;		
N130	G01 Y-10;		
N140	G00 Z10 M09;		
N150	G40 X50 Y50;		
N160	G49 Z50;		
N170	T02 M06;		
N180	G00 X30 Y10;		
N190	G43 Z10 H02;		
N200	G99 G82 Z-16 R2 P100 F80 S800;		
N210	G98 G82 X-30 Y-10 Z-16 R2 P100;		
N220	G49 G00 Z50;		
N230	M05;		
N240	M02;	程序结束	

数控加工程序的执行顺序：按照从上至下，逐段执行。

数控加工程序的组成结构：一般数控加工程序的结构由程序号、程序内容、程序结束标志三部分组成。程序号是程序的索引；程序内容是数控加工程序的主体，是由若干程序段组成的，而每一行为一个程序段；程序结束标志一般使用 M02 或 M30 指令。

1.2.3 输入数控加工程序

编制好的数控加工程序要以文本文件（ASCII 码）的形式存储在数控系统之中，以便加工时调用，一般可以利用数控系统提供的编辑功能将程序输入并存储；也可以利用数控系统的通信功能直接将数控加工程序文件传输至数控系统之中。

1.2.4 校验与试切

一般在正式加工之前，要对程序进行检验。通常可采用机床空运转的方式，检查机床动作和运动轨迹的正确性，以检验程序。在具有图形模拟显示功能的数控机床上，可通过显示走刀轨迹或模拟刀具对工件的切削过程，对程序进行检查。

对于形状复杂和要求高的零件，也可采用铝件、塑料或石蜡等易切材料进行试切来检验程序。通过检查试件，不仅可确认程序是否正确，还可知道加工精度是否符合要求。若能采用与被加工零件材料相同的材料进行试切，则更能反映实际加工效果。当发现加工的零件不符合加工技术要求时，可修改程序或采取尺寸补偿等措施。

1.2.5 零件加工

当程序校验合格后，就可以通过对机床的正确操作，运行程序，完成批量零件的加工。值得注意的是：为了能够正确地建立工件坐标系，即确立工件和机床的位置关系，在加工前还需要进行对刀工作。通常采用的方法是试切法，这将在后边的章节中介绍。

通过这个压板零件的加工实例，可以看到一个完整的数控铣削零件的加工，需要如下五个步骤才能完成，如图 1-8 所示，包括零件工艺分析、编程、输入程序、校验与试切、加工零件；而这五个步骤是环环相扣的，每一部分都会影响到零件的最终加工质量和效果。而在初识数控铣削加工的同时，也会感到数控知识的综合性、广泛性。

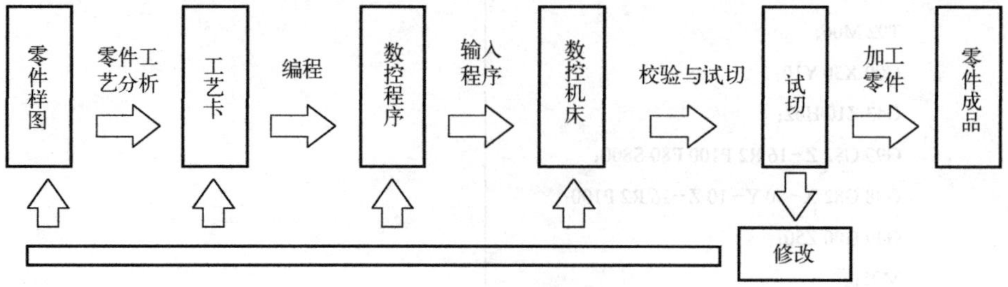

图 1-8 数控铣削零件的加工步骤

1.3　数控铣削加工涉及的技术

从上面的实例不难看出，数控铣削技术是一门综合性强、实践性强的技术。

1. 正确识图

当我们拿到一张零件样图时，首先面对的挑战就是要正确识图。机械零件样图上不仅表示了零件的形状、尺寸，而且标明了所有的加工信息，只有正确地解读样图才能理解加工的要求。这里不仅涉及制图知识，而且牵扯到公差与配合的知识。若想能够正确识图，就要熟悉相关的标注，这是说明零件的语言。包括尺寸标注、尺寸公差、形位公差、表面粗糙度等表示方法和意义。

2. 熟悉机械加工的基本知识

数控加工工艺是指导数控加工过程的依据，即使相同的零件、相同的机床、相同的刀具和夹具，如果采用的加工工艺不同，加工出的零件在质量和效率上存在着很大的差别。要设计一个适当的工艺，需要有丰富的机械加工知识，包括金属切削知识、刀具知识、工件材料特性知识等。

3. 熟悉数控技术，熟练机床操作

只有充分发挥工具的潜能，才能产生更高的效能。熟悉数控机床的性能、加工方法以及机床的结构组成和工作原理，才能更好地使用和操作数控机床，这里包括机械传动知识、电动机知识、数控编程知识等。

总之，数控铣削技术应该注重三个方面的学习：第一是工艺技术，第二是编程技术，第三是加工技术。因此，后面的学习都是围绕着这三个主体展开的。

思考与练习 1

1. 数控铣削加工的工艺装备包括哪些？
2. 数控铣床与加工中心的区别是什么？
3. 常见的铣削类型有哪些？
4. 简述数控铣削加工的实现过程。

第 2 章　数控铣床的坐标系与运动

本章从铣削零件的切削原理、铣床切削运动的实现形式，以及数控编程坐标与铣床运动方向的关系等方面，阐述数控铣削加工涉及的各种运动及关系，为机床操作时控制机床运动和编程时设计坐标打下基础。

【学习目标】

（1）掌握数控铣削加工的进给运动和切削运动。

（2）了解数控铣床的机床坐标系、工件坐标系和机床参考点。

2.1 铣削加工的切削运动

我们知道，所有去除多余材料的加工、工件表面的形成主要是由两个要素决定的：刀具切削刃形状和刀具相对于工件的运动。例如，第 1 章图 1-6 所示的外轮廓加工，就是利用立铣刀在旋转过程中与固定于铣床工作台上的工件相对运动，实现去除多余部分，形成加工表面。刀具对加工的影响将在后面的章节中详细介绍，在此，先来关注机床运动对加工的影响。

在金属切削原理中，将刀具与工件的相对运动称为切削运动，而为了统一表示，规定所有的切削运动的速度及方向都是相对于工件定义的。同时，根据其在切削过程中起的作用，切削运动分为主运动和进给运动。

2.1.1 数控铣削的主运动

主运动使刀具切削刃及其毗邻的刀具表面切入工件材料，使被切削层转变成切屑，从而形成工件新表面，即产生切屑的运动。通常，主运动的速度较高，功率消耗较大。如图 2-1 所示，在铣削时刀具的回转运动为主运动。

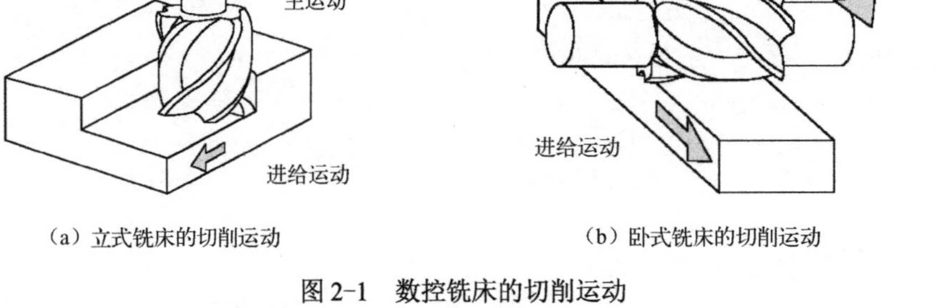

（a）立式铣床的切削运动　　（b）卧式铣床的切削运动

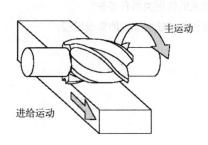

图 2-1　数控铣床的切削运动

数控铣床中，主运动的实现是通过主轴伺服系统完成的。即可以通过数控程序中 S 指令（即主轴功能）对主轴电动机进行调速，改变主运动转速，实现在不同场合下对切削速度的控制。

2.1.2　数控铣削的进给运动

1. 进给运动的概念

进给运动配合主运动依次或连续切除工件，同时形成具有所需几何特性的已加工表面，即将新的切削层投入切削的运动。如图 2-1 所示，在铣削加工时，刀具相对于工件的移动为进给运动。这里要特别指出，进给运动是相对运动。因此，机床结构不同其完成进给运动的机构也不同，有的是由工作台运动实现的，有的则是由主轴箱的运动来实现的。

2. 机床坐标轴及联动的概念

在数控机床中，进给运动往往是多方向的复合运动，而在机床中，进给运动则是由一个个相互独立的进给轴（或坐标轴）控制系统完成的。而这种复合运动则需要各坐标轴具有联合运动功能，称为坐标联动。通常机床根据联动轴数多少可分为：二坐标、三坐标、四坐标、五坐标机床。二坐标联动常出现在数控车床上，在此不进行介绍；而数控铣床和加工中心通常是三轴或五轴机床。

1）三坐标联动

三坐标联动是指同时控制 x 轴向、y 轴向、z 轴向三个移动进给方向。这样，刀具能够在空中任意方向移动，因而可以进行二维轮廓加工和三维的立体加工。例如，若完成一个平面轮廓加工，如图 2-2 所示，则需要同时控制工作台的左右运动（x 轴）和前后运动（y 轴）的联合运动来实现。大部分的数控铣床、加工中心都属于此类。

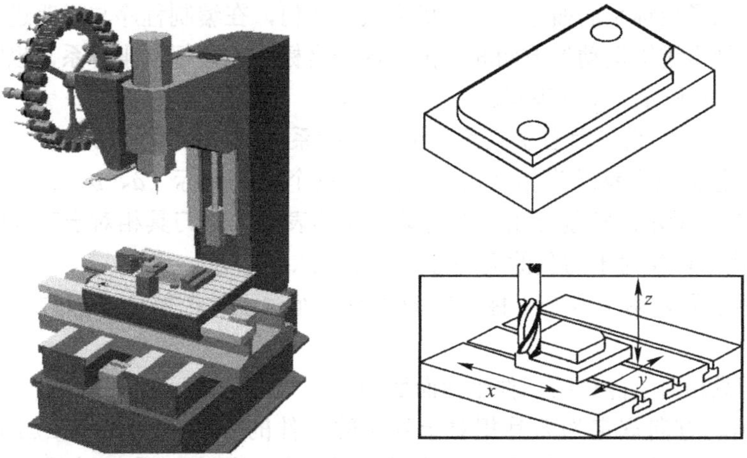

图 2-2　三坐标联动加工

2）五坐标联动

复杂的零件加工需要由五坐标联动机床来实现，即有三个移动进给轴（x、y、z）和两个转动进给轴（通常是刀具摆动和工作台转动）的联合控制。这两个附加进给轴可以是绕三个移动进给轴旋转的任意两个转动进给轴。如图 2-3 所示的叶轮，由于叶轮曲率变化较大，只能由具有刀具摆动和工作台转动的五坐标联动机床进行加工。

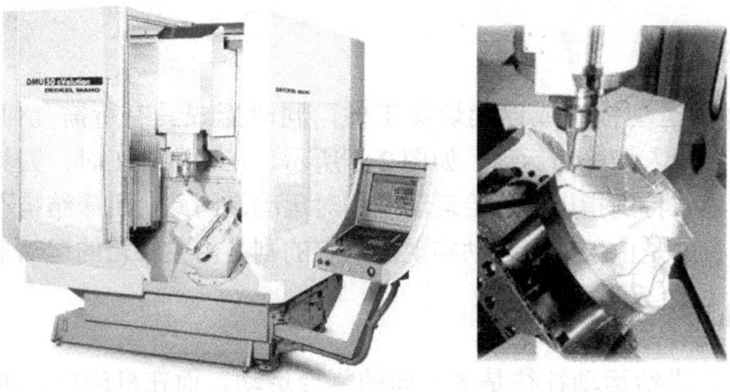

（a）五坐标联动机床　　（b）叶轮的加工

图 2-3　五坐标联动加工

2.2 数控铣床的坐标系

2.2.1 数控铣床的机床坐标系

为了便于在数控程序中统一描述机床运动，简化程序的编制，并使程序具有互换性，在数控机床中引入了坐标系的概念。无论机床机构如何，在编制程序与说明进给运动时，统一以该坐标系来规定进给运动的方向和距离。这个坐标系就是标准坐标系，也叫做机床坐标系，用字母 x、y、z 和 a、b、c 表示。

数控机床上的坐标系采用右手直角笛卡儿坐标系。该坐标系可以表示一个刚体在空间的六个自由度，包括三个移动坐标（x、y、z）和三个转动坐标（a、b、c）。这六个坐标之间的关系如图 2-4 所示。特别指出：在运动方向的表示中，刀具相对于工件的运动方向用 x、y、z 表示，而工件相对于刀具的运动方向用 x'、y'、z'表示。

笛卡儿坐标系只表明了六个坐标之间的关系，而对于数控机床坐标方向的判断则有如下规定。

原则一：刀具相对于静止的工件坐标而运动。

由于进给运动方向规定为刀具相对于静止的工件的方向。因此，在加工零件时，无论刀具运动，还是工件运动，为了统一编程规则，永远假定刀具相对于静止的工件坐标而运动。

原则二：坐标轴正方向的判断顺序为先 z 后 x 再 y。下面以铣床为例进行说明。

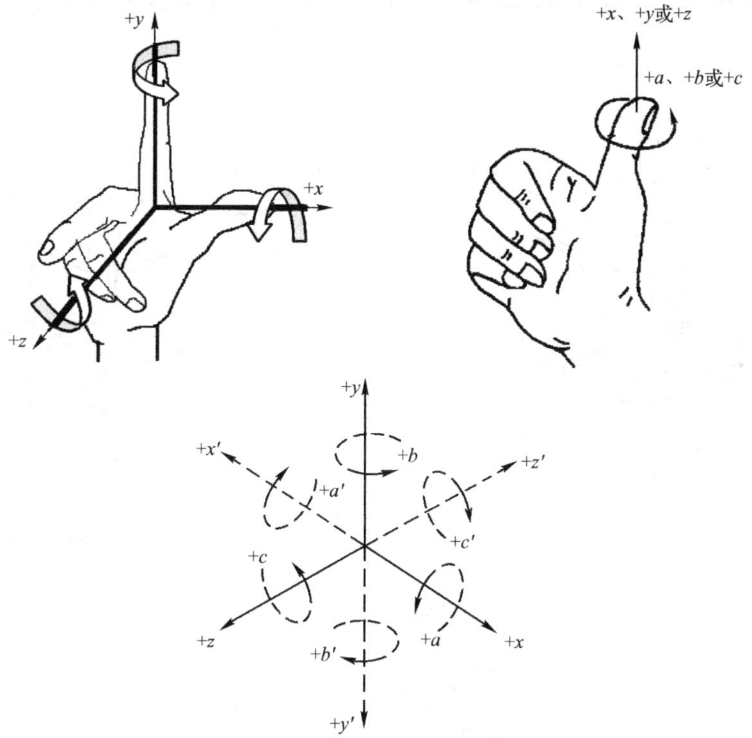

图 2-4 直角笛卡儿坐标系

1．*z* 坐标的方向判定

（1）方向原则：与主轴轴线平行的坐标轴为 *z* 坐标轴。对于铣床、钻床、镗床，其主运动为刀具的旋转运动，主轴为刀具旋转轴心，与刀具旋转轴心平行的坐标轴为 *z* 坐标轴。

（2）正方向原则：为刀具远离工件的方向。

2．*x* 坐标的方向判定

（1）方向原则：*x* 坐标轴平行于工件的装夹平面。

（2）正方向原则：对于刀具旋转的机床（如铣床、钻床、镗床），*x* 坐标轴的正方向为由刀具向立柱看，右侧为正。

3．*y* 坐标的方向判定

根据 *z* 坐标轴和 *x* 坐标轴的正方向，利用右手定则可以确定 *y* 坐标轴的正方向。

如图 2-5 所示分别为立式铣床、卧式铣床和五坐标联动机床的标准坐标系，图中机床上标明的是在标准坐标系中机床运动的正方向。

4．机床进给运动部件的运动方向

坐标轴方向是为了统一描述而人为规定的，规定的原则为刀具相对于静止工件的运动，其与机床结构无关。而机床进给运动部件的运动方向为机床实际运动方向，是与机床结构直接相关的。

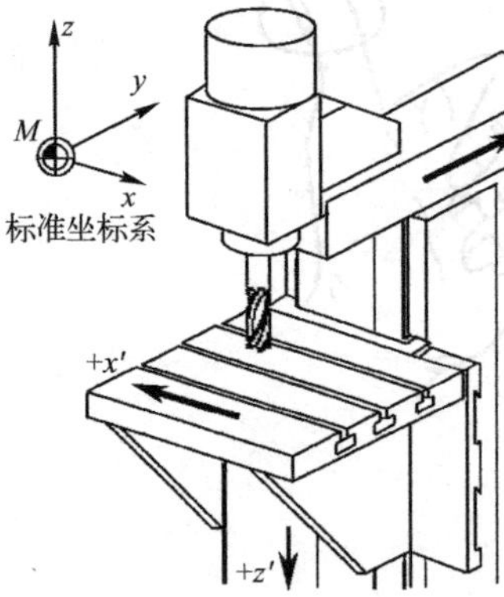

（a）立式铣床标准坐标系

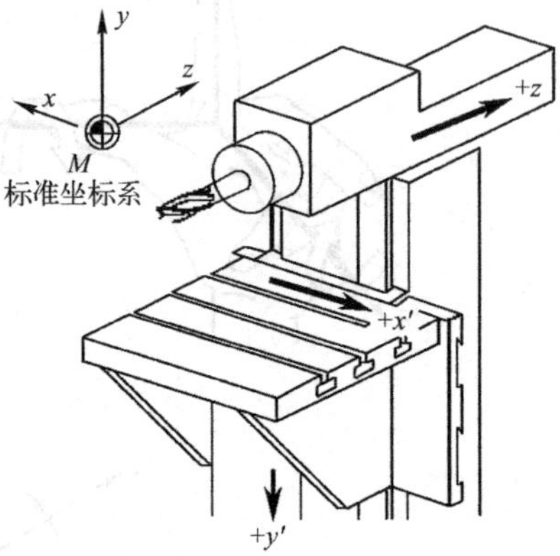

（b）卧式铣床标准坐标系

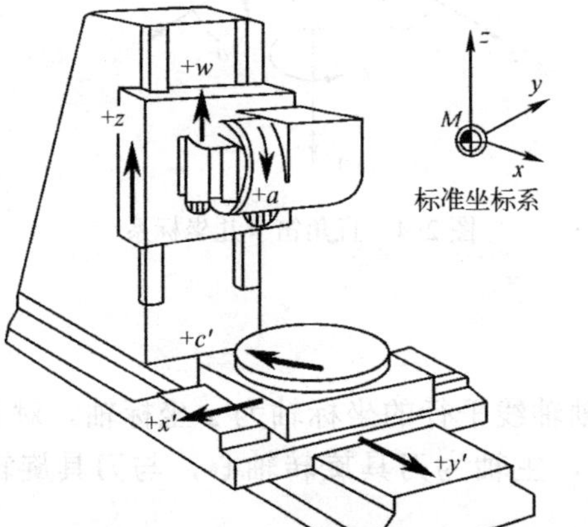

（c）五坐标联动机床的标准坐标系

图 2-5 机床标准坐标系

在编程时，只要属于同一类的机床，无论刀具运动还是工作台运动，采用的坐标系的方向都是一致的，即都假定刀具运动，其与机床结构无关。这样编程人员在不考虑机床上工件与刀具具体运动的情况下，就可以依据零件样图，确定机床的加工过程。

而在操作与控制机床时，机床不同的运动结构就导致其进给运动部件的运动方向是不同的。弄清这一点，对手动控制机床有很重要的意义。因为大多数机床手动移动按钮的正负指的是运动方向。如图 2-6 所示，同样为立式铣床，动工作台式立式铣床 z 轴坐标正方向为向上，而工作台运动正方向为向下，由 z' 表示。动主轴式立式铣床 z 轴坐标正方向与工作台运动正方向一致。

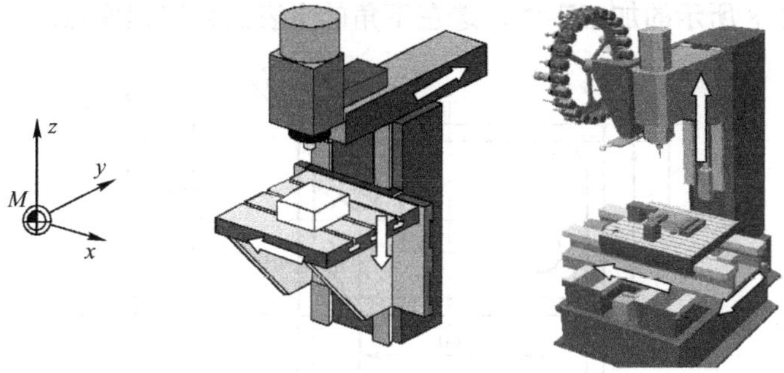

（a）标准坐标系　（b）动工作台式立式铣床　（c）动主轴式立式铣床

图 2-6　不同运动结构的机床运动方向

5. 机床原点

机床原点是指在机床上设置的一个固定点，即机床坐标系的原点。它在机床装配、调试时就已确定下来，是数控机床进行加工运动的基准参考点，它是不能更改的，一般用字母 *M* 表示。在数控铣床上，机床原点一般取在 *x*、*y*、*z* 坐标的正方向极限位置上。

2.2.2　编程坐标系

编程坐标系是编程人员根据零件样图及加工工艺等在工件上建立的坐标系，是编程时的坐标依据，又称工件坐标系。数控程序中的所有坐标值都是假设刀具的运动轨迹点在工件坐标系中的位置。确定编程坐标系时不必考虑工件毛坯在机床上的实际装夹位置。编程坐标系各坐标轴方向与机床坐标系一致，如图 2-7 所示。

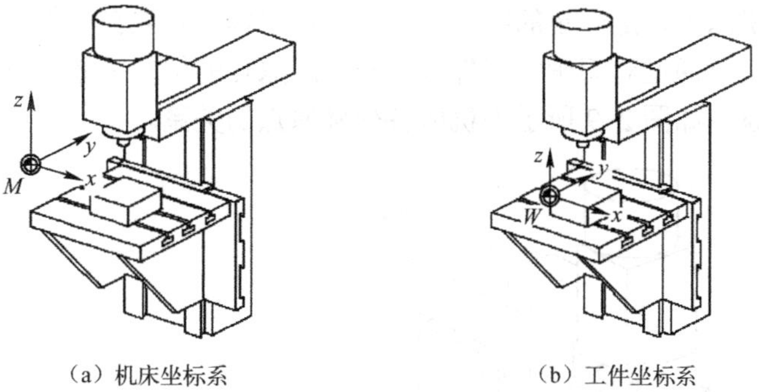

（a）机床坐标系　（b）工件坐标系

图 2-7　机床坐标系与工件坐标系

编程原点是编程坐标系的原点，一般用字母 *W* 表示，又称工件原点。其是由编程人员定义的，而与工件的装夹无关。不同的编程人员根据编程目的不同，可以对同一工件定义不同的编程原点，而不同的编程原点也造成程序坐标值的不同。

编程原点的选择有以下两条原则。

原则 1：编程原点应尽量选择在零件的设计基准或工艺基准上。

原则 2：尽量选择便于对刀的位置。

例如，如图 2-8 所示的加工零件，选左下角的上表面为编程原点。

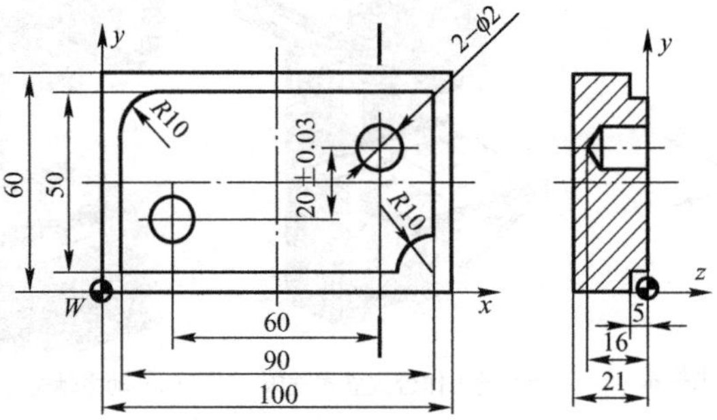

图 2-8　编程原点的选择

2.2.3　工件坐标系与机床坐标系的关系

在加工过程中，数控机床是按照工件装夹好后所确定的加工原点位置和程序要求进行加工的。编程人员在编制程序时，只要根据零件样图就可以选定编程原点；建立编程坐标系，计算坐标数值，而不必考虑工件毛坯装夹的实际位置。对于加工人员来说，则应在装夹工件和调试程序时，将编程原点转换为加工原点，并确定加工原点的位置，在数控系统中给予设定（即给出原点设定值），设定工件坐标系后就可根据刀具的当前位置，确定刀具起始点的坐标值。在加工时，工件各尺寸的坐标值都是相对于加工原点而言的，这样数控机床才能按照准确的加工坐标系位置开始加工。通常把这个确定工件坐标系在机床坐标系位置的过程称为对刀。具体的对刀方法在后面的机床操作章节中进行介绍。

总之，机床坐标系是机床运动控制的参考基准，而工件坐标系是编程时的参考基准。机床坐标系建立在机床上，是固定的物理点；而工件坐标系建立在工件上，是根据编程习惯位置可变的。在加工时通过对刀确定工件原点与机床原点的位置关系，将工件坐标系与机床坐标系建立固联关系。如图 2-9 所示为机床各坐标原点的关系。

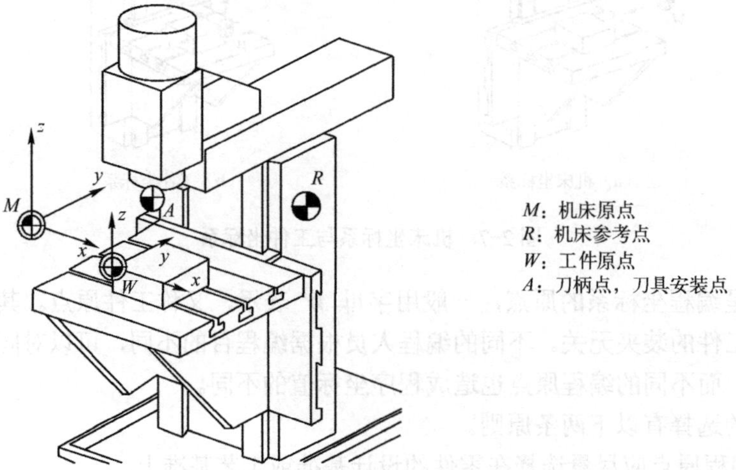

图 2-9　机床各坐标原点的关系

2.2.4　机床参考点

机床参考点是机床位置测量系统的基准点，一般用 *R* 表示，用于对机床运动进行检测和控制的固定位置点。参考点的位置是由机床制造厂家在每个进给轴上用限位开关精确调整好的，坐标值已输入数控系统中，通常在参考点的坐标为 0。因此参考点对机床原点的坐标是一个已知数。通常在数控铣床上机床原点和机床参考点是重合的。

回参考点是机床的一种工作方式。此操作目的就是在机床各进给轴运动方向上寻找参考点，并在参考点处完成机床位置检测系统的归零操作，同时建立起机床坐标系。

思考与练习 2

1．举例说明数控机床坐标系的判断方法及原则。

2．如图 2-10 所示，若工作台向左运动，判断此时程序中的坐标方向是什么？

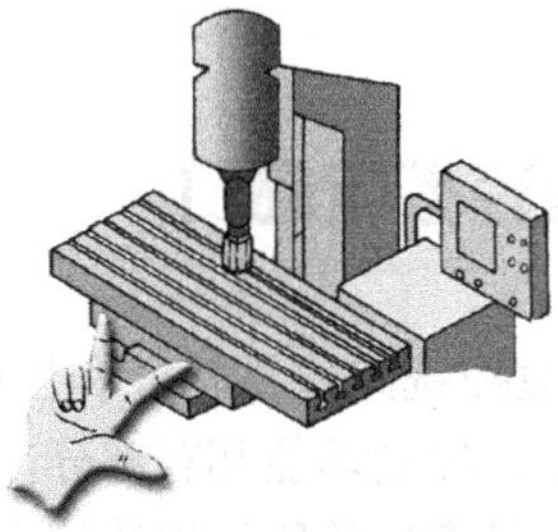

图 2-10

3．机床回参考点的作用是什么？

4．说明机床原点、工件原点与参考点的关系。

第3章 数控铣床的基本操作

数控铣床的种类繁多，操作方法各有特点，但是不论何种数控铣床，作为铣床控制核心的数控系统在功能上大致相同，本章仅以FANUC 0i系统为例，介绍数控铣床操作面板上的主要按钮与操作方法，了解数控铣床的操作规程。

【学习目标】

（1）数控铣床操作界面的组成。
（2）常用数控系统的操作方法。
（3）铣床安全操作规程。

3.1 中小型数控铣床数控系统简介

数控系统是数控铣床的核心。数控铣床根据功能和性能要求，配置不同的数控系统，而不同数控系统的指令集、操作方法、控制功能都有部分差异，因此，编程时应按照所使用数控系统代码的规则进行编程，操作时应按照所使用数控系统的操作规程操作与控制铣床。

国内目前在数控机床行业中占据了主导地位的数控系统仍然主要以外国知名公司产品为主，如FANUC（日本）、SIEMENS（德国）、FAGOR（西班牙）、MITSUBISHI（日本）等公司；而我国拥有自主知识产权的数控产品则以“华中数控”和“航天数控”为代表。

3.1.1 FANUC公司的主要数控系统

- 高可靠性的Power Mate 0系统：用于控制二轴的小型车床，取代步进电动机的伺服系统。
- 普及型FANUC 0−D系列：0−TD用于车床，0−MD用于铣床及小型加工中心。
- 全功能型的FANUC 0−C系列：0−TC用于车床，0−MC用于铣床及小型加工中心。
- 高性能/价格比的FANUC 0i系列：FANUC 0i−MB/MA用于加工中心和铣床，四轴四联动；FANUC 0i−TB/TA用于车床，四轴二联动；FANUC 0i−Mate MA用于铣床，三轴三联动；FANUC 0i−Mate TA用于车床，二轴二联动。

3.1.2 SIEMENS公司的主要数控系统

- SINUMERIK 802S/C：用于数控车床和数控铣床，可控制三个进给轴和一个主轴，

802S 适用于步进电动机驱动；802C 适用于伺服电动机驱动，并具有数字 I/O 接口。

- SINUMERIK 802D：控制四个数字进给轴和一个主轴。
- SINUMERIK 810D：用于数字闭环驱动控制，最多可控制六个轴（包括一个主轴和一个辅助主轴）。
- SINUMERIK 840D：全数字模块化数控设计，用于复杂机床、柔性加工单元，最多可控制 31 个坐标轴。

3.1.3 “华中数控”系统

“华中数控”以世纪星系列数控单元为典型产品，HNC－21/22M 为铣削系统，最多为四轴联动，采用开放式体系结构，内置嵌入式工业 PC。

3.2 数控铣床操作界面概述

由于数控铣床类型不同，操作面板的形式不同，操作方法也各有不同，因此操作铣床应严格按照铣床操作手册的规定执行，但不论何种数控系统，基本结构和基本操作方法大体一致。一般数控铣床的操作界面都包括铣床控制面板和数控系统工作界面两个部分。下面以 FANUC 0i 系列铣床为例，介绍数控铣床的基本操作单元和方式。

3.2.1 铣床控制面板

大部分铣床的控制面板都由下面两部分组成。

（1）铣床操作面板：铣床操作面板主要用于控制铣床的运动和选择铣床的工作方式，包括手动进给方向按钮、主轴手控按钮、工作方式选择按钮、程序运行控制按钮、进给倍率调节旋钮、主轴倍率调节旋钮等。

（2）数控系统操作面板：数控系统操作面板主要用于与显示屏结合来操作与控制数控系统，以完成数控程序的编辑与管理、用户数据的输入、屏幕显示状态的切换等功能。

如图 3-1 所示为 FANUC 0i 铣床操作面板和数控系统操作面板。

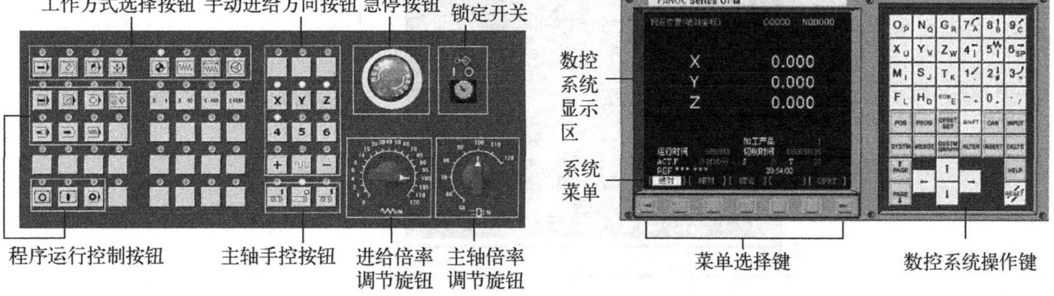

（a）FANUC 0i铣床操作面板　　（b）FANUC 0i铣床数控系统操作面板

图 3-1　FANUC 0i 铣床操作面板和数控系统操作面板

3.2.2 数控系统工作界面

数控系统的工作状态不同，数控系统显示的界面也不同，一般数控系统操作面板上都设置工作界面切换按钮，工作界面包括加工界面、程序编辑界面、参数设定界面、诊断界面、通信界面等。特别注意：有时只有选择特定的工作方式，并进入特定的工作界面，才能完成特定的操作。

1．加工界面

用于显示在手动、自动、回参考点等方式下机床的运行状态，包括各进给轴的坐标、主轴速度、进给速度、运行的程序段等，如图3-2所示。

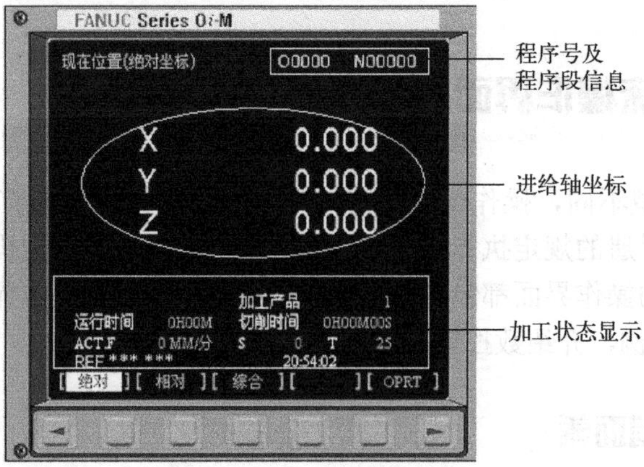

图3-2　FANUC 0i铣床加工界面

2．程序编辑界面

用于编辑数控程序并对数控程序文件进行相应文件的管理，包括编辑、保存、打开等功能，如图3-3所示。

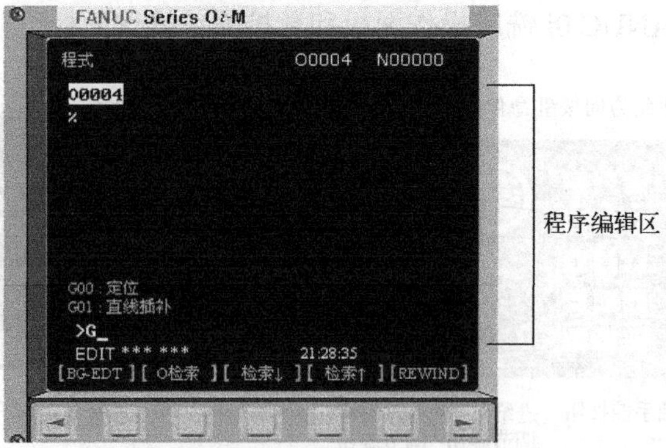

图3-3　FANUC 0i铣床程序编辑界面

1）参数设定界面

参数设定界面如图 3-4 所示，主要完成对机床各种参数的设置，包括刀具参数、机床参数、用户数据、显示参数、工件坐标系设定等。

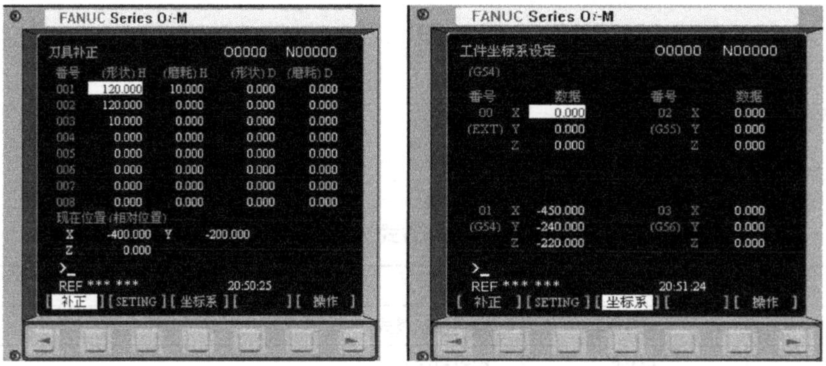

（a）刀具补偿界面 （b）工件坐标系界面

图 3-4 FANUC 0i 铣床参数设定界面

2）诊断界面

诊断界面用于处理铣床报警，显示铣床的诊断信息等。

3）通信界面

通信界面用于数控程序、用户数据、机床参数、PLC 程序的上传和下载，甚至在线运行数控程序（DNC 功能）。

3.3 机床的工作方式

无论数控系统的类型如何，基本包括以下几种工作方式，不同的工作方式下系统界面将有所不同。

- 手动工作方式（JOG）：完成铣床手动控制操作，包括手动移动铣床、手动控制主轴正反转等。
- 增量进给方式（INC）：铣床按增量的方式运行。
- 回参考点方式（REF）：完成铣床回参考点操作。
- 自动工作方式（AUTO）：实现程序自动控制。
- 手动数据输入（MDI）：该功能允许铣床操作人员在该界面下实时输入一条指令并运行。
- 单段执行方式：单步执行程序，启动下一步程序时，必须使用“循环启动”按钮。

注意

在铣床操作面板上设置相应按钮或调节旋钮用于选择铣床的工作方式，若要对铣床完成某项操作首先要明确选择工作方式。例如，在自动工作方式下，就无法进行手动操作，而手动工作方式下，无法运行数控程序。

3.4 FANUC 0i 系统铣床控制面板介绍

3.4.1 FANUC 0i 铣床操作面板介绍

1）工作方式选择按钮

工作方式选择按钮如表3-1所示。

表3-1 工作方式选择按钮

按钮图标	名 称	用 途
	AUTO	自动加工模式
	EDIT	编辑模式
	MDI	手动数据输入
	INC	增量进给
	HND	手轮模式移动铣床
	JOG	手动模式，手动连续移动铣床
	DNC	用RS-232电缆线连接PC和数控铣床，选择程序传输加工
	REF	回参考点

2）程序运行控制按钮

程序运行控制按钮如表3-2所示。

表3-2 程序运行控制按钮

按钮图标	名 称	用 途
	单步执行	每按一次此键启动执行一条程序指令
	程序段跳读	在自动方式下按此键，跳过程序段开头带有“/”的程序
	程序停止	在自动方式下，遇有M00命令程序停止
	铣床空运行	按下此键，各轴以固定的速度运动
	手动示教	
	程序重启动	由于刀具破损等原因自动停止后，程序可以从指定的程序段重新启动
	铣床锁定	按下此键，铣床各轴被锁住，只能程序运行
	程序运行开始	模式选择旋钮在“AUTO”和“MDI”位置时按下有效，其余时间按下无效
	程序运行停止	在程序运行中，按下此按钮停止程序运行
	程序停止	在程序运行中，遇有M00命令停止

3）手动控制按钮

手动控制按钮如表3-3所示。

表 3-3　手动控制按钮

按钮图标	名　称	用　途
	铣床主轴 手动控制	手动主轴正转
		手动主轴反转
		手动停止主轴运行
X	手动移动 铣床各轴	手动移动 x 轴
Y		手动移动 y 轴
Z		手动移动 z 轴
+		手动正方向移动
		在选择移动坐标轴后同时按下此按钮，主轴快速运行
−		手动负方向移动
X 1	增量进给 倍率选择	选择移动坐标轴时，每一步的距离为 0.001mm
X 10		选择移动坐标轴时，每一步的距离为 0.01mm
X 100		选择移动坐标轴时，每一步的距离为 0.1mm
X1000		选择移动坐标轴时，每一步的距离为 1mm
	进给倍率 调节	调节程序运行中的进给速度，调节范围为 0～120%
	主轴倍率 调节	调节主轴转速运行的速度，调节范围为 0～120%
	程序编辑 锁定	置于位置，可编辑或修改程序

3.4.2　FANUC 0i 铣床数控系统操作面板介绍

FANUC 0i 铣床数控系统操作面板除显示屏幕以外，包括以下几个键区：菜单选择键、数字/字母键、编辑键等。数控系统操作面板是 FANUC 0i 铣床数控系统的主要人机界面，主要完成操作人员对数控系统的操作、数据的输入和程序的编制等工作。FANUC 0i 铣床数控系统操作面板如图 3-5 所示。下面对 FANUC 0i 铣床数控系统操作面板进行介绍。

1）菜单选择键

数控系统在不同的工作界面下，其显示的功能菜单不尽相同，但任何界面下菜单的数量都为五个，系统设置对应的五个菜单选择键，完成菜单选择功能。若同一界面下，菜单数量超过五个，则可使用或键进行菜单翻页。

2）数字/字母键

如图 3-5 所示，数字/字母键用于输入数据到输入区域，系统自动判别取字母还是取数字。

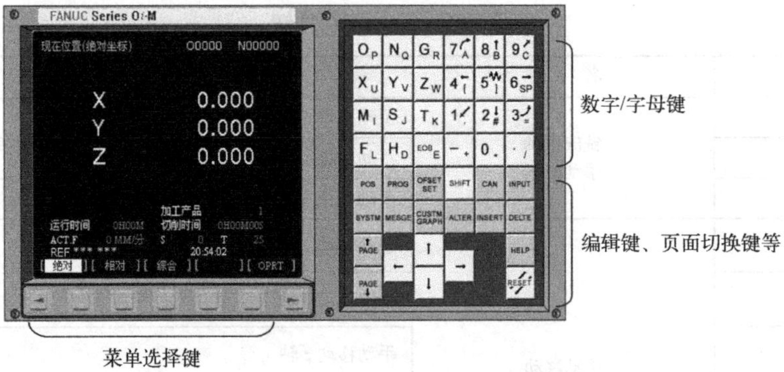

图3-5 FANUC 0i铣床数控系统操作面板

字母和数字键通过 SHIFT 键切换输入不同的字符，如O—P，7—A。

3）编辑键

ALTER 替换键：用输入的数据替换光标所在的数据。

DELTE 删除键：删除光标所在的数据，或者删除一个程序，或者删除全部程序。

INSERT 插入键：把输入区中的数据插入到当前光标之后的位置。

CAN 取消键：消除输入区内的数据。

EOB E 回车键：结束一行程序的输入并且换行。

SHIFT 上档键。

4）页面切换键

PROG 程序显示与编辑页面。

POS 位置显示页面。位置显示有三种方式，用翻页键选择。

OFSET SET 参数输入页面。按第一次进入坐标系设置页面，按第二次进入刀具参数补偿页面。进入不同的页面以后，用翻页键切换。

SYSTM 系统参数页面。

MESGE 信息页面，如“报警”。

CUSTM GRAPH 图形参数设置页面。

HELP 系统帮助页面。

RESET 复位键。

5）翻页键

↑PAGE 向上翻页。　　PAGE↓ 向下翻页。

6）光标移动键

↑ 向上移动光标。　　← 向左移动光标。

↓ 向下移动光标。　　→ 向右移动光标。

7）输入键

INPUT 输入键：把输入区内的数据输入参数页面。

3.5　数控铣床的上电操作步骤与安全规程

（1）在铣床上电前，应检查数控铣床各部分机构是否完好，各按钮是否能够复位。

（2）检查润滑装置中油量是否充裕，切削液面是否高出水泵吸入口。

（3）开机、关机操作应按照铣床使用说明书的规定进行。

（4）在铣床开机后，或掉电后重新接通电源，或在解除急停状态和超程报警信号后，必须进行返回机床参考点操作。

（5）在手动操作时要时刻注意：在 x、y 轴方向进行移动时，必须使 z 轴处于抬刀位置。要注意观察刀具的实际移动，待刀具移动到位时，再看屏幕进行微调。

（6）在空走刀时，应把 z 轴的移动与 x、y 轴的移动分开进行，即“多抬刀，少斜插”。

（7）必须做好加工前的准备工作，如对刀、刀具参数的调整、机床参数的调整等。

（8）开始加工前，必须进行轨迹校验。

（9）使用冷却液时，要在导轨上涂抹润滑油。

（10）当铣床出现报警时，要根据报警号，查找原因并及时解除警报，不可关机了事。

3.6　数控铣床的基本操作方法

虽然数控铣床的规格不同，但是操作方法基本一致。使用铣床完成数控零件的铣削工作，一般要按照下面三个步骤进行操作。

1．铣床开机操作

主要完成铣床上电、启动数控系统、回参考点等操作。其中，开机回参考点对于采用增量式位置测量系统的铣床而言是必须且重要的一步。

回参考点的操作步骤如下：

① 设置模式旋钮在  位置。

② 选择各轴 X Y Z ，按住按钮，即回参考点。

2．加工前准备

主要完成加工程序的准备、装夹工件与对刀、加工参数的设置等工作。这几步没有先后顺序的要求。

1）准备加工程序

既可以新编辑一个数控程序，又可以从系统中调用已有的数控程序。

2）装夹工件

通过夹具使零件在机床上准确定位并牢固夹紧。

3）对刀

对刀的过程从某种意义上讲，就是在机床坐标系中确立工件坐标系位置的过程，即告知数控系统工件原点在哪儿？我们已经知道数控程序是在工件坐标系下编制的，而刀具进给运动是在机床坐标系下监控的。前者是在工件上设定的，而后者则是在机床上建立的。即程序的零点在工件上，而刀具运动的零点在机床原点上，只有二者建立起确定的位置关系，数控系统才能够正确按照程序坐标控制刀具的加工轨迹。如图 3-6 所示机床原点为 O_1，工件原点为 O_3，对刀的目的就是获得工件原点在机床坐标系中的坐标值 x_3、y_3 和 z_3。之所以把这一过程称为“对刀”，是因为当机床开机回参考点之后，机床坐标系就建立起来，而无论刀具运动到哪一点，数控系统对其与机床原点的位置都是已知的。也就是说，如果将刀具移动到工件原点上，那么就可以直接获得工件原点在机床坐标系中的坐标值。

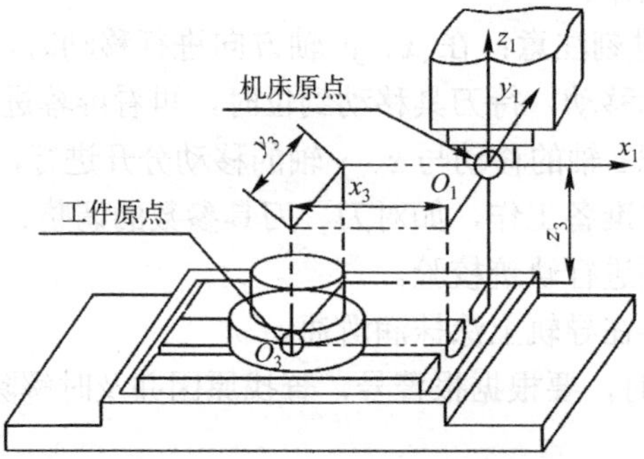

图 3-6 工件原点与机床原点的位置关系

对刀的一般方法为：试切法对刀（机内对刀法）。

试切法对刀，就是在回参考点后，将标准刀具或标准测量棒移动并接触到毛坯上工件原点或可以间接确定工件原点的其他点上，利用数控系统反馈的坐标值，经过计算后获得工件原点与机床原点的位置关系。由于利用数控系统的位置反馈获得工件原点在机床坐标系的位置，所以又称为机内对刀法。例如，在图 3-7 中的零件，工件坐标系原点设定在左上角顶点上，可以通过三次寻边接触毛坯，获得工件原点的坐标值。注意：在获取 x/y 值时要将刀具半径考虑在内。

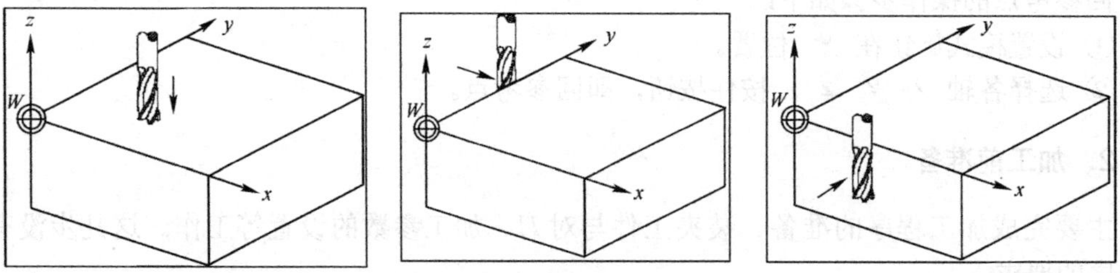

（a）试切上表面获得z值　（b）试切左端面获得x值　（c）试切前端面获得y值

图 3-7 试切法对刀

4）设置加工参数

（1）工件坐标系的设定：对刀的目的是获得工件原点的位置，但还要利用设定工件坐标系的操作将此位置值输入数控系统相关参数之中。

这个操作与设定工件坐标系指令有关，下面先介绍一下该指令。

设定工件坐标系指令：G54～G59，又称为零点偏置指令，用于设定工件坐标系。该指令可以设置六个预定义的工件坐标系，每条指令可以调用系统中设置好的工件坐标系，将系统零点偏移到指定的工件原点上。

如图 3-7 所示的工件，设工作台的工作面尺寸为 800 mm×320 mm，若工件装夹在接近工作台中间处，则确定了工件坐标系的位置，其工件原点 O_3 就在距机床原点 O_1 为 x_3、y_3、z_3 处。经过对刀得到 x_3=−450 mm, y_3=−240 mm, z_3=−220 mm。

设定工件坐标系的操作步骤如下：

① 按 OFSET SET 键进入参数设定页面，按“坐标系”键。

② 用 PAGE↓ ↑PAGE 或 ↓ 与 ↑ 键选择坐标系。

输入地址字（X/Y/Z）和数值到输入域。方法参考“输入数据”操作。

③ 按 INPUT 键，把输入域中间的内容输入到所指定的位置。

（2）刀具补偿值的设定：为了简化零件的数控加工编程，使数控程序与刀具形状和刀具尺寸尽量无关，CNC（计算机数控）系统一般都具有刀具长度和刀具半径补偿功能。前者可使刀具垂直于走刀平面（比如 *xy* 平面，由 G17 指定）偏移一个刀具长度修正值；后者可使刀具中心轨迹在走刀平面内偏移零件轮廓一个刀具半径修正值，两者均是对二坐标数控加工情况下的刀具补偿。

设定刀具补偿值的操作步骤如下：

① 按 OFSET SET 键进入参数设定页面，按 [补正] 键。

② 按 PAGE↓ 和 ↑PAGE 键选择长度补偿或半径补偿。

③ 按 ↓ 和 ↑ 键选择补偿参数编号。

④ 输入补偿值到长度补偿 H 或半径补偿 D。

⑤ 按 INPUT 键，把输入的补偿值输入到所指定的位置，如图 3-8 所示。

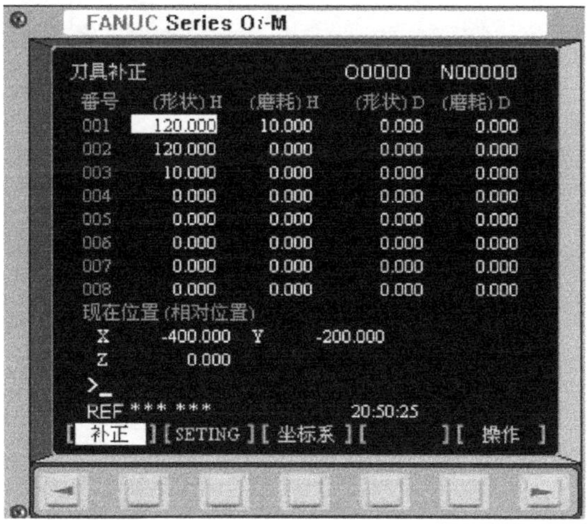

图 3-8　FANUC 0i 铣床刀具补偿界面

3．自动加工

在自动加工模式下，调用已有程序，完成零件的自动加工。

启动程序加工零件的操作步骤如下：

① 设置模式旋钮在 AUTO 位置。

② 选择一个程序（参照下面介绍的方法选择程序）。

③ 按程序启动按钮 。

选择程序的步骤如下（以程序号 O7 为例）：

① 选择模式为 AUTO 位置。

② 按 PROG 键输入字母“O”。

③ 按 7A 键输入数字“7”，键入搜索的号码“O7”。

④ 按 [操作]、[O检索] 键，“O7”显示在屏幕上。

⑤ 可输入程序段号“N30”，按 [N检索] 键搜索程序段。

思考与练习 3

1. 介绍铣床操作界面的组成。
2. 铣床的工作方式都有哪些？
3. 简述铣床的安全操作规程。
4. 什么是对刀？试切法对刀的过程是什么？

第 4 章 数控铣削加工工艺基础

数控铣床具有丰富的加工功能和较宽的加工工艺范围，存在的工艺性问题也较多。在开始编制铣削加工程序前，一定要仔细分析数控铣削加工的工艺性，掌握铣削加工工艺装备的特点，以保证充分发挥数控铣床的加工功能。

【学习目标】

（1）掌握数控铣削零件的工艺分析内容和方法。
（2）掌握数控铣削刀具的选用原则。
（3）掌握切削用量的计算方法。
（4）掌握数控铣削刀具与工件的装夹方法。

4.1 数控铣削零件工艺分析

4.1.1 数控铣削加工的零件类型

铣削加工是机械加工中最常用的加工方法之一，它主要包括平面铣削和轮廓铣削，也可以对零件进行钻、扩、铰、镗、锪加工及螺纹加工等。数控铣削主要适合于下列几类零件的加工。

1. 平面类零件

平面类零件是指加工面平行或垂直于水平面，以及加工面与水平面的夹角为一定值的零件，这类加工面可展开为平面。

如图 4-1 所示的三个零件均为平面类零件。其中，零件的曲线轮廓面 *A* 垂直于水平面，可采用圆柱立铣刀加工。零件的凸台侧面 *B* 与水平面成一定角度，这类加工面可以采用专用的角度成型铣刀来加工。对于零件的斜面 *C*，当工件尺寸不大时，可用斜板垫平后加工；当工件尺寸很大，斜面坡度又较小时，也常用行切加工法加工，这时会在加工面上留下进刀时的刀锋残留痕迹，要用钳修方法加以清除。

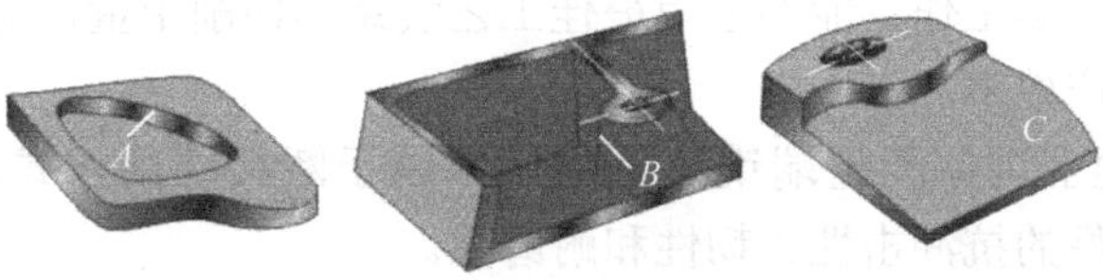

图 4-1 三个平面类零件

2. 直纹曲面类零件

直纹曲面类零件是指由直线依某种规律移动所产生的曲面类零件。如图 4-2 所示零件的加工面就是一种直纹曲面，当直纹曲面从截面①至截面②变化时，其与水平面间的夹角从3° 10′均匀变化为 2° 32′；从截面②到截面③时，又均匀变化为 1° 20′；最后到截面④，斜角均匀变化为 0° 。直纹曲面类零件的加工面不能展开为平面。

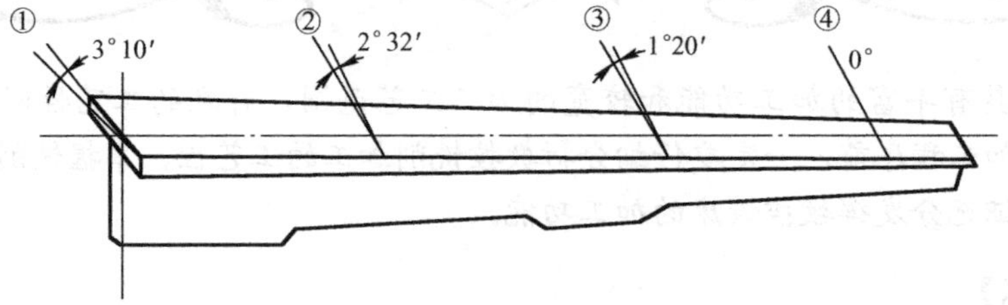

图 4-2　直纹曲面零件

当采用四坐标或五坐标数控铣床加工直纹曲面类零件时，加工面与铣刀圆周接触的瞬间为一条直线。这类零件也可在三坐标数控铣床上采用行切加工法实现近似加工。

3. 立体曲面类零件

加工面为空间曲面的零件称为立体曲面类零件。这类零件的加工面不能展成平面，一般使用球头铣刀切削，加工面与铣刀始终为点接触，若采用其他刀具加工，易于产生干涉而铣伤邻近表面。加工立体曲面类零件一般使用三坐标数控铣床，采用行切加工法、三坐标联动加工实现近似加工。

4.1.2　数控铣削加工工艺的特点

数控铣削加工工艺与普通铣床相比，在许多方面遵循的原则基本一致。由于数控铣床本身的自动化程度较高，控制方式不同，价格较普通铣床高得多。数控铣削加工相应有以下几个特点。

（1）对零件加工的适应性强、灵活性好，能加工轮廓形状特别复杂或难以控制尺寸的零件，如模具类零件、壳体类零件。

（2）能加工通用铣床难以观察、测量和控制进给的零件，如用数学表达式描绘的复杂曲线类零件以及三维空间曲面类零件。

（3）加工精度高，加工质量稳定可靠。

（4）采用数控铣削能够成倍地提高生产率，大大减轻体力劳动强度。

（5）生产效率高。一般可省去画线、中间检验等工作，通常也可省去复杂的工装，减少对零件的安装、调整等工作，能够选用最佳工艺线路和切削用量，有效地减少加工中的辅助时间，从而提高生产效率。

（6）从切削原理上讲，无论端铣还是周铣都属于断续切削方式，因此对刀具要求较高，要求刀具具有良好的抗冲击性、韧性和耐磨性。

4.1.3　数控铣削加工工艺的主要内容

概括起来数控铣削加工工艺的主要内容包括如下五个方面。

（1）选择适合在数控铣床上加工的零件，确定工序内容。制订零件的数控铣削加工工艺时，应该考虑数控铣床的工艺范围比普通铣床宽，但其价格较普通铣床高得多。因此，选择数控铣削加工内容时，应从实际需要和经济性两个方面考虑。

（2）分析被加工零件的图纸，明确加工内容及技术要求，确定零件的加工方案，制订数控铣削加工工艺路线。如划分工序，安排加工顺序，处理与非数控加工工序的衔接等。

（3）设计数控铣削加工工序，如选取零件的定位基准，确定夹具方案，划分工步，选取刀辅具，确定切削用量等。

（4）调整数控铣削加工工序的程序，选取对刀点和换刀点，确定刀具补偿，确定加工路线。

（5）处理数控铣床上的部分工艺指令。

4.1.4　零件样图与工艺卡

1．零件样图的工艺性分析

针对数控铣削加工的特点，下面列举一些经常遇到的工艺性问题作为对零件样图进行工艺性分析的要点来加以分析与考虑。

（1）图纸尺寸的标注方法是否方便编程？构成工件轮廓图形的各种几何元素的条件是否充分？各几何元素的相互关系（如相切、相交、垂直和平行等）是否明确？有无引起矛盾的多余尺寸或影响工序安排的封闭尺寸？等等。

（2）零件尺寸所要求的加工精度、尺寸公差是否都可以得到保证？不要以为数控机床加工精度高而放弃这种分析。特别要注意过薄的腹板与缘板的厚度公差，“铣工怕铣薄”，数控铣削也是一样，因为加工时产生的切削拉力及薄板的弹性退让，极易产生切削面的振动，使薄板厚度尺寸公差难以保证，其表面粗糙度也将恶化或变坏。根据实践经验，当面积较大的薄板厚度小于 3 mm 时就应充分重视这一问题。

（3）内槽及缘板之间的内转接圆弧是否过小？

（4）零件铣削面的槽底圆角或腹板与缘板相交处的圆角半径 r 是否太大？

（5）零件图中各加工面的凹圆弧（R 与 r）是否过于凌乱，是否可以统一？因为在数控铣床上多换一次刀要增加不少新问题，如增加铣刀规格、停车次数和对刀次数等，不但给编程带来许多麻烦，增加生产准备时间而降低生产效率，而且也会因频繁换刀增加工件加工面上的接刀阶差而降低表面质量。所以，在一个零件上的这种凹圆弧半径在数值上的一致性问题对数控铣削的工艺性显得相当重要。一般来说，即使不能寻求完全统一，也要力求将数值相近的圆弧半径分组靠拢，达到局部统一，以尽量减少铣刀规格与换刀次数。

（6）零件上有无统一基准以保证两次装夹加工后其相对位置的正确性。有些工件需要在铣完一面后再重新安装铣削另一面。这样的加工往往会因为工件的重新安装造成与上道工序加工的面接不齐或造成本来要求一致的两个对应面上的轮廓错位。普通铣床往往采用试切法接刀来解决，但由于数控铣床在某些场合无法进行试切，因此为了避免上述问题的产生，减小两次装夹误差，最好采用统一基准定位，因此零件上最好有合适的孔作为定位基准孔。如果零件上没有基准孔，也可以专门设置工艺孔作为定位基准（如在毛坯上增加工艺凸耳或在后续工序要铣去的余量上设基准孔）。如果实在无法设置基准孔，起码也要用经过精加工的面作为统一基准。如果做不到这一点，最好只加工其中一个最复杂的面，另一面放弃数控铣削而改由通用铣床加工。

（7）分析零件的形状及原材料的热处理状态，会不会在加工过程中变形？哪些部位最容易变形？因为数控铣削最忌讳工件在加工时变形，这种变形不但无法保证加工的质量，而且经常造成加工不能继续进行下去，"半途而废"，这时就应当考虑采取一些必要的工艺措施进行预防，如对钢件进行调质处理，对铸铝件进行退火处理，对不能用热处理方法解决的，也可考虑粗、精加工及按对称性去除余量等常规方法。此外，还要分析加工后的变形问题，采取什么工艺措施来解决。

2. 填写数控加工技术文件

填写数控加工专用技术文件是数控加工工艺设计的内容之一。这些技术文件既是数控加工的依据、产品验收的依据，又是操作者遵守与执行的规程。技术文件是对数控加工的具体说明，目的是让操作者更明确加工程序的内容、装夹方式、各个加工部位所选用的刀具及其他技术问题。数控加工技术文件主要有：数控编程任务书、工件安装和原点设定卡、数控加工工序卡、数控加工走刀路线图、数控加工刀具卡等。以下提供了常用的文件格式，文件格式可根据企业实际情况自行设计。

1）数控编程任务书

它阐明了工艺人员对数控加工工序的技术要求和工序说明，以及数控加工前应保证的加工余量。它是编程人员和工艺人员协调工作和编制数控程序的重要依据之一，详见表4-1。

表4-1 数控编程任务书

<table>
<tr><td colspan="2" rowspan="3">工艺处</td><td colspan="3" rowspan="3">数控编程任务书</td><td colspan="2">产品零件图号</td><td colspan="2"></td><td>任务书编号</td></tr>
<tr><td colspan="2">零件名称</td><td colspan="2"></td><td></td></tr>
<tr><td colspan="2">使用数控设备</td><td colspan="2"></td><td>共　页第　页</td></tr>
<tr><td colspan="10">主要工序说明及技术要求：</td></tr>
<tr><td colspan="5"></td><td colspan="2">收到日期</td><td>月　日</td><td colspan="2">经手人</td></tr>
<tr><td>编制</td><td></td><td>审核</td><td></td><td>编程</td><td></td><td>审核</td><td></td><td>批准</td><td></td></tr>
</table>

2）数控加工工件安装和原点设定卡

数控加工工件安装和原点设定卡简称装夹图和零件设定卡。卡中应表示出数控加工原点的定位方法和工件夹紧方法，并应注明加工原点的设置位置和坐标方向，使用的夹具名称和编号等，详见表 4-2。

表 4-2　工件安装和原点设定卡

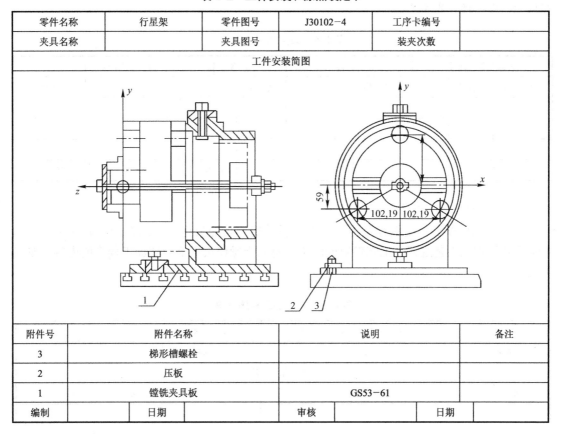

<table>
<tr><td>零件名称</td><td>行星架</td><td>零件图号</td><td>J30102−4</td><td>工序卡编号</td><td colspan="3"></td></tr>
<tr><td>夹具名称</td><td></td><td>夹具图号</td><td></td><td>装夹次数</td><td colspan="3"></td></tr>
<tr><td colspan="8">工件安装简图</td></tr>
<tr><td colspan="8">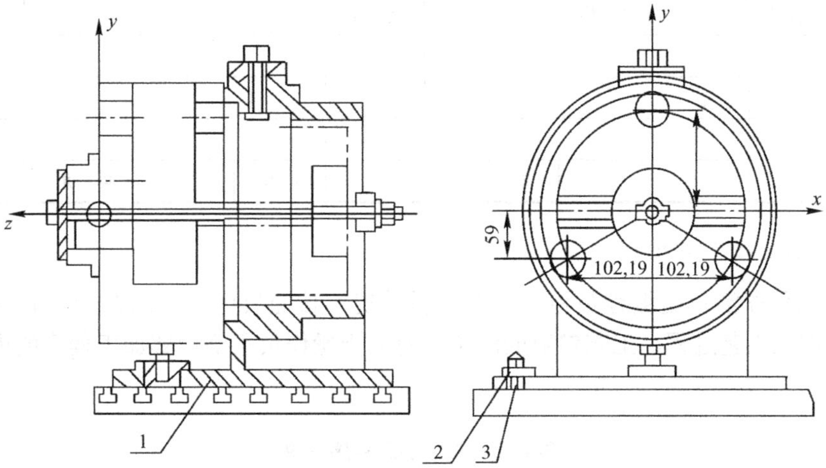
</td></tr>
<tr><td>附件号</td><td colspan="3">附件名称</td><td colspan="3">说明</td><td>备注</td></tr>
<tr><td>3</td><td colspan="3">梯形槽螺栓</td><td colspan="3"></td><td></td></tr>
<tr><td>2</td><td colspan="3">压板</td><td colspan="3"></td><td></td></tr>
<tr><td>1</td><td colspan="3">镗铣夹具板</td><td colspan="3">GS53−61</td><td></td></tr>
<tr><td>编制</td><td></td><td>日期</td><td></td><td>审核</td><td></td><td>日期</td><td></td></tr>
</table>

3）数控加工工序卡

数控加工工序卡与普通加工工序卡有许多相似之处，所不同的是：工序简图中应注明编程原点与对刀点，要进行简要编程说明（如所用机床型号、程序编号、刀具半径补偿、镜像对称加工方式等）及切削参数（即程序编入的主轴转速、进给速度、最大背吃刀量或宽度等）的选择，详见表 4-3。

表 4-3　数控加工工序卡　　编号：×××××

<table>
<tr><td colspan="2">零件名称</td><td></td><td colspan="2">零件图号</td><td colspan="2"></td><td>工序名称</td><td colspan="2"></td></tr>
<tr><td colspan="2">零件材料</td><td></td><td colspan="2">材料硬度</td><td colspan="2"></td><td>使用设备</td><td colspan="2"></td></tr>
<tr><td colspan="2">使用夹具</td><td></td><td colspan="2">装夹方法</td><td colspan="5"></td></tr>
<tr><td colspan="2">程序文件</td><td></td><td colspan="2">日　期</td><td colspan="3">年　月　日</td><td>工艺员</td><td></td></tr>
<tr><td colspan="10">工 步 描 述</td></tr>
<tr><td>工步编号</td><td colspan="2">工 步 内 容</td><td>刀具编号</td><td>刀具规格（mm）</td><td>主轴转速（r/min）</td><td>进给速度（m/min）</td><td>吃刀量（mm）</td><td colspan="2">备　注</td></tr>
<tr><td></td><td colspan="2"></td><td></td><td></td><td></td><td></td><td></td><td colspan="2"></td></tr>
<tr><td></td><td colspan="2"></td><td></td><td></td><td></td><td></td><td></td><td colspan="2"></td></tr>
</table>

4）数控加工刀具卡

数控加工刀具卡主要反映刀具名称、编号、规格、长度等内容。它是组装刀具、调整刀具的依据，详见表 4-4。

表 4-4 数控加工刀具卡

产品名称和代号			零件名称			零件图号	
序号	刀具编号	刀具规格、名称	数 量	加工表面		备注	
编 制		审核		批准		共 页	第 页

5）数控加工程序清单

数控加工程序清单是编程员根据工艺分析情况，按照机床特点的指令代码编制的。它是记录数控加工工艺过程、工艺参数的清单，有助于操作员正确理解加工程序的内容，格式见表 4-5。

表 4-5 数控加工程序清单

××××车间加工程序清单		编号：×××××	
零件名称		工序卡编号	
加工程序指令与注释			
序号	指令码	注释	

3. 典型零件数控铣削工艺分析

如图 4-3 所示为槽形凸轮零件，在铣削加工前，该零件是一个经过加工的圆盘，圆盘直径为ϕ280 mm，带有两个基准孔ϕ35 mm 及ϕ12 mm。ϕ35 mm 及ϕ12 mm 两个定位孔，X面已在前面加工完毕，本道工序是在铣床上加工槽。该零件的材料为 HT200，试分析其数控铣削加工工艺。

1）零件样图工艺分析

该零件凸轮轮廓由圆弧$\overset{\frown}{HA}$、$\overset{\frown}{BC}$、$\overset{\frown}{DE}$、$\overset{\frown}{FG}$和直线 AB、HG 以及过渡圆弧$\overset{\frown}{CD}$、$\overset{\frown}{EF}$所组成。组成轮廓的各几何元素关系清楚，条件充分，所需要基点坐标容易求得。凸轮内外轮廓面对 X 面有垂直度要求。材料为铸铁，切削工艺性能较好。

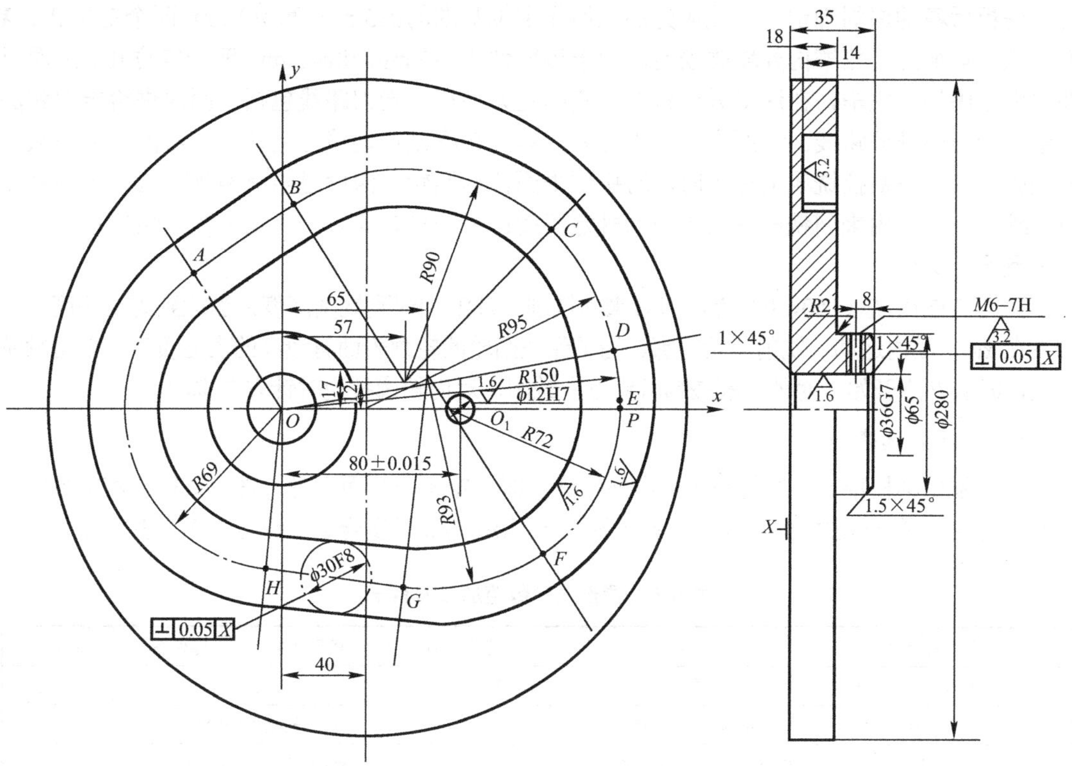

图 4-3　槽形凸轮零件

根据分析，采取以下工艺措施：凸轮内外轮廓面对 *X* 面有垂直度要求，只要提高装夹精度，使 *X* 面与铣刀轴线垂直，即可保证。

2）选择设备

对平面槽形凸轮的数控铣削加工，一般采用两轴以上联动的数控铣床，因此，首先要考虑的是零件的外形尺寸和重量，使其在铣床的允许范围以内；其次，考虑数控铣床的精度是否能满足凸轮的设计要求；最后，看凸轮的最大圆弧半径是否在数控系统允许的范围之内。根据以上三条即可确定所要使用两轴以上联动的数控铣床。

3）*确定零件的定位基准和装夹方式*

定位基准采用"一面两孔"定位，即用圆盘 *X* 面和两个基准孔作为定位基准。

根据工件特点，用一块 320 mm×320 mm×40 mm 的垫块，在垫块上分别精镗ϕ35 mm 及ϕ12 mm 两个定位孔（当然要配定位销），孔距离（80±0.015）mm，垫块平面度为 0.05 mm。该零件在加工前，先固定夹具的平面，使两定位销孔的中心连线与机床 *x* 轴平行，夹具平面要保证与工作台面平行，并用百分表检查，如图 4-4 所示。

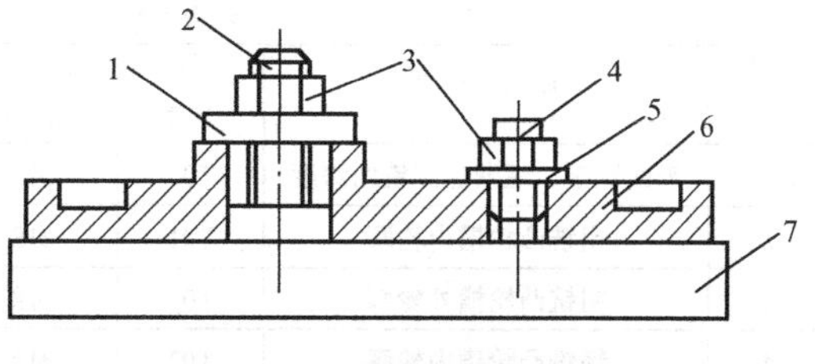

1—开口垫圈；2—带螺纹圆柱销；3—压紧螺母；
4—带螺纹削边销；5—垫圈；6—工件；7—垫块

图 4-4　凸轮加工装夹示意图

4）*确定加工顺序及走刀路线*

整个零件的加工顺序的拟订按照基面先

行、先粗后精的原则确定。因此应先加工用作定位基准的ϕ35 mm和ϕ12 mm两个定位孔、X面，然后再加工凸轮槽内外轮廓表面。由于该零件的ϕ35 mm和ϕ12 mm两个定位孔、X面已在前面工序加工完毕，在这里只分析加工槽的走刀路线，走刀路线包括平面内进给走刀和深度进给走刀两部分路线。平面内的进给走刀，对外轮廓是从切线方向切入；对内轮廓是从过渡圆弧切入。在数控铣床上加工时，对铣削平面槽形凸轮，深度进给有两种方法：一种是在 *xz*（或 *yz*）平面内来回铣削逐渐进刀到既定深度；另一种是先打一个工艺孔，然后从工艺孔进刀到既定深度。

进刀点选在 *P*（150，0）点，刀具来回铣削，逐渐加深到铣削深度，当达到既定深度后，刀具在 *xy* 平面内运动，铣削凸轮轮廓。为了保证凸轮的轮廓表面有较高的表面质量，采用顺铣方式，即从 *P* 点开始，对外轮廓按顺时针方向铣削，对内轮廓按逆时针方向铣削。

5）刀具的选择

根据零件结构特点，铣削凸轮槽内外轮廓（即凸轮槽两侧面）时，铣刀直径受槽宽限制，同时考虑铸铁属于一般材料，加工性能较好，选用ϕ18 mm硬质合金立铣刀，详见表4-6。

表4-6 槽形凸轮数控加工刀具卡

产品名称和代号		×××		零件名称	槽形凸轮	零件图号	×××
序号	刀具编号	刀具规格、名称		数量	加工表面		备注
1	T01	ϕ18 mm 硬质合金立铣刀		1	粗铣凸轮槽内外轮廓		
2	T02	ϕ18 mm 硬质合金立铣刀		1	精铣凸轮槽内外轮廓		
编制	×××	审核	×××	批准	×××	共 页	第 页

6）切削用量的选择

凸轮槽内外轮廓精加工时留0.2 mm铣削用量，确定主轴转速与进给速度时，先查切削用量手册，确定切削速度与每齿进给量，然后利用公式 $v_c = \pi dn/1000$ 计算主轴转速 n，利用 $v_f = nzf_z$ 计算进给速度。

7）填写数控加工工序卡

填写后的槽形凸轮数控加工工序卡见表4-7。

表4-7 槽形凸轮数控加工工序卡 编号：×××××

单位名称	×××		产品名称或代号		零件名称		零件图号	
			×××		槽形凸轮		×××	
工序号	程序编号		夹具名称		使用设备		车间	
×××	×××		螺旋压板		Xk5025		数控中心	
工步编号	工步内容		刀具编号	刀具规格（mm）	主轴转速（r/min）	进给速度（mm/min）	吃刀量（mm）	备注
1	来回铣削，逐渐加深铣削深度		T01	ϕ18	800	60		分两层铣削
2	粗铣凸轮槽内轮廓		T01	ϕ18	700	60		
3	粗铣凸轮槽外轮廓		T01	ϕ18	700	60		
4	精铣凸轮槽内轮廓		T02	ϕ18	1 000	100		
5	精铣凸轮槽外轮廓		T02	ϕ18	1 000	100		
编制 ×××	审核	×××	批准	×××	年 月 日		共 页	第 页

4.1.5　定位基准的确定

定位基准有粗基准和精基准两种。用没有机加工过的毛坯表面作为定位基准的称为粗基准；用已经机加工过的表面作为定位基准的称为精基准。

1. 粗基准的确定

粗基准的确定是否合理，直接影响到各加工表面加工余量的分配，以及加工表面和不加工表面的相互位置关系，因此必须合理选择。具体确定时一般应遵循下列原则：

（1）为保证不加工表面与加工表面之间的位置要求，应选择不加工表面为粗基准。

（2）保证重要加工面的余量均匀，应选择重要加工面为粗基准。

（3）保证各加工面都有足够的加工余量，应选择毛坯余量最小的面作为粗基准。

（4）基准比较粗糙且精度低，一般在同一尺寸方向上不应重复使用。

（5）为粗基准的表面，应尽量平整，没有浇口、冒口或飞边等其他缺陷，以便使工件定位可靠，夹紧方便。

2. 精基准的选择

除第一道工序采用粗基准外，其余工序都应使用精基准。选择精基准主要考虑如何减小加工误差、保证加工精度、使工件装夹方便，并使零件的制造较为经济、容易。具体选择时可遵循下列原则。

（1）基准重合原则。选择加工表面的设计基准作为定位基准，称为基准重合原则。采用基准重合原则可以避免由定位基准与设计基准不重合而引起的定位误差，如图 4-5 所示。

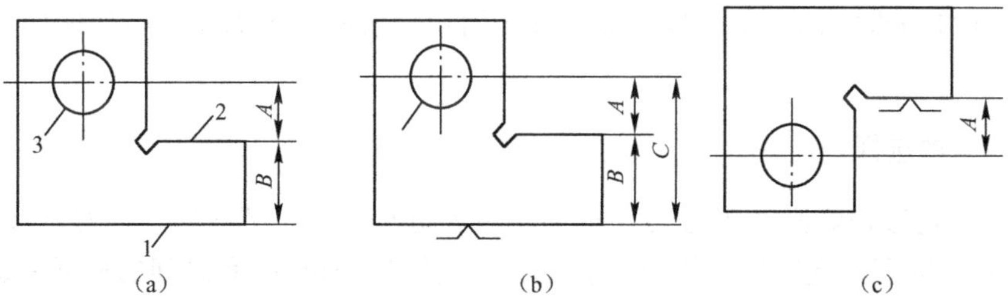

图 4-5　设计基准与定位基准不重合示例

（2）基准统一原则。当工件以某一组精基准可以比较方便地加工其他各表面时，应尽可能在多数工序中采用此同一组精基准定位，这就是基准统一原则。采用基准统一原则可以避免基准变换所产生的误差，提高各加工表面之间的位置精度，同时简化夹具的设计和制造工作量。

（3）自为基准原则。某些要求加工余量小而均匀的精加工工序，选择加工表面本身作为定位基准，称为自为基准原则。

采用自为基准原则加工时，只能提高加工表面本身的尺寸精度、形状精度，而不能提高加工表面的位置精度，加工表面的位置精度应由前道工序保证。

（4）互为基准原则。为使各加工表面之间有较高的位置精度，又为了使其加工余量小而均匀，可采用两个表面互为基准反复加工，称为互为基准。

除了上述四条原则外，选择精基准时，还应考虑所选精基准能使工件定位准确、稳定，装夹方便，进而使夹具结构简单、操作方便。

在实际生产中，上述原则又是很难同时做到的。所以应根据具体的加工对象和加工条件，从保证主要技术要求出发，灵活选用有利的精基准。

3. 辅助基准的选择

有些零件的加工，为了装夹方便或易于实现基准统一，人为地设置一种定位基准，称为辅助基准。

4.1.6 加工方案的确定

零件上比较精确的表面，常常是通过粗加工、半精加工、精加工逐步达到的。对这些表面仅仅根据质量要求选择相应的最终加工方法是不够的，还应正确地确定从毛坯到最终成型的加工方案。

确定加工方案时，应先根据主要表面的精度和表面粗糙度的要求，确定为达到这些要求所需要的最终加工方法，再确定半精加工和粗加工的加工方法。例如，对于孔径不大的 IT7 级精度的孔，终加工方法取精铰时，铰孔前通常要经过钻孔、扩孔和粗铰孔等加工。

4.1.7 对刀点与换刀点

对刀点和换刀点的选择主要根据加工操作的实际情况，考虑如何在保证加工精度的同时使操作简单。

1. 对刀点的选择

“对刀点”是数控铣削加工时刀具相对零件运动的起点，又称为“起刀点”，也就是程序运行的起点。对刀点选定后，便确定了机床坐标系和工件坐标系之间的相互关系。

刀具在机床上的位置是由“刀位点”的位置来表示的。不同的刀具，刀位点不同。对平头立铣刀、端铣刀类刀具，刀位点为它们的底面中心；对钻头，刀位点为钻尖；对球头铣刀，则为球心；对刀时，刀位点应与对刀点一致。

对刀点的选择原则是：

（1）便于数学处理和简化程序编制。

（2）在机床上找正容易，加工中便于检查。

（3）引起的加工误差小。

对刀点可以设置在工件上，也可以设置在夹具上，但必须与零件的位置基准有一定的关系。机床坐标系与工件坐标系如图 4-6 所示，其中 x_1 和 y_1 确定机床坐标系与工件坐标系的关系。对刀点既可以与编程原点重合，也可以不重合，这主要取决于加工精度和对刀的方便性。当对刀点与编程原点重合时，$x_1=0, y_1=0$。

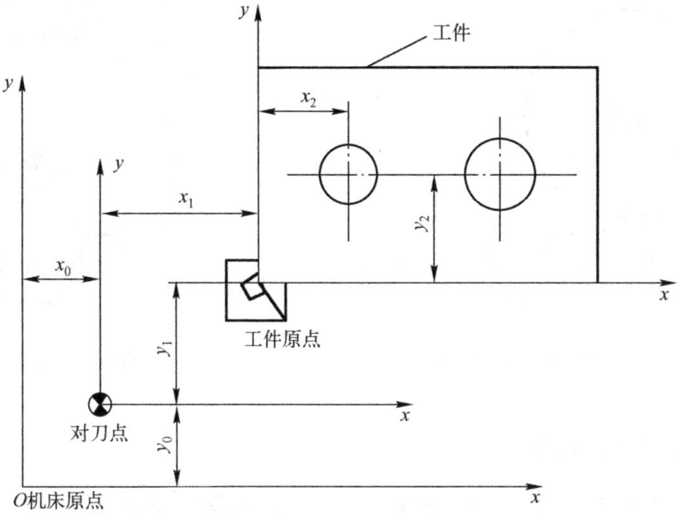

图 4-6　机床坐标系与工件坐标系

2. 换刀点的选择

由于数控铣床采用手动换刀，换刀时操作人员的主动性较高，换刀点只要设置在零件外面，不发生换刀障碍即可。

4.1.8　走刀路线的确定

走刀路线就是刀具在整个加工工序中的运动轨迹，它不但包括工步的内容，也反映工步顺序。走刀路线是编写程序的依据之一。确定走刀路线时应注意以下几点：

（1）求最短加工路线。

（2）最终轮廓一次走刀完成。

（3）选择合理的切入、切出方向。

（4）选择使工件在加工后变形小的路线。

下面举例分析几种加工零件时常用的加工路线。

1. 铣削轮廓的加工路线分析

对于连续铣削轮廓，特别是加工圆弧时，要注意安排好刀具的切入、切出，要尽量避免交接处重复加工，否则会出现明显的界线痕迹。如图 4-7 所示，用圆弧插补方式铣削外整圆时，要安排刀具从切向进入圆周铣削加工；当整圆加工完毕后，不要在切点处直接退刀，而让刀具多运动一段距离，最好沿切线方向退出，以免取消刀具补偿时，刀具与工件表面相碰撞，造成工件报废。铣削内圆弧时，也要遵守从切向切入的原则，安排切入、切出过渡圆弧，如图 4-8 所示，若刀具从工件坐标原点出发，其加工路线为 1→2→3→4→5，这样，可提高内孔表面的加工精度和质量。

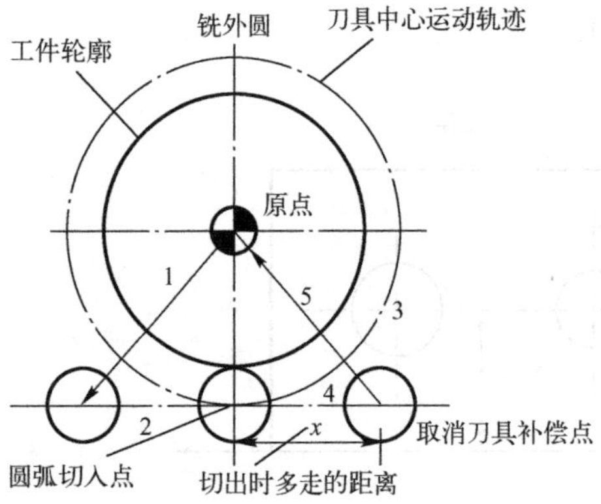

图4-7　刀具的切入、切出位置

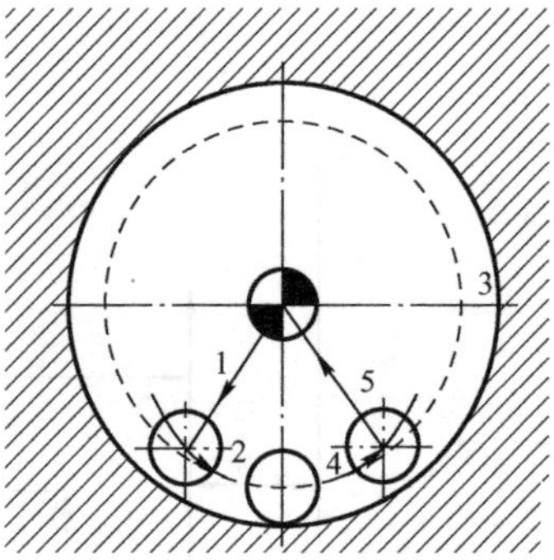

图4-8　刀具的路径

2．铣削内腔的加工路线分析

为保证工件轮廓表面加工后的粗糙度要求，最终轮廓应安排在最后一次走刀中连续加工出来。

如图 4-9（a）所示为用行切方式加工内腔的走刀路线，这种走刀能切除内腔中的全部余量，不留死角，不伤轮廓。但行切法将在两次走刀的起点和终点间留下残留高度，而达不到要求的表面粗糙度。所以采用如图 4-9（b）所示的走刀路线，先用行切法，最后沿周向环切一刀，光整轮廓表面，能获得较好的效果。如图 4-9（c）所示也是一种较好的走刀路线方式。

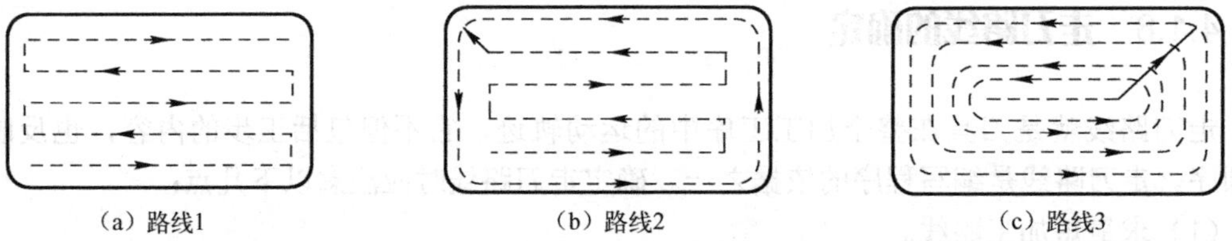

图4-9　铣削内腔的三种走刀路线

3. 铣削曲面的加工路线分析

铣削曲面时，常用球头刀采用行切法进行加工。对于边界敞开的曲面可采用两种加工路线。如图 4-10 所示为发动机叶片形状，当采用如图 4-10（a）所示的加工方案时，每次沿直线加工，刀位点计算简单，程序少，加工过程符合直纹面的形成，可以准确保证母线的直线度；当采用如图 4-10（b）所示的加工方案时，符合这类零件数据的给出情况，便于加工后检验，叶片形状的准确度高，但程序较多。由于曲面零件的边界是敞开的，没有其他表面限制，所以曲面边界可以延伸，球头刀应由边界外开始加工。

通过以上三例分析了数控加工中常用的加工路线，在实际生产中加工路线的确定要根据零件的具体结构特点，综合考虑，灵活运用。而确定加工路线的总原则是：在保证零件加工精度和表面质量的条件下，尽量缩短加工路线，以提高生产率。

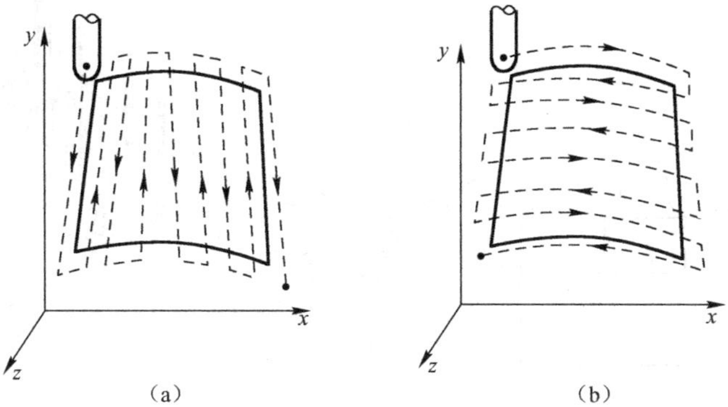

图 4-10 曲面表面的两种进给路线

4.2 数控铣削刀具与切削用量

数控刀具系统在数控加工中具有极其重要的意义，正确选择和使用与数控铣床相匹配的刀具系统是充分发挥铣床功能和优势、保证加工精度以及控制加工成本的关键，这也是在编制程序时要考虑的主要内容之一。

4.2.1 数控铣削常用刀具

铣刀在加工中的重要性显而易见。数控加工中对刀具的要求远远比普通铣削加工高，不仅要有更高的刚性、更强的耐磨性、更好的抗震性、更易的断屑与排屑性、更合理的几何角度参数，还应有更高的制造精度。在数控加工中主要解决如何正确选用和使用刀具，包括选用刀具的种类、结构、材料、尺寸、几何角度，以及确定合理而高效的切削参数等。刀具种类和尺寸一般根据加工表面的形状特点和尺寸选择，铣削加工部位及所选用的铣刀的类型如表 4-8 和图 4-11 所示。

表 4-8 铣削加工部位与可选用的刀具种类

序号	加工部位	可选用刀具种类	序号	加工部位	可选用刀具种类
1	平面	机夹可转位平面铣刀	9	较大曲面	多刀片机夹可转位球头铣刀
2	带倒角的开敞槽	机夹可转位倒角平面铣刀	10	大曲面	机夹可转位圆刀片面铣刀
3	T 形槽	机夹可转位 T 形铣刀	11	倒角	机夹可转位倒角铣刀
4	带圆角的开敞槽	长柄机夹可转位圆刀片铣刀	12	型腔	机夹可转位圆刀片立铣刀
5	一般曲面	整体硬质合金球头铣刀	13	外形粗加工	机夹可转位玉米铣刀
6	较深曲面	加长整体硬质合金球头铣刀	14	台阶平面	机夹可转位直角平面铣刀
7	曲面	多刀片机夹可转位球头铣刀	15	直角腔槽	机夹可转位立铣刀
8	曲面	单刀片机夹可转位球头铣刀			

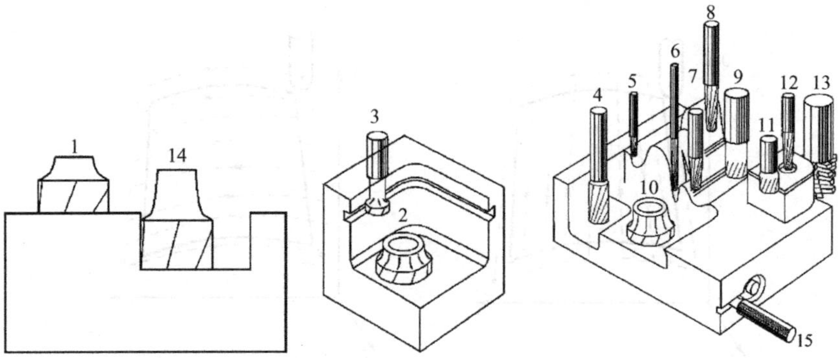

图 4-11 加工部位与可选用的铣刀类型

4.2.2 铣削刀具选用原则

被加工零件的几何形状是选择刀具类型的主要依据，有以下几条原则。

（1）加工曲面类零件时，为了保证刀具切削刃与加工轮廓在切削点相切，避免刀刃与工件轮廓发生干涉，一般采用球头刀，粗加工用两刃铣刀，半精加工和精加工用四刃铣刀，如图 4-12 所示。

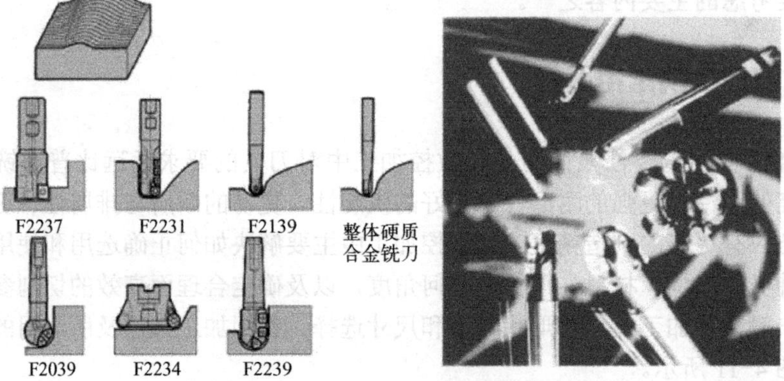

图 4-12 加工曲面类铣刀

（2）铣较大平面时，为了提高生产效率和提高加工表面粗糙度，一般采用刀片镶嵌式盘形铣刀，如图 4-13 所示。

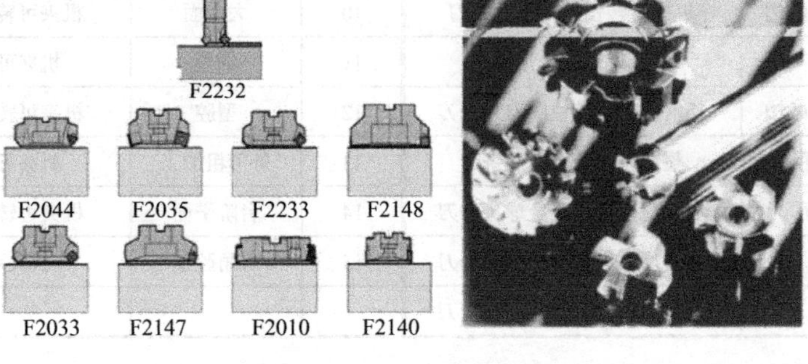

图 4-13 加工大平面铣刀

（3）铣小平面或台阶面时一般采用通用铣刀，如图 4-14 所示。

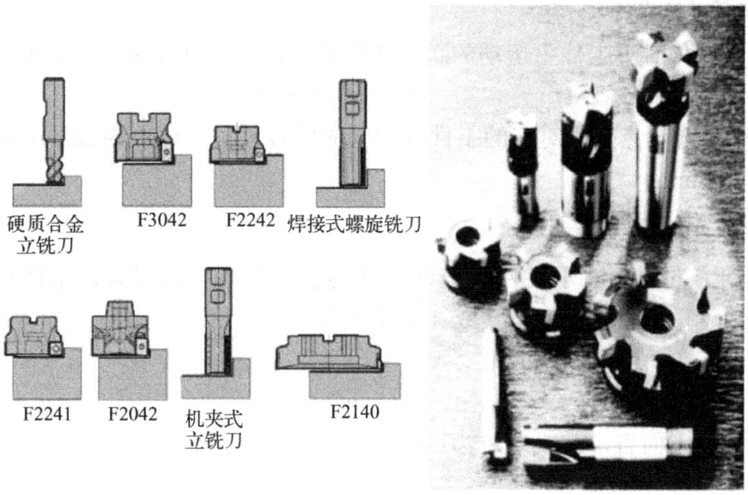

图 4-14 加工台阶面铣刀

（4）铣键槽时，为了保证槽的尺寸精度，一般用两刃键槽铣刀，如图 4-15 所示。

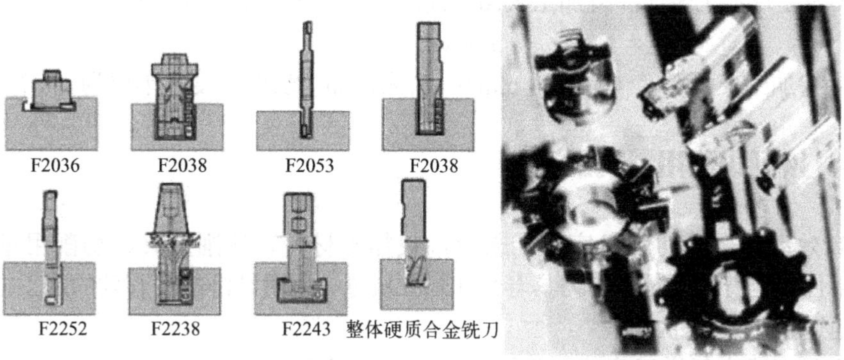

图 4-15 加工槽类铣刀

（5）加工孔时，可采用钻头、镗刀等孔加工刀具，如图 4-16 所示。

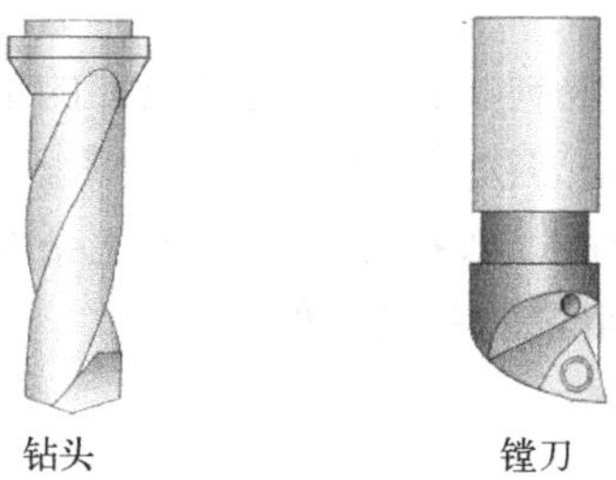

图 4-16 孔加工刀具

4.2.3 切削用量的计算

切削用量是用来表示切削运动和调整机床的参数，并且可用它对主运动和进给运动进行定量的表述。它包括三个要素：切削速度、进给量、背吃刀量。

1）切削速度（v_c）

切削刃选定点相对于工件主运动的瞬时速度称为切削速度（单位为m/min）：

$$v_c = \pi dn / 1000$$

式中，d为切削刃选定点处所对应的工件或刀具的回转直径（单位为mm）；n为工件或刀具的转速（单位为r/min）。

2）进给量（f）

刀具在进给方向上相对于工件的位移量称为进给量，可用刀具或工件每转或每行程的位移量来表达或度量（单位为mm/r 或 mm/行程）。

进给速度v_f（单位为mm/min）：

$$v_f = nf$$

对于铰刀、铣刀而言，常规定每齿进给量f_z（单位为mm/齿）：

$$f_z = f / z$$

式中，z为刀齿数。

3）背吃刀量（a_p）

背吃刀量是已加工表面和待加工表面之间的垂直距离（单位为mm）：

$$a_p = (d_w - d_m) / 2$$

式中，d_w为待加工表面厚度（单位为mm）；d_m为已加工表面厚度（单位为mm）。

4.2.4 铣削切削用量的确定

对于高效率的金属切削机床加工来说，被加工材料、切削刀具、切削用量是三大要素。这些条件决定着加工时间、刀具寿命和加工质量。采用经济的、有效的加工方式，要求必须合理地选择切削条件。

编程人员在确定每道工序的切削用量时，应根据刀具的耐用度和机床说明书中的规定去选择，也可以结合实际经验用类比法确定切削用量。在选择切削用量时要充分保证刀具能加工完一个零件，或保证刀具耐用度不低于一个工作班的工作时间，最少不低于半个工作班的工作时间。

背吃刀量主要受机床刚度的限制，在机床刚度允许的情况下，尽可能使背吃刀量等于工序的加工余量，这样可以减少走刀次数，提高加工效率。对于表面粗糙度和精度要求较高的零件，要留有足够的精加工余量，数控加工的精加工余量可比通用机床加工的余量小一些。以下为加工工件时选择切削用量的参考条件。

1）切削用量的选择

粗加工时，a_p和f尽量大，然后选择最佳的切削速度v_c。

精加工时，选择合适的a_p，较小的f，较高的v_c。

2）背吃刀量的选择

粗加工（R_a=10～80 μm），一次进给尽量多地切除余量。

半精加工（R_a=1.25～10 μm），a_p选取 0.5～2 mm。
精加工（R_a=0.32～1.25 μm），a_p选取 0.1～0.4 mm。

3）进给量的选择

粗加工时，f根据实际情况如振动、噪声等进行选择。
精加工时，f根据表面粗糙度选择。

4.3　数控铣削刀具与工件的装夹

4.3.1　铣削刀具的装夹

数控铣床的刀具由两个部分组成即刀柄和刃具。切削刀具通过刀柄与数控铣床主轴连接，其强度、耐磨性、制造精度以及夹紧力等对加工有直接的影响，进行高速铣削的刀柄还具有动平衡、减振等要求。数控铣床常用的刀柄与主轴的配合锥面一般采用 7:24 的锥柄，因为这种锥柄不自锁，换刀方便，与直柄相比有较高的定心精度和刚度，刀柄通过拉钉固定在主轴上，如图 4-17 所示。

图 4-17　数控铣床的常用刀柄

4.3.2　工件的定位与装夹

数控铣床主要用于加工形状复杂的零件，但所使用夹具的结构往往并不复杂。数控铣床夹具的选用可首先根据生产零件的批量来确定。对单件、小批量、工作量较大的模具加工来说，一般可直接在铣床工作台面上通过调整实现定位与夹紧，然后通过工件坐标系的设定来确定零件的位置。

对有一定批量的零件来说，可选用结构较简单的夹具。例如，加工如图 4-18 所示的凸轮零件的凸轮曲面时，可采用如图 4-19 所示的凸轮夹具。其中，两个定位销 3、5 与定位块 4 组成一面两销的六点定位，压板 6 与夹紧螺母 7 实现夹紧。

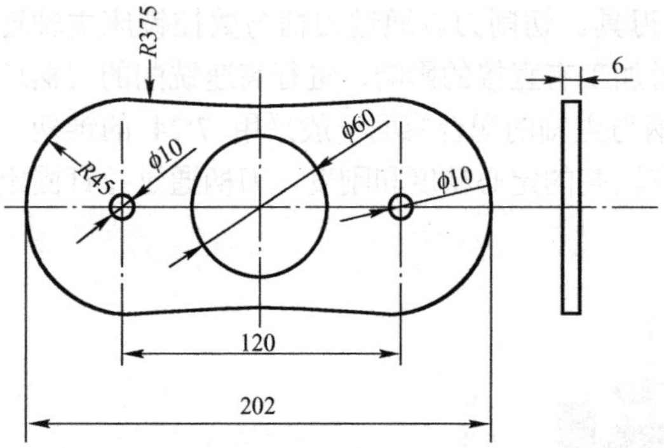

图 4-18 凸轮零件样图

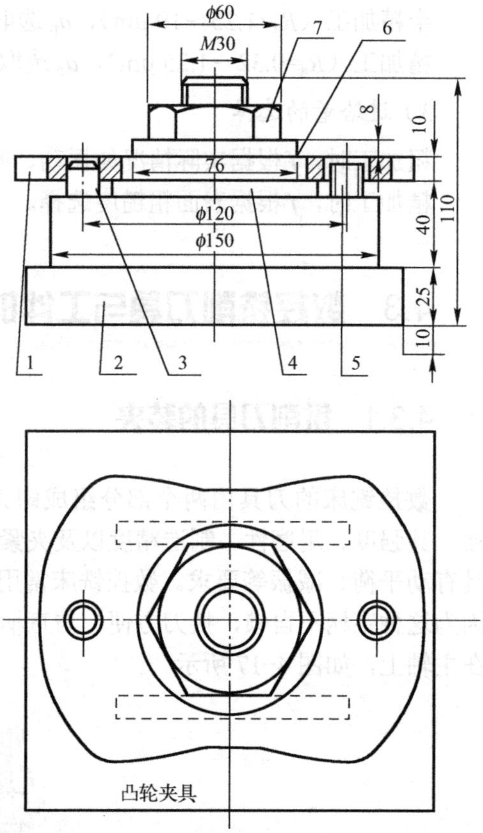

1—凸轮零件；2—夹具；3—圆柱形定位销；
4—定位块；5—菱形定位销；6—压板；7—夹紧螺母

图 4-19 凸轮夹具

思考与练习 4

1. 选择题

（1）在编制程序时，总是把工件看成（　）。

A. 静止的　　B. 运动的

（2）球头铣刀的刀位点是指（　）。

A. 球心　　B. 刀尖

（3）精加工时，选择切削速度的主要依据是（　）。

A. 刀具耐用度　　B. 加工表面质量

（4）在安排工步时，应安排（　）工步。

A. 简单的　　B. 对工件刚性破坏较小的

（5）在确定定位方案时，应尽量将（　）。

A. 工序分散　　B. 工序集中

2. 判断题

（1）立铣刀的刀位点是刀具中心线与刀具底面的交点。 （ ）

（2）球头铣刀的刀位点是刀具中心线与球头球面交点。 （ ）

（3）由于数控机床的先进性，因此任何零件均适合在数控机床上加工。 （ ）

（4）换刀点应设置在被加工零件的轮廓之外，并要求有一定的余量。 （ ）

（5）为保证工件轮廓表面粗糙度，最终轮廓应在一次走刀中连续加工出来。 （ ）

3. 简答题

（1）何谓对刀点？

（2）何谓刀位点？

（3）何谓换刀点？

（4）数控编程开始前，进行工艺分析的目的是什么？

（5）确定对刀点时应考虑哪些因素？

（6）指出立铣刀、球头铣刀和钻头的刀位点。

（7）确定走刀路线时应考虑哪些问题？

（8）简要说明切削用量三要素的选择原则。

（9）在数控铣床上加工时，定位基准和夹紧方案的选择应考虑哪些问题？

第 5 章 数控铣削编程基础

数控机床工作时，在加工程序的控制下，使刀具与工件毛坯相对运动，将工件毛坯上刀具经过部分的材料去除，最终加工出所需的工件。因此，使用数控机床进行加工最重要的工作就是编写数控加工程序。要想编写出高质量的数控加工程序需要具备多种知识和能力，首先要掌握数控加工指令，同时还要具有丰富的金属切削与机械加工工艺方面的知识。本章通过一个典型项目的讲解，通过泛读程序，帮助学生对数控程序及其编程规范有一个初步了解。

【学习目标】

（1）了解编程过程中需要考虑的加工因素。

（2）了解数控程序的基本结构和组成。

（3）了解数控指令的类型和总体使用规范。

（4）掌握 M 功能指令、T 功能指令、F 指令、S 指令的使用方法。

（5）掌握工件坐标系的建立过程和使用的指令。

5.1 数控铣削编程概述

1. 编程时面临的工艺问题

数控程序的任务是为了完成零件加工过程的控制。数控系统则负责将这些程序按顺序逐条解释以控制机床各种运动部件和辅助部件协调动作，从而实现零件的成型加工。因此，数控编程在编程方法和编程思路上就有别于其他类型的计算机编程。就本质而言，数控编程是模拟实际加工的过程，即利用系统规定的指令完成刀具轨迹的控制、切削参数的控制、辅助加工动作的控制等。

例如，在加工如图 5-1 所示的零件时，编程时需要考虑以下几个方面：

（1）刀具轨迹，解决刀具从哪里开始加工，从哪里结束加工，加工轨迹如何实现的问题。

（2）刀具从何处下刀，走刀路线如何实现，从何处退刀，这些都由轨迹控制类指令来完成，如加工直线用 G01，加工圆弧用 G02/G03。

（3）加工过程中哪里需要主轴转、主轴停，哪里需要冷却液开、关，哪里需要换刀，这些都是加工的辅助动作控制，主要由辅助功能类指令来完成。

（4）加工过程中主轴转速、进给速度等则是对切削参数的控制。包括进给功能指令、主轴功能指令等。

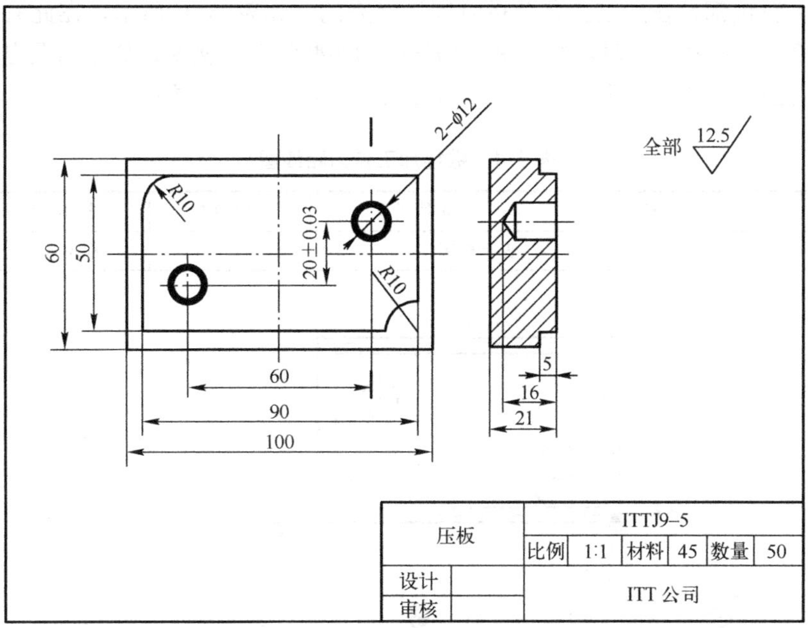

图 5-1　零件样图

不难看出这些编程时需要考虑的因素与零件加工工艺有直接的关系，因此编程要充分结合已制订好的加工工艺规程，这样才能产生合理、高效的加工过程。从编程角度而言，上面几个编程时应考虑的因素都是通过程序中不同指令来实现的。后面我们着重讲解数控指令的使用。

2. 编程的过程

从前面的分析可知，数控程序的编制是建立在数控加工工艺分析的基础之上的，数控加工工艺分析在前面已进行介绍，在此不再赘述。

在完成了数控加工工艺分析后，一般按如下四个步骤进行数控编程。

确定编程原点 ⇨ 分析加工轨迹 ⇨ 数学处理 ⇨ 编制程序清单

1）确定编程原点

编程原点是编制数控程序的基准点，选择不同的编程原点，编制出的程序会有所不同。编程原点的选择也会影响加工精度。工件原点的选择往往要遵循下面两个原则。

（1）基准重合原则。即保证设计基准、工艺基准、编程基准重合，这样可以有效地避免基准不重合产生的误差。同时，可以有效地减少编程时的计算量。

- 形状对称零件的设计基准都为对称轴线或中心，所以往往这类零件的编程原点都选择在对称轴线或中心。
- 形状不对称零件的设计基准大都在某个角点，此时可以选择角点作为编程原点。

（2）便于对刀原则。选择编程原点时，还要充分考虑对刀方便等因素，一般零件的上表面对刀方便，通常将工件原点设置在零件上表面。

2）分析加工轨迹

通常加工轨迹都是在加工工艺分析时制订出来的，如表 5-1 所示，在此只是进行相关轨迹与走刀路线的校对，同时，综合考虑编程时的某些细节。例如，如果需要自动换刀，应确保程序中所换刀具与实际情况相同，即刀号相同，刀具补偿值相同。

表 5-1　数控加工走刀路线图

零件名称	压板		零件图号	ITTJ9-5	工序卡编号	ITTJ9-5
加工内容	凸台轮廓				程序号	O1000
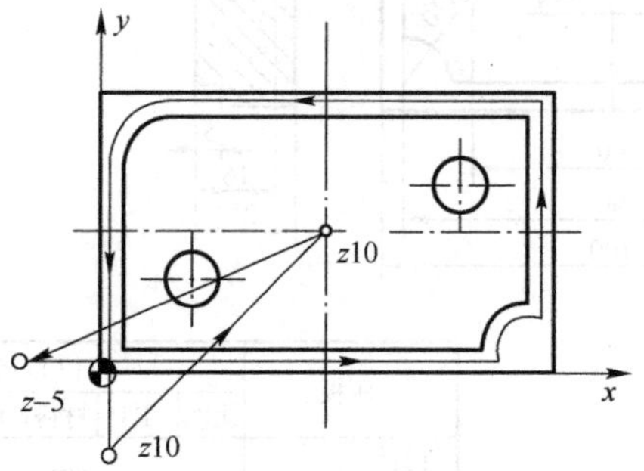						
符号	⊙	⊗	⊕	o→	→	- - - →
含义	抬刀	下刀	编程原点	起刀点	走刀方向	快移

3）进行数学处理，计算刀位数据

我们知道加工过程是编程过程的再现，编程时各刀位点需要的坐标值都是根据样图得到的，而有些刀位点则无法直接从样图中得到，就需要使用必要的数学手段进行计算，这就是数学处理的目的。

4）编制程序清单

最后，可以依据刀位点和其他加工数据，按照规定的格式编制程序清单。对图 5-1 所示加工零件编制的数控程序如表 5-2 所示。

表 5-2　数控程序清单

零件名称		工序卡编号	ITTJ9−5
序号	指令码	注释	
	O1000	程序号	
N10	G54;	程序内容：建立工件坐标系	
N20	G90 G00 X50 Y50 Z50;	至换刀点	
N30	T01 M06;	换 1 号刀，加工凸台轮廓	
N40	G43 G00 Z10 H01;	至 z 向切削起点，加刀具长度补偿	
N50	G42 X−10 Y5 D01;	运动至 x、y 方向起点，加刀具半径补偿	
N60	Z−5;	下刀	
N70	M03 S1500;	主轴正转，设定转速	
N80	G01 X85 F100 M07;	加工凸台轮廓	
N90	G02 X95 Y15 R10;		
N100	G01 Y55;		

续表

零件名称			工序卡编号	ITTJ9-5
序号	指令码		注释	
N110	X15；			
N120	G03 X5 Y45 R10；			
N130	G01 Y−10；			
N140	G00 Z10 M09；			
N150	G40 X50 Y50 ；		取消刀具半径补偿	
N160	G49 Z50；		取消刀具长度补偿，至换刀点	
N170	T02 M06；		换钻头，2 号刀	
N180	G00 X30 Y10；		运动至切削起点（下刀点）	
N190	G43 Z10 H02；		加刀具长度补偿	
N200	G99 G82 Z−16 R2 P100 F80 S800；		钻右上角孔	
N210	G98 G82 X−30 Y−10 Z−16 R2 P100；		钻左下角孔	
N220	G49 G00 Z50；		抬刀，取消刀具长度补偿	
N230	M05；		主轴停	
N240	M02；		程序结束	

5.2　数控铣削加工程序的组成与格式

1. 程序组成

由上面的程序可以看出，每一个数控程序都由程序号、程序内容和程序结束三部分组成。

1）程序号

程序号为程序的索引号，处于程序的开始部分，用于区别存储器中的程序。通常在自动加工模式下，数控系统界面中可以显示当前运行或调用程序的程序号。程序号的格式根据系统不同而有所不同。

（1）在 FANUC 系统中，采用的格式为：O□□□□，其中后面的四位数字，表示程序索引号。例如：O1001。

（2）在 SIEMENS 系统中，程序号由程序存储的文件名所代替，程序索引时直接使用文件名，不用在程序清单中写出。文件名在程序存储时指明，文件名的命名规则为：开始的两个符号必须是字母，其后的符号可以为字母、数字或下画线，最多为 8 个字符，不得使用分隔符。例如：MAIN01。

2）程序内容

程序内容是整个程序的核心，由许多程序段组成，每个程序段由一个或多个指令组成，表示数控加工时需要控制的机床的全部动作。程序段的组成和格式将在下面详细叙述。

3）程序结束

大多数的数控系统，都以程序结束指令 M02 或 M30 作为整个程序结束的标志，来结束整个程序。

2．程序段格式

读表 5-2 中的程序可以看出，程序的主体是由一行一行的指令组成的，通常我们将这一行的程序代码称为一个程序段。程序段通常由语句号、指令、段结束标志组成。例如，有下面的程序段：

```
N0040     G42  G01  X5.0  Y10.0  F10  S500  M03  D01     ;
 语句号                        指令                       段结束标志
```

1）语句号

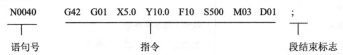

用以识别程序段的索引号，由 N 和后面若干位数字组成。语句号是非执行部分，也可以不使用语句号。语句号的顺序与程序执行顺序无关，只用于阅读、查找程序段时便于索引。此外，建议在长篇程序中一定使用语句号，而语句号的编写顺序要尽量留有余量，以便程序的增减。

2）指令

指令是一个程序段的主体，是程序的执行部分。指令都是由数据字组成的，包括功能字和尺寸字。

- 功能字：是指令功能的标识。包括准备功能字（G 功能）、进给功能字（F 功能）、主轴转速功能字（S 功能）、刀具功能字（T 功能）和辅助功能（M 功能），各功能的使用在后面将详细描述。
- 尺寸字：尺寸字都与相关 G 功能共同使用。包括表明直线坐标值的 X/Y/Z、表明旋转坐标值的 A/B/C、表明辅助坐标值的 U/V/W、表明圆心坐标值的 I/J/K、表明刀具补偿地址的 H/D 等。在大多数系统中，尺寸字中的数值都是以 mm 为单位。

通常一个程序段中可以包含多条不同功能的指令，而同一程序段中对各种指令的排列顺序要求不严格。例如，在上面的例子中，G42 和 G01 的位置可以互换且不影响执行的功能。当程序段中有很多指令时建议按如下顺序排列尺寸字：

G__X__Y__Z__F__S__T__D__M__H__

3）段结束标志

用于表示一个程序段的结束，系统不同所使用的结束符不同，当用 EIA 标准代码时，结束符为“CR”（回车）；使用 ISO 标准代码时，结束符为“LF”（表现为分号，或不可见）。

5.3 数控指令分类与典型数控系统指令

数控系统不同，其编程指令的格式、功能也有所不同，因此编程人员必须根据所使用的数控系统编程手册上规定的指令内容和格式进行编程。同时 ISO 国际标准化组织和我国国标对数控指令都有标准规定，可以参见国标 GB/T 8129—1990 和 ISO 4343—1985 中的有关规定。下面以流行的 FANUC 0i 系统为例介绍数控铣床的指令系统。虽然国内外数控系统的指令系统都有差异，但其基本功能大体相同，都包含轨迹控制、辅助动作控制和切削参数控制等功能，按这些功能可以将指令划分成：准备功能指令、辅助功能指令、其他功能指令，如图 5-2 所示。

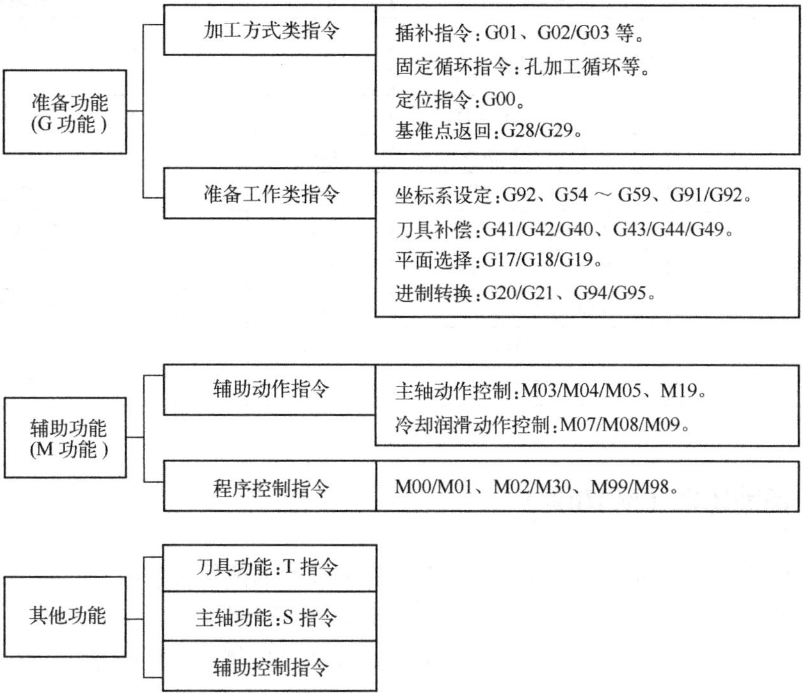

图 5-2　指令分类

5.3.1　准备功能（G 功能）

准备功能又称 G 功能，此类指令主要完成刀具轨迹的控制，规定了加工方式和加工前数控系统的准备内容等。准备功能的指令由字母 G 后接两位数值表示，从 G00 到 G99，也称为 G 代码。通常包括：轴移动指令、平面选择、坐标设定、刀具补偿、基准点返回、固定循环、进制转换等。此类指令为整个指令系统的主体，因此将在后面不同实例中具体讲解其使用方法和场合。表 5-3 所示为 FANUC 0i 系统的准备功能指令表。

表 5-3　FANUC 0i 系统的常用 G 代码组及解释

G 代码	组　别	解　释	G 代码	组　别	解　释
*G00	01	定位（快速移动）	G73	09	高速深孔钻循环
G01		直线进给	G74		左螺旋切削循环
G02		顺时针切圆弧	G76		精镗孔循环
G03		逆时针切圆弧	*G80		取消固定循环
G04	00 非模态	暂停	G81		中心钻循环
*G17	02	*xy* 面选择	G82		反向镗孔循环
G18		*xz* 面选择	G83		深孔钻削循环

续表

G代码	组　别	解　释	G代码	组　别	解　释
G19	02	yz 面选择	G84	09	右螺旋切削循环
G28	00	机床返回原点	G85		镗孔循环
G30		机床返回第二原点	G86		镗孔循环
*G40	07	取消刀具直径偏移	G87		反向镗孔循环
G41		刀具半径左偏移	G88		镗孔循环
G42		刀具半径右偏移	G89		镗孔循环
*G43	08	刀具长度+方向偏移	*G90	03	使用绝对值命令
*G44		刀具长度–方向偏移	G91		使用相对值命令
*G49		取消刀具长度偏移	G92	00	设置工件坐标系
*G94	05	每分进给	G98	10	固定循环返回起始点
G95		每转进给	*G99		返回固定循环 R 点

* 表示在开机时会初始化的代码。

5.3.2 辅助功能（M 功能）

辅助功能又称 M 功能，此类指令由字母 M 和其后的两位数字组成，从 M00~M99 共 100 种，也称为 M 代码。这类指令主要是用于铣床加工操作时的工艺性指令。具体使用将在后面的章节中进行讲解，表 5-4 所示为 FANUC 0i 系统的辅助功能指令表。

表 5-4　FANUC 0i 系统的常用 M 代码及说明

代 码	说　明	代 码	说　明
M00	程序停	M03	主轴正转（CW）
M01	选择停止	M04	主轴反转（CCW）
M02	程序结束（复位）	M05	主轴停
M30	程序结束（复位）并回到开头	M06	换刀
		M07	切削液 1 开
M98	子程序调用	M08	切削液 2 开
M99	子程序结束	M09	切削液关
		M19	主轴定向停止

5.3.3 其他功能指令

1）刀具功能（T 指令）

刀具功能指令主要用于加工中心换刀时的刀具选择。该指令的具体使用将在后面进行介绍。

2）主轴功能（S 指令）

主轴功能指令指明切削过程中的主轴转速。

3）进给功能（F 指令）

进给功能指令指明切削过程中的进给速度（进给率）。

上面介绍都是以 FANUC 系统为例介绍的指令，而 SIEMENS 系统指令的功能与 FANUC 指令集基本相同，但在用法和格式上有所差别，具体指令如表 5-5 所示。

表 5-5　SIEMENS 系统的常用指令

代　码	含　义	赋　值	说　明	编　程
D	刀具补偿号	0～9 整数，不带符号	用于某个刀具 T_的补偿参数：D0 表示补偿值=0，一个刀具最多有 9 个 D 号	D_
F	进给率	0.001～99 999.999	刀具/工件的进给速度，对应 G94 或 G95，单位分别为 mm/min 或 mm/r	F_
F	停留时间（与 G4 一起可以设置）	0.001～99 999.999	停留时间，单位为 s	G4 F_ 单独运行
G	G 功能 （准备功能）	已事先规定	G 功能按 G 功能组划分，一个程序段只能有一个 G 功能组中的一个 G 功能指令。G 功能分为模态指令（直到被同组中其他功能替代）和非模态指令（以程序段方式有效）G 功能组	G_
G0	快速移动		1：快速移动	G0 X_ Y_ Z_
G1	直线插补		（插补方式） 模态有效	G1 X_ Y_ Z_ F_
G2	顺时针圆弧插补			G2 X_ Y_ Z_ I_ K_； 圆心和终点 G2 X_ Y_ CR=_ F_； 半径和终点
G3	逆时针圆弧插补			G3_；其他同 G2
G5	中间点圆弧插补			G5 X_ Y_ Z_ IX=_ JY=_ KZ=_ F_
G33	恒螺距的螺纹切削			S_ M_； 主轴转速，方向 G33Z_K_； 在 *z* 轴方向上带补偿夹具攻螺纹
G4	暂停时间		2: 特殊运行，程序段方式有效	G4 F_ 或 G4 S_； 自身程序段
G74	回参考点			G74 X_ Y_ Z_
G75	回固定点			G75 X_ Y_ Z_； 自身程序段有效
G17*	*x*/*y* 平面		6: 平面选择，模态有效	G17_； 所在平面的垂直轴为刀具长度补偿轴
G18	*z*/*x* 平面			
G19	*y*/*z* 平面			
G40*	刀具半径补偿方式的取消		7: 刀具半径补偿，模态有效	

续表

代　码	含　义	赋　值	说　明	编　程
G41	调用刀具半径补偿，刀具在程序左侧移动		7: 刀具半径补偿，模态有效	
G42	调用刀具半径补偿，刀具在程序右侧移动			
G500	取消可设定零点偏置		8: 可设定零点偏置，模态有效	
G53	按程序取消可设定零点偏置		9: 取消可设定零点偏置	
G54	第一工件坐标系偏置			
G55	第二工件坐标系偏置			
G56	第三工件坐标系偏置			
G57	第四工件坐标系偏置			
G64	连续路径方式			
G70	英制尺寸		13:英制/公制尺寸，模态有效	
G71*	公制尺寸			
G90*	绝对坐标		14:绝对坐标/相对坐标，模态有效	
G91	相对坐标			
G94*	进给率 F，单位 mm/min		15:进给/主轴，模态有效	
G95	进给率 F，单位 mm/r			
I	插补参数	±0.001～99999	*x* 轴尺寸，在 G2 和 G3 中为圆心坐标	参见 G2,G3
J	插补参数	±0.001～99999	*y* 轴尺寸，在 G2 和 G3 中为圆心坐标	参见 G2,G3
K	插补参数	±0.001～99999	*z* 轴尺寸，在 G2 和 G3 中为圆心坐标	参见 G2,G3
L	子程序名及子程序调用	7 位十进制整数，无符号	可以选择 L1～L9999999；子程序调用需要一个独立的程序段。注意：L0001 不等于 L1	L_；自身程序段
M	辅助功能	0～99 整数，无符号	用于进行开关操作，如打开冷却液，一个程序段中最多有五个 M 功能	M_
M0	程序停止		用 M0 停止程序的执行：按“启动”键加工继续执行	
M1	程序有条件停止		与 M0 一样，但仅在“条件停（M1）有效”功能被软键或接口信号触发后才生效	
M2	程序结束		在程序的最后一段被写入	
M3	主轴正转			
M4	主轴反转			
M5	主轴停			
M6	更换刀具		在机床数据有效时用 M6 更换刀具，其他情况下直接用 T 指令进行	
N	副程序段	0～99999999 整数，无符号	与程序段段号一起标志程序段，N 位于程序段开始	如：N20
:	主程序段	0～99999999 整数，无符号	指明主程序段，用字符“:”取代副程序段的地址符“N”。主程序段中必须包含其加工所需的全部指令	如：20
P	子程序调用次数	1～9999 整数，无符号	在同一程序段中多次调用子程序，比如:N10 L871 P3；调用三次	如：L781 P_；自身程序段

续表

代　码	含　义	赋　值	说　明	编　程
R0～R249	计算参数	±0.0000001～99999999 或带指数±（10-300～10+300）	R0 到 R99 可以自由使用，R100 到 R249 作为加工循环中传送参数	
RET	子程序结束		代替 M2 使用，保证路径连续运行	RET；自身程序段
S	主轴转速，在 G4 中表示暂停时间	0.001～99999.999	主轴转速单位是 r/min，在 G4 中作为暂停时间	S_
T	刀具号	1～32000 整数，无符号	可以用 T 指令直接更换刀具，可由 M6 进行。这可由机床参数设定	T_
X	坐标轴	±0.001～99999.999	位移信息	X_
Y	坐标轴	±0.001～99999.999	位移信息	Y_
Z	坐标轴	±0.001～99999.999	位移信息	Z_
CHF	倒角，一般使用	0.001～99999.999	在两个轮廓之间插入给定长度的倒角	N10 X_Y_ CHF= N11 X_Y_
CR	圆弧插补半径	0.001～99999.999	大于半圆的圆弧带负号“－”在 G2/G3 中确定圆弧	N10 X_Y_ CR= N11 X_Y_
IX	中间点坐标	±0.001～99999.999	*x* 轴尺寸，用于中间点圆弧插补 G5	参见 G5
JY	中间点坐标	±0.001～99999.999	*y* 轴尺寸，用于中间点圆弧插补 G5	参见 G5
KZ	中间点坐标	±0.001～99999.999	*z* 轴尺寸，用于中间点圆弧插补 G5	参见 G5
LCYC__	加工循环	仅为给定值	调用加工循环时要求一个独立的程序段；事先给定的参数必须赋值	
LCYC82	钻削,端面锪孔		R101:返回平面（绝对）；R102:安全距离；R103:参考平面（绝对）；R104:最后钻深（绝对）；R105:在此钻削深度停留时间	N10 R101=_R102=_ N20 LCYC82； 自身程序段
LCYC83	深孔钻削		R101:返回平面（绝对）；R102:安全距离；R103:参考平面（绝对）；R104:最后钻深（绝对）；R105:在此钻削深度停留时间；R107:钻削进给率；R108:首钻进给率；R109:在起始点和排屑时停留时间；R110:首钻深度（绝对）；R111:递减量；R127:加工方式，断屑=0 退刀排屑=1	N10 R101=_R102=_ N20 LCYC83； 自身程序段
LCYC840	带补偿夹具切削内螺纹		R101:返回平面（绝对）；R102:安全距离；R103:参考平面（绝对）；R104:最后钻深（绝对）；R106:螺纹导程值；R126:攻螺纹时主轴旋转方向	N10 R101=_R102=_ N20 LCYC840； 自身程序段
LCYC84	不带补偿夹具切削内螺纹		R101:返回平面（绝对）；R102:安全距离；R103:参考平面（绝对）；R104:最后钻深（绝对）；R105:在螺纹终点处的停留时间；R106:螺纹导程值；R112:攻螺纹速度；R113:退刀速度	N10 R101=_R102=_ N20 LCYC84； 自身程序段

续表

代码	含义	赋值	说明	编程
LCYC85	镗孔 1		R101:返回平面（绝对）；R102:安全距离；R103:参考平面（绝对）；R104:最后钻深；R105:停留时间；R107:钻削进给率；R108:退刀时进给率	N10 R101=_R102=_ N20 LCYC84; 自身程序段
LCYC60	线性孔排列		R115:钻孔或攻螺纹，循环号值: 82, 83, 84, 840, 85（相应于 LCYC_）；R116:横坐标参考点；R117:纵坐标参考点；R118:第一孔到参考点的距离；R119:孔数；R120:平面中孔排列直线的角度；R121:孔间距离	N10 R115=_ R116=_ … N20 LCYC60; 自身程序段
LCYC75	铣凹槽和键槽		R101:返回平面（绝对）；R102:安全距离；R103:参考平面（绝对）；R104:凹槽深度（绝对）；R116:凹槽圆心横坐标；R117:凹槽圆心纵坐标；R118:凹槽长度；R119:凹槽宽度；R120:拐角半径；R121:最大进刀深度；R122:深度进刀进给率；R123:表面加工的进给率；R124:平面加工的精加工余量；R125:深度加工的精加工余量；R126:铣削方向值，2 用于 G2，3 用于 G3；R127:铣削类型值，1 用于粗加工，2 用于精加工	N10 R101=_R102=_ N20 LCYC75; 自身程序段
GOTOB	向后跳转指令		与跳转标志符一起，表示跳转到所标志的程序段，跳转方向向后	如：N20 GOTOB MARKE 1
GOTOF	向前跳转指令		与跳转标志符一起，表示跳转到所标志的程序段，跳转方向向前	如：N20 GOTOF MARKE 2
RND	圆角	0.010～999.999	在两个轮廓之间以给定的半径插入过渡圆弧	N10 X_ Y_ RND=_ N11 X_Y_
SPOS	主轴定位	0.000～359.9999	单位是°（度），主轴在给定位置停止（主轴必须进行相应的设计）	SPOS =_

* 表示在程序启动时生效（如果没有设置新的内容，指用于“铣削”时的系统变量）。

5.4 常用指令编程要点

5.4.1 模态指令和非模态指令

当我们分析前面的程序时，可以发现一个有趣的现象，有些程序段并没有书写功能字，而只给出了尺寸字。实际上这段程序并不是没有功能字，而是续用了上一个程序段的功能，这在功能不变而只有坐标或其他参数发生变化时，可以有效地简化编程。通常只有准备功能才能延续，但并不是所有的 G 功能都能够延续，通常将系统 G 功能分组，具有延续功能的指令称为模态指令，而不具有延续功能的指令称为非模态指令。

1）模态指令

该类指令一旦执行，则会一直有效，直到被同组的其他 G 代码取代为止，又称续效指令。模态指令按其功能进行分组，在指令系统表中按组号表示。从 01 组到 22 组。同组的模态 G 代码控制同一个目标但起不同的作用，它们之间是不相容的。模态指令不能清除，只能替代。若在同一程序段中指明了两个以上的 G 指令，则后面的指令有效。模态指令给编程带来了方便，即当模态指令执行后，若后面的程序段不需要改变执行功能时，可以不必再指明指令，大大地简化了编程和减少程序输入的时间。

2）非模态指令

该类指令只在被指明的程序段有效。即执行一次就失效，若后面仍然要连续执行此功能则需要在下面的程序段中再次指明。常用的非模态指令有：暂停指令 G04。

在 FANUC 0i 系统指令表（见表 5-3）中，00 组的指令为非模态指令，而其他组为模态指令。其他数控系统则在指令表中单独标明哪些指令为模态，哪些指令为非模态。

5.4.2　进给功能指令

进给功能指令指明切削过程中的进给速度（进给率），其实际上是切削三要素中进给量的直接体现，所以此指令的参数值也必须经过工艺分析后合理地给出。

指令格式为：F □□□□，后面的四位数字直接指明进给率，单位为 mm/min（或 mm/r）。例如，F100 表示进给率为 100 mm/min。

该指令在使用时要注意以下几点：

（1）F 值给定的速度是各进给坐标轴的合成线速度。即直线切削（G01）时，F 值是沿直线的合成速度；圆弧切削（G02/G03）时，F 值是圆弧切线方向的合成速度。

（2）F 值的单位分为：每分钟进给速度（mm/min）和每转进给速度（mm/r）。其中每分钟进给速度表示单位时间内的进给速度，对于铣床就是刀具单位时间内的移动量，此种表示方法适用于铣床；每转进给速度表示主轴转一转后进给方向的移动量，此种表示方法适于车床或螺纹加工。

单位的选择取决于每个系统的参数设置。也可以使用指令在程序中指明，不论是 FANUC 还是 SIEMENS 系统都可以采用下面两条指令进行设定：

G94——每分钟进给速度。

G95——每转进给速度，如 G95 G01 X10 Y10 F0.1 表示进给速度为 0.1 mm/r。

（3）F 指令为模态指令，并且是在刀具插补指令（如直线插补、圆弧插补等指令）中有效的。编写程序时，第一次遇到直线（G01）或圆弧（G02/G03）插补指令时，必须给出进给率，之后可以根据工艺要求更改 F 值。

（4）切削实际进给速度还可以由操作面板上的进给倍率调节旋钮来控制，即

$$\text{实际的切削进给速度} = \text{F 的给定值} \times \text{进给倍率调节旋钮给定的倍率}$$

通常铣床操作面板的进给倍率调节旋钮在 0～120%之间进行调节，如图 5-3 所示。

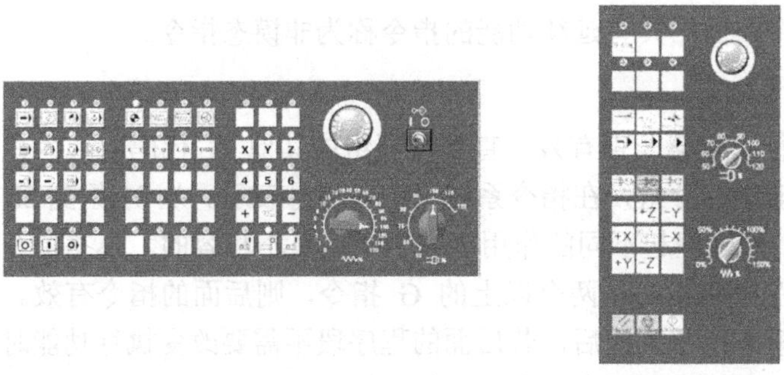

（a）FANUC 0i 铣床操作面板　　（b）SINUMERIK 802D 铣床操作面板

图 5-3　铣床操作面板

5.4.3　主轴功能指令与转速编程

主轴功能指令指明切削过程中的主轴转速，通过前面知识可以知道主轴转速直接影响切削三要素中的切削速度，因此主轴的转速必须经过工艺分析后合理地给出。

指令格式为：S □□□□，后面的四位数字直接表示主轴转速。例如，S1500 表示主轴转速为 1500 r/min。

主轴指令为模态指令，一经执行一直有效，编程人员可以根据工艺要求在程序中不同位置编制不同的主轴转速，以达到加工过程中不同的转速要求。例如，在粗加工和精加工时一般采用两种不同的转速，这样就能达到加工中不同的工艺要求。

5.4.4　辅助功能指令

此类指令主要完成数控加工中辅助动作的控制和程序控制。因此，根据功能 M 指令分成两类：一类为辅助动作指令，负责完成主轴的转停、冷却液的开关、刀具的更换、工件的夹紧松开等工作；另一类为程序控制指令，负责完成程序暂停、程序结束等工作。

M 功能的书写格式简单，字母 M 接两位数字，此类指令使用时不带参数。通常的系统在一个程序段中只允许一个 M 指令有效，有时对于不同系统会有所不同。对常见的辅助功能指令介绍如下。

1）程序控制类 M 指令

用于程序控制的 M 代码有 M00、M01、M02、M30、M98、M99，其功能分别讲解如下。

M00——程序停止。数控系统执行到 M00 时，中断程序执行，按“循环起动”按钮可以继续执行程序。主要用于零件二次装夹或需要中途测量零件尺寸等需要暂停程序的场合。例如，如果某零件工艺上要求两次装夹，当执行完第一次装夹所要执行的程序后，在程序段中加入 M00 指令，程序执行到此指令后就会停止，此时再进行零件的第二次装夹。

M01——条件程序停止。此指令只有在铣床操作面板设置有“选择停止”按钮时才可以使用。数控系统执行到 M01 时，若 M01 有效开关置为上位，则 M01 与 M00 指令有同样效果，如果 M01 有效开关置为下位，则 M01 指令不起任何作用。

M02——程序结束。遇到 M02 指令时，数控系统认为该程序已经结束，停止程序的运行并发出一个复位信号。

M30——程序结束，并返回程序头。在程序中，M30 除了起到与 M02 同样的作用外，还使程序返回程序头。

M98——调用子程序。

M99——子程序结束，返回主程序。

2）辅助动作类 M 指令

M03——主轴正转。使用该指令使主轴以当前指定的主轴转速顺时针（CW）旋转。

M04——主轴反转。使用该指令使主轴以当前指定的主轴转速逆时针（CCW）旋转。

M05——主轴停止。

M06——自动刀具交换（具体交换请参阅铣床操作说明书）。

M07 或 M08——冷却液开。当铣床拥有两种冷却液喷口时，可以使用不同的冷却液开启指令控制当前使用冷却液的类型。

M09——冷却液关。

M18——主轴定向解除。

M19——主轴定向。

另外，不同的机床 M 功能也有所不同，其他 M 代码请参阅机床的使用说明书。

5.4.5　坐标系的设定

通常编程人员在开始编程时并不知道被加工零件在机床上的位置，所编制的零件程序通常以工件上的某个点作为零件程序的坐标系原点来编写加工程序。当被加工零件被夹装在铣床工作台上以后，再将数控系统所使用的坐标系原点偏移到与编程使用的原点重合的位置进行加工。所以坐标系原点的偏移功能对于数控铣床来说是非常重要的。

1．预定义工件坐标系（G54～G59）

1）功能

G54～G59 又称为零点偏置指令，该指令将数控系统所使用的坐标系的零点移动到机床坐标系中坐标值为预置值的点。通常该偏移量为工件原点以机床原点为基准的偏移量，这样就实现了将机床原点偏移到预定义的工件原点上的目的。使用该指令设定工件坐标系的过程介绍如下。

步骤 1：测量偏移量，当工件夹装到机床上后测出工件原点以机床原点为基准的偏移量。

步骤 2：记录偏移量，通过系统操作面板将偏移量输入到规定的机床参数中。

步骤 3：程序中调用，程序可以通过选择相应的指令 G54～G59 激活此预定义的工件坐标系，将数控系统所使用的坐标系的原点移动到机床坐标系中坐标值为预置值的点，如图 5-4 所示。

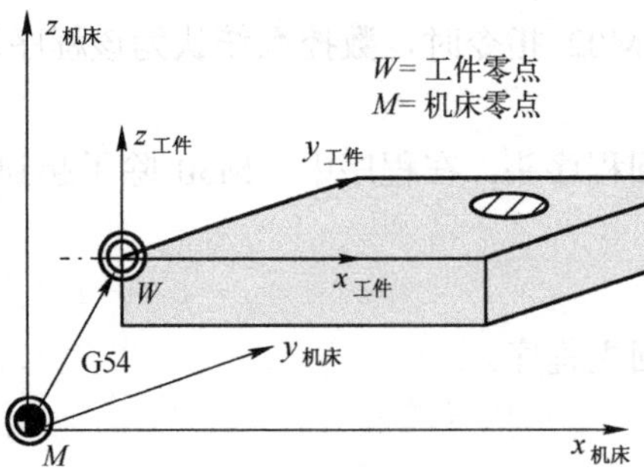

图 5-4 预定义工件坐标系

2）编程

应用下列指令可设定多个工件坐标系，如图 5-5 所示。

G54——第一可设定零点偏置。

G55——第二可设定零点偏置。

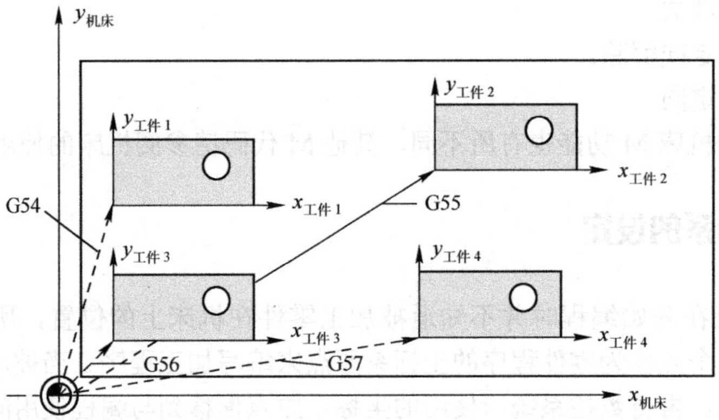

图 5-5 预定义多个工件坐标系

G56——第三可设定零点偏置。

G57——第四可设定零点偏置。

G58——第五可设定零点偏置。

G59——第六可设定零点偏置。

G500——取消可设定零点偏置（模态有效）。

G53——取消可设定零点偏置（程序段方式有效），可编程的零点偏置也一起取消。

G153——如同 G53，取消附加的基本框架。

2．可编程工件坐标系（G92）

1）格式

可编程工件坐标系的格式为：（G90）G92 X___Y___Z___；其中各坐标轴后的坐标值表示刀具在新建工件坐标系中的坐标值。

2）功能

该指令利用刀具位置建立一个新的工件坐标系，使得在这个工件坐标系中，当前刀具所在点的坐标值为 G92 指令后指明的坐标值。此指令只建立坐标系，机床无动作。

系统是如何通过 G92 指令识别确认新建的工件坐标系呢？首先数控系统可以实时检测刀具的位置，而 G92 指令后的坐标值又指明了刀具与新建工件坐标系原点的位置关系，通过系统的内部偏置，数控系统就可依据刀具位置获得该工件坐标系的位置。因此，该指令建立的坐标系是以刀具随动的。

例如，刀具当前位置为机床坐标系下 X–460.112，Y–245.983，Z–211.520，如图 5-6（a）所示。

当执行下面的指令后：

G92 X20 Y10 Z10；

可以知道工件坐标系被建立在机床绝对坐标 X–480.112，Y–255.983，Z–221.520 的位置。

思考题： 如果上例中，使用的指令为 G92 X0 Y0 Z0，那么新的工件坐标系原点应该处于什么位置？

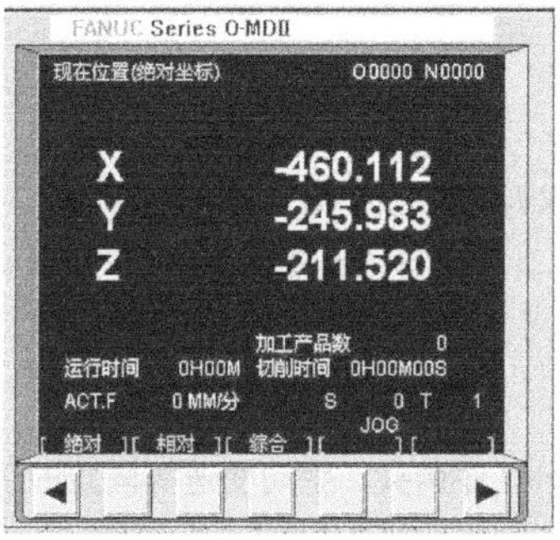

（a）刀具在机床坐标系中的位置值

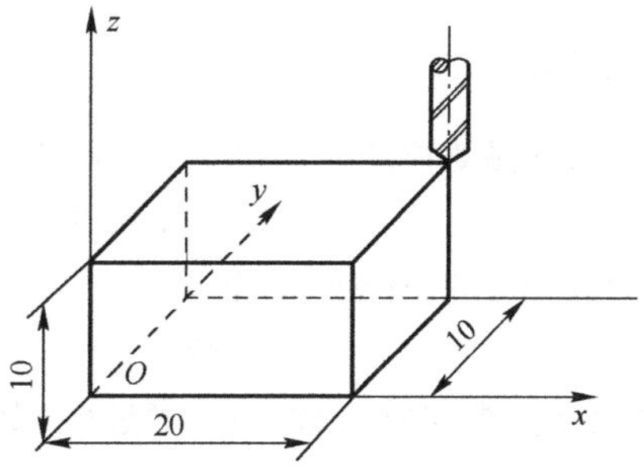

（b）执行语句后工件坐标系相对刀具的位置

图 5-6　G92 指令功能

由于 G92 是以刀具位置为基准偏移一定距离而建立的工件坐标系，G92 后所带坐标值为刀具在新建坐标系中的坐标值，上面指令中的坐标值为 0，意味着工件坐标系原点建立在刀具所在位置点上。

3. 两种设定工件坐标系指令的区别

1）设定依据不同

G54～G59 设定坐标系以机床原点（或参考点）为基准偏移一定距离，建立新的工件坐标系。

G92 设定坐标系以刀具当前位置点为基准偏移一定距离，建立新的工件坐标系。

2）偏移量含义不同

G54～G59 指令依据机床原点偏移，该偏移量为工件原点相对于机床原点的偏移量，该偏移量测量后不写入指令中，而是输入到数控系统的相关参数中，只用该指令调用即可，因此指令不带坐标参数。

G92 指令依据刀具偏移，该偏移量为刀具相对于工件原点的偏移量，该偏移量要随指令给出。

3）用途不同

G54～G59 指令建立的坐标系与机床原点位置相对固定，因此，适用于批量生产，只要零件装夹位置不变，该指令建立的坐标系位置也不变。

G92 指令建立的坐标系与刀具位置绑定，即使零件的装夹位置不变，调用指令时刀具位置发生变化，坐标系位置也会变化。因此，适用于单件生产或首件试切。

4）两个指令的共同点

执行后只设定坐标系，而不会有机床动作。

都为模态指令，坐标系一经建立，后面的程序一直有效。

思考与练习 5

1. 选择题

（1）编程员在数控编程过程中，定义在工件上的几何基准点称为（　　）。

A. 机床原点　　B. 绝对原点　　C. 工件原点　　D. 装夹原点

（2）程序中的每一行称为一个（　　）。

A. 坐标　　B. 字母　　C. 符号　　D. 程序段

（3）在数控铣床的加工过程中，要进行刀具和工件尺寸测量、工件调头、手动变速等固定的手工操作时，需要运行（　　）指令。

A. M00　　B. M98　　C. M02　　D. M03

（4）下列关于指令 G54 与 G92 的说法中不正确的是（　　）。

A. G54 与 G92 都是用于设定工件坐标系的。

B. G92 是通过程序来设定工件坐标系的，G54 是通过 CRT/MDI 在设置参数方式下设定工件坐标系的。

C. G92 所设定的工件坐标系的原点与当前刀具所在位置无关。

D. G54 所设定的工件坐标系的原点与当前刀具所在位置无关。

（5）地址编码 A 的意义是（　　）。

A. 围绕 x 轴回转运动的角度尺寸　　B. 围绕 y 轴回转运动的角度尺寸

C. 平行于 x 轴的第二尺寸　　D. 平行于 y 轴的第二尺寸

（6）在 G55 中设置的数值是（　　）。

A. 工件坐标系原点相对机床坐标系原点的偏移量

B. 刀具的长度偏差值

C. 工件坐标系的原点

D. 工件坐标系原点相对对刀点的偏移量

（7）在数控系统中指令 G95 用于确定（　　）。

A. F 的单位为 mm/min　　B. F 的单位为 mm/r

C. S 为恒线速度　　D. S 为主轴转速

（8）下列指令中（　　）是非模态指令。

A. G0　　B. G1　　C. G91　　G. 04

2. 简答题

（1）简述 M00 和 M01 的区别。

（2）简述 M02 和 M30 的区别和用法。

（3）简要说明工件原点的通常选择原则。

（4）简述数控编程的过程。

第 6 章　直线与圆弧插补指令应用

本章将对数控程序的编制实例进行讲解，教师通过一个轨迹加工过程，示范一个简单编程范例，达到使学生初步掌握简单轨迹编程的方法。一般的加工轨迹都由直线和圆弧组成，而直线与圆弧插补指令则是描绘这样一个加工轨迹的基本指令。

【学习目标】

（1）巩固编程步骤。
（2）掌握绝对坐标编程和相对坐标编程的方法。
（3）巩固 M 功能指令、T 功能指令、F 指令、S 指令的使用方法。
（4）掌握定位指令、直线插补指令、圆弧插补指令的使用方法和规则。

【项目内容】

平面铣削 S 形槽，要求在 120mm×120mm×10mm 的精毛坯上铣削一个 S 形槽，如图 6-1 所示。毛坯材料为铝，采用ϕ4mm 键槽铣刀，按刀具轨迹编制数控加工程序。

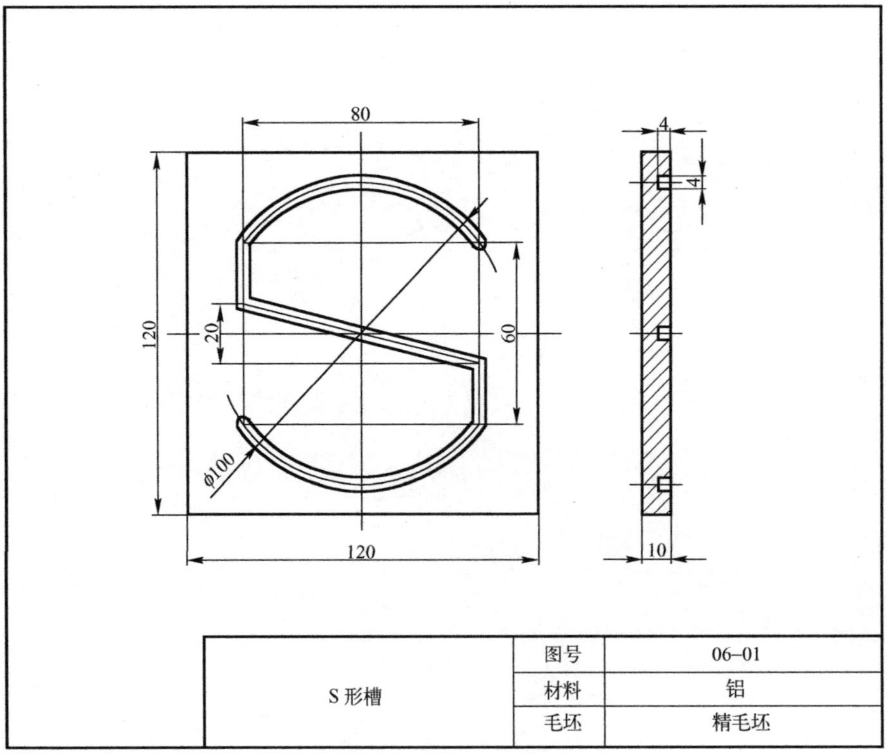

图 6-1　S 形槽零件样图

分析样图可以看出，本实例的加工轨迹为一 S 形轨迹，该轨迹由简单直线和圆弧组成，在此我们要首先学习如何用指令描述直线和圆弧，然后利用该实例，学习典型槽类零件的加工方法。

6.1　项目准备知识

在完成上面的项目之前，我们首先要学习一些加工类型的 G 功能指令，这类指令用于实现加工轨迹的控制。编程时轨迹的控制有两个要素：形状和位置。指令的类型表明轨迹的形状，例如，G01 指令加工直线、G02 指令加工圆弧；而指令后跟随的刀位点坐标则表示了轨迹的位置。由于加工是连续的，轨迹的起点就是前一轨迹的终点，所以在指令中只需要指明轨迹终点坐标即可，因此指令中所指的坐标都是轨迹的终点坐标。

6.1.1　绝对坐标编程与相对坐标编程

刀位点坐标的表示方法有两种：绝对坐标和相对坐标。

1．绝对坐标（G90）

表示指令中的坐标值都是以坐标系零点为参考点获得的，采用 G90 声明。其表示轨迹终点在坐标系中的绝对位置。

2．相对坐标（G91）

相对坐标又称为增量坐标，表示指令中的终点坐标值都是以轨迹起点为参考点获得的，采用 G91 声明。其表示轨迹的相对位移量。

该指令只声明坐标的表示方式，不会改变坐标的位置，但同一刀位点，选择方式不同，坐标值也不同。例如，在图 6-2 中，从 *A* 点加工至 *B* 点，同样都表示 *B* 点坐标，采用绝对坐标表示（G90）时，坐标值为（X20，Y120），而采用相对坐标表示（G91）时，坐标值为（X -78，Y80）。

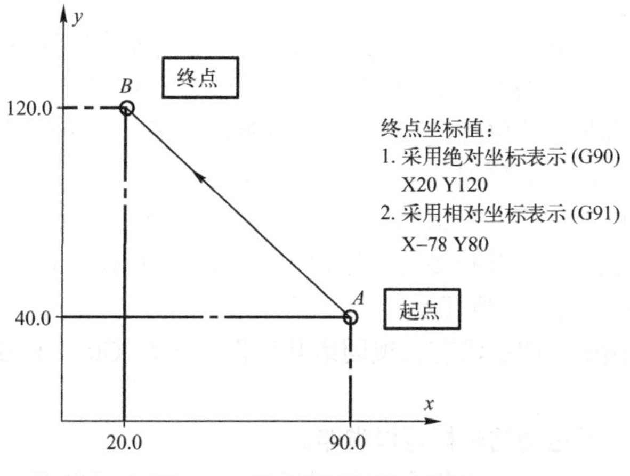

图 6-2　绝对坐标和相对坐标

【说明】

- 该指令使用时不带任何参数。
- 该指令为模态指令。例如，若程序开始声明 G90 后，后面所用指令采用的坐标值都为绝对坐标，直到在后面的程序段中由 G91（相对坐标）替代为止。
- 坐标方式的选择主要以图纸尺寸的直观性和编程的方便性作为依据。在图 6-3（a）中，适合采用绝对坐标编程，由于大部分的刀位点位置尺寸都是相对于零件左下角点标注的，所以当坐标原点选择在该点时，刀位点的坐标可以直接从图中读出，方便编程。而在图 6-3（b）中，尺寸的标注是各个点的相对位置，此时采用相对坐标编程更为方便。

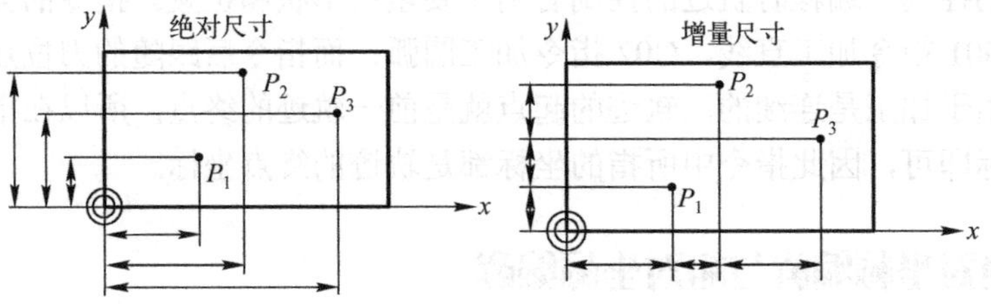

（a）　　　　　　　　　　（b）

图 6-3　图纸尺寸的两种标注方式

6.1.2　快速定位指令（G00）

快速定位指令使刀具以点位控制方式从当前位置迅速定位到指定的坐标位置。通常用在切削前刀具快速接近工件和切削后刀具快速返回等非加工场合。

【指令格式】

G00 X__Y__Z__;

坐标值：表示移动的终点坐标

【说明】

- 该指令只能用于定位，不能用于切削。
- 快速定位的速度由数控机床参数决定。同时，该指令也不受“F 指令”指明的进给速度影响。
- 定位时各坐标轴为独立控制而不是联动控制。这样可能导致各坐标轴不能同时到达目标点。例如，执行 G00 X10 Y20；由于 x 轴与 y 轴同时按照机床参数给定的速度运动，产生 x 轴先到达位置，y 轴后到达的情况。编程人员应了解所用数控系统的刀具移动轨迹情况，以避免加工中可能出现的碰撞。
- 空间定位时要避免斜插。在 $x/y/z$ 轴同时定位时，为了避免刀具运动时与夹具或工件碰撞，尽量避免 z 轴与其他轴同时运动（即斜插）。因此建议抬刀时，先运动 z 轴，再运动 x/y 轴；下刀时，则相反。
- 该指令为模态指令，即在没有出现同组其他指令（如 G01、G02、G03）时，将一直有效。
- 该指令使用时，不运动的坐标可以省略。

例如：G00 X10;　　　　　　（表示只沿 x 轴运动，其他坐标轴不运动）

6.1.3　直线插补指令（G01）

直线插补指令控制刀具以指定的进给速度沿直线轨迹从当前位置运动至指定的坐标位置。通常用在加工轨迹为直线的切削场合。

【指令格式】

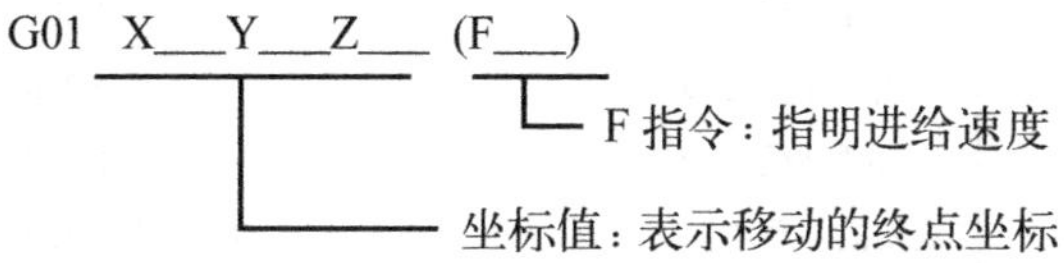

【说明】

- 该指令严格控制起点与终点间轨迹为一直线，各坐标轴运动为联动，轨迹的控制由数控系统插补运算完成，因此称为直线插补指令。
- 该指令用于直线切削，进给速度由“F 指令”指明，若本指令段内无 F 指令，则续效之前的 F 值。
- 该指令为模态指令，即在没有出现同组其他指令（如：G00、G02、G03）时，将一直有效。
- 不运动的坐标可以省略。
- 注意区分下面的运动轨迹，一行之隔相差甚远。

例如，图 6-4（a）和图 6-4（b）分别为两条易混淆指令的运行轨迹。

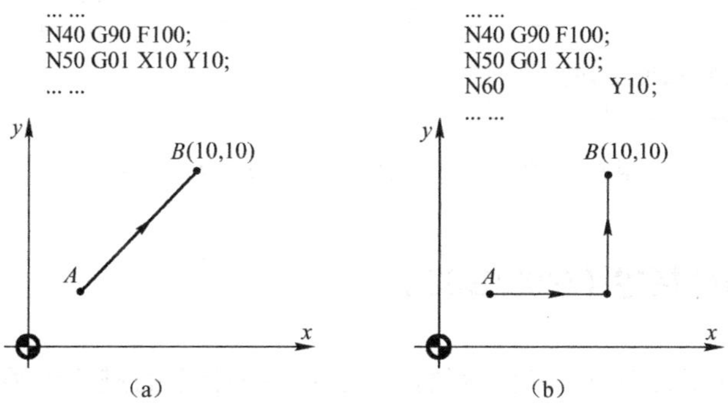

图 6-4　两条易混淆的指令

【应用实例】

使用直线插补指令对如下平面加工轨迹进行编程，如图 6-5 所示，工件坐标系建立在零件上表面，切削深度为 5mm，要求分别采用绝对坐标方式和相对坐标方式，同时不考虑加工工艺要求。

编制完成的程序清单如表 6-1 所示。

表 6-1　两种方式下的程序清单

程序（绝对编程）	解　释	程序（相对编程）
N10 G54;	建立工件坐标系	N140 G54;
N20 G90 G00 X0 Y0 Z5;	快移至 *A* 点（起到点）	N150 G90 G00 X0 Y0 Z5;

续表

程序（绝对编程）	解　释	程序（相对编程）
N30 M03 S500 F100；	主轴正转，指定转速和进给速度	N160 M03 S500 F100；
N40 G01 Z-5；	下刀至工件上表面以下 5mm 处	N170 G91 G01 Z-10；
N50 Y60；	直线插补至 *B* 点	N180 Y60；
N60 X20；	直线插补至 *C* 点	N190 X20；
N70 X40 Y30；	直线插补至 *D* 点	N200 X20 Y-30；
N80 X60 Y60；	直线插补至 *E* 点	N210 X20 Y30；
N90 X80 ；	直线插补至 *F* 点	N220 X20 ；
N100 Y0；	直线插补至 *G* 点	N230 Y-60；
N110 G00 Z5；	抬刀至工件上表面 5mm	N240 G00 Z10；
N120 M05；	主轴停	N250 M05；
N130 M02；	程序结束	N260 M02；

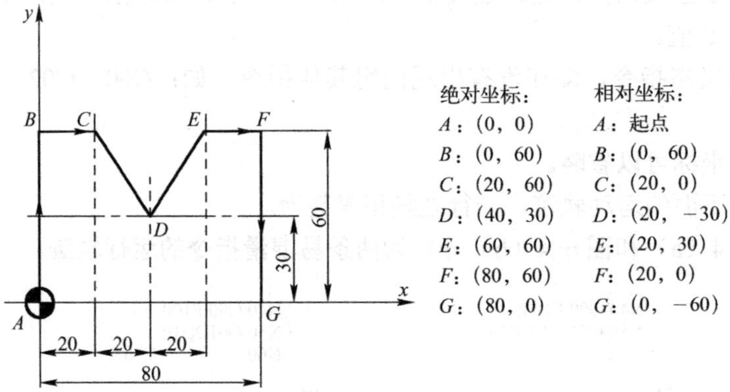

图 6-5　加工轨迹为 *A*→*B*→*C*→*D*→*E*→*F*→*G*

6.1.4　圆弧插补指令（G02/G03）

圆弧插补指令可使刀具在指定的坐标平面内，按指定的进给速度插补加工出圆弧轨迹。G02 为顺时针圆弧插补指令，G03 为逆时针圆弧插补指令。

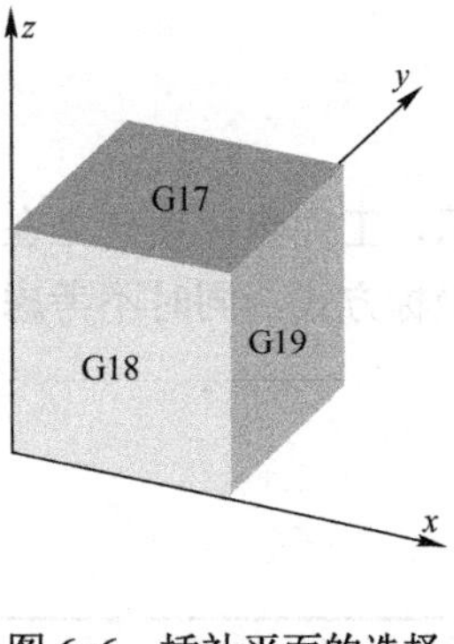

图 6-6　插补平面的选择

1．插补平面的选择（G17/G18/G19）

G17/G18/G19 指令的功能：选择加工平面。由于 G02/G03 指令只能完成二维圆弧加工，因此，在使用圆弧插补指令之前，要使用 G17/G18/G19 指令指明圆弧加工所在平面。如图 6-6 所示，G17 指令设定加工平面为 *xy* 平面，G18 指令设定加工平面为 *xz* 平面，G19 指令设定加工平面为 *yz* 平面。

【说明】

- 该指令不带参数。
- 应用场合：圆弧插补指令和刀具补偿指令需要使用该指令。
- 大多数数控系统默认加工平面为 *xy* 平面，若圆弧加工和刀具补偿在 *xy* 平面时，G17

指令可以省略。

- 该指令为模态指令。

2．顺圆指令 G02 和逆圆指令 G03

根据加工方向不同，圆弧插补指令可以分为顺圆指令 G02 和逆圆指令 G03。要注意：一个圆弧轨迹的加工，如果圆弧的起点和终点相同，半径相同，但是加工方向不同也会呈现两种不同的加工轨迹，如图 6-7 所示。

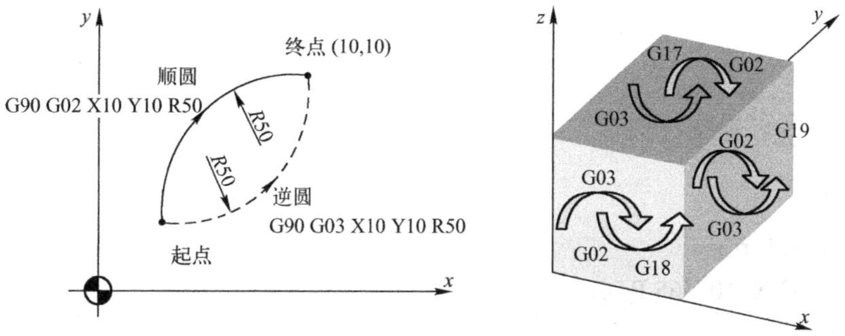

图 6-7　插补平面的选择

【顺圆与逆圆的判别】

沿着与指定坐标平面垂直的坐标轴，由正方向向负方向看，顺时针方向切削为顺圆 G02，逆时针方向切削为逆圆 G03，如图 6-7 所示。

3．圆弧插补指令的两种表达方式

1）终点半径方式

若已知圆弧终点坐标、圆弧半径和加工方向可以选择终点半径方式的圆弧插补指令。

【指令格式】

$$\begin{bmatrix} G17 \\ G18 \\ G19 \end{bmatrix} \begin{bmatrix} G02 \\ G03 \end{bmatrix} \begin{bmatrix} X\_\_\_\ Y\_\_\_ \\ X\_\_\_\ Z\_\_\_ \\ Y\_\_\_\ Z\_\_\_ \end{bmatrix} [R\_\_\_] \quad [F\_\_\_]$$

【说明】

- 终点半径方式不能加工整圆。
- 终点坐标既可以为相对坐标也可以为绝对坐标，但坐标值只能为加工平面内的坐标。例如，如果在 *xy* 平面内加工，则只能终点坐标只能为 *xy* 方向的坐标。
- 半径值为代数值，即有正负。

我们通过图 6-8 可以看出，即使圆弧起点、终点、加工方向和半径值一样，也可以加工出两种圆弧，即“＞180° 的圆弧”和“＜180° 的圆弧”。

为了保证加工的唯一性，规定：半径值为“正”时，加工的为“≤180° 的圆弧”；半径值为“负”时，加工的为“＞180° 的圆弧”。

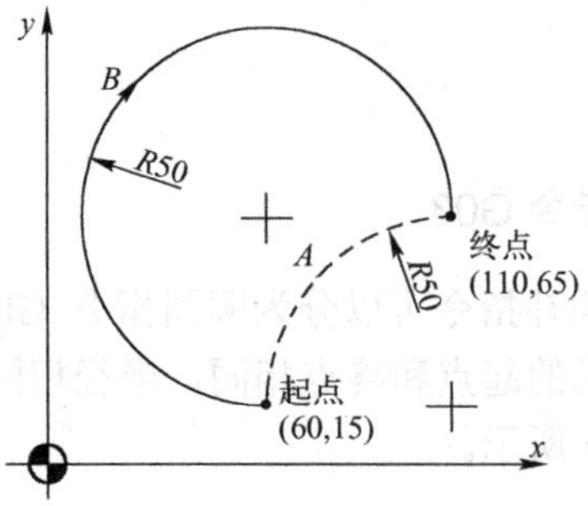

图 6-8 两种圆弧

注意

半径值为“正”时可以不写“+”号。

加工 *A* 圆：
① 绝对坐标方式：
G90 G17 G02 X110 Y65 R50;
② 相对坐标方式：
G91 G17 G02 X50 Y50 R50;

加工 *B* 圆：
① 绝对坐标方式：
G90 G17 G02 X110 Y65 R-50;
② 相对坐标方式：
G91 G17 G02 X50 Y50 R-50;

2）终点圆心方式

若已知圆弧终点坐标、圆弧圆心坐标和加工方向可以选择终点圆心方式的圆弧插补指令。

【指令格式】

$$\begin{bmatrix} G17 \\ G18 \\ G19 \end{bmatrix} \begin{bmatrix} G02 \\ G03 \end{bmatrix} \begin{bmatrix} X\_\_\_\ Y\_\_\_ \\ X\_\_\_\ Z\_\_\_ \\ Y\_\_\_\ Z\_\_\_ \end{bmatrix} \begin{bmatrix} I\_\_\_\ J\_\_\_ \\ I\_\_\_\ K\_\_\_ \\ J\_\_\_\ K\_\_\_ \end{bmatrix} [F\_\_\_]$$

【说明】

- 终点圆心方式可以加工整圆。
- 圆心坐标使用I/J/K表示。圆心坐标坐标为相对值：即圆弧中心相对圆弧起点的坐标。

I——圆心相对圆弧起点的 *x* 坐标；J——圆心相对圆弧起点的 *y* 坐标；K——圆心相对圆弧起点的 *z* 坐标。

注意

① 若圆心与圆弧起点在某一方向上相对值为 0，则该方向上的圆心坐标可以省略

不写。

② I/J/K 的值也有正负，圆心在起点的正方向处该值为正，圆心在起点的负方向处该值为负。

【技巧】

在书写 I/J/K 值时，可以在圆弧的起点处建立一个与坐标轴同向的虚拟坐标系，而 I/J/K 的值就是圆心在虚拟坐标系中的坐标值。

例如使用终点圆心方式编写如图 6-9（a）所示的圆弧程序如下。

加工 *A* 圆采用如下两种编程方式。

① 绝对坐标方式：

G90 G17 G02 X110 Y65 <u>I50 J0</u>;

或 G90 G17 G02 X110 Y65 I50;

② 相对坐标方式：

G91 G17 G02 X50 Y50 <u>I50 J0</u>;

或 G91 G17 G02 X50 Y50 I50;

加工 *B* 圆采用如下两种编程方式。

① 绝对坐标方式：

G90 G17 G02 X110 Y65 <u>I0 J50</u>;

或 G90 G17 G02 X110 Y65 J50;

② 相对坐标方式：

G91 G17 G02 X50 Y50 <u>I0 J50</u>;

或 G91 G17 G02 X50 Y50 J50;

使用终点圆心方式编写如图 6-9（b）所示的圆弧程序如下。

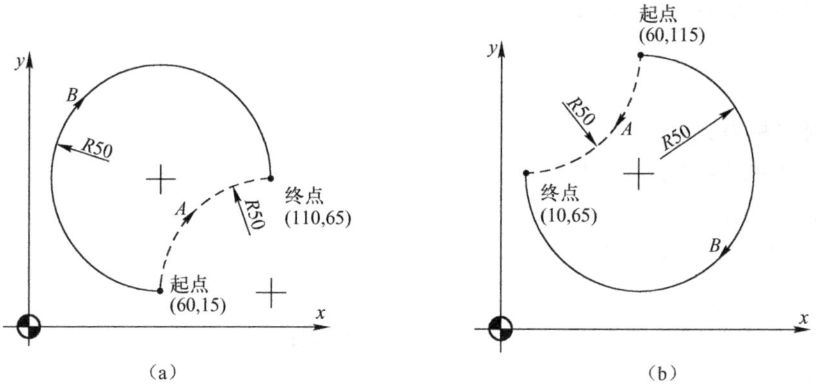

图 6-9　使用终点圆心方式加工圆弧

加工 *A* 圆采用：

① 绝对坐标方式：

G90 G17 G03 X10 Y65 <u>I-50 J0</u>;

或 G90 G17 G03 X10 Y65 I-50;

② 相对坐标方式：
G91 G17 G03 X-50 Y-50 I-50 J0；
或 G91 G17 G03 X-50 Y-50 I-50；
加工 *B* 圆采用：
① 绝对坐标方式：
G90 G17 G03 X10 Y65 I0 J-50；
或 G90 G17 G03 X10 Y65 J-50；
② 相对坐标方式：
G91 G17 G03 X-50 Y-50 I0 J -50；
或 G91 G17 G03 X-50 Y-50 J-50；
若以 *A* 为起点加工如图 6-10 所示整圆，编写程序。

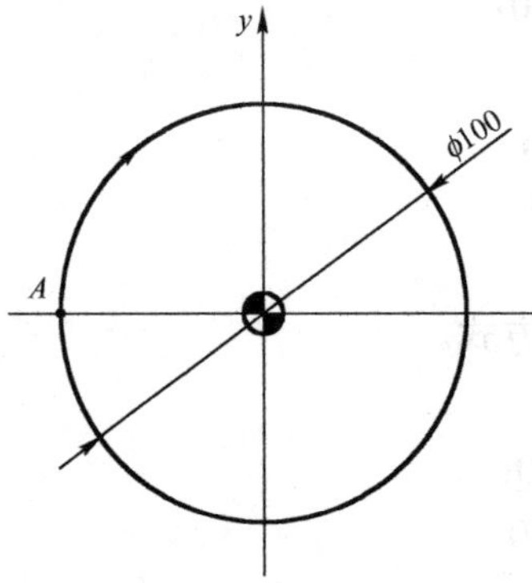

图 6-10 使用终点圆心方式加工整圆

分析：
① 由于加工整圆，只能采用终点圆心方式。
② 圆弧的起点就是圆弧的终点。

编程：
① 绝对坐标方式：
G90 G17 G03 X-50 Y0 I50 J0；
② 相对坐标方式：
G91 G17 G03 X0 Y0 I50 J0；

由于圆弧的起点就是圆弧的终点，则程序可简化成：
G17 G03 I50；

6.1.5 西门子数控系统圆弧插补指令的使用（G2/G3）

西门子数控系统的圆弧插补指令在功能上与 FANUC 系统完全相同，唯一的区别就是指令格式不同。

1. 终点半径方式

【指令格式】

$$\begin{bmatrix}\mathrm{G17}\\ \mathrm{G18}\\ \mathrm{G19}\end{bmatrix}\begin{bmatrix}\mathrm{G2}\\ \mathrm{G3}\end{bmatrix}\begin{bmatrix}\mathrm{X}\underline{\quad}\ \mathrm{Y}\underline{\quad}\\ \mathrm{X}\underline{\quad}\ \mathrm{Z}\underline{\quad}\\ \mathrm{Y}\underline{\quad}\ \mathrm{Z}\underline{\quad}\end{bmatrix}\ [\mathrm{CR}=\underline{\quad}]\ [\mathrm{F}\underline{\quad}]$$

【说明】

- 使用 CR=表示半径。
- 与 FANUC 指令相同，终点半径方式不能加工整圆。
- 半径值同样有正负，加工“≤180° 的圆弧”时，CR 值为正，加工“＞180° 的圆弧”时，CR 值为负。

加工如图 6-11 所示的圆弧编程如下。

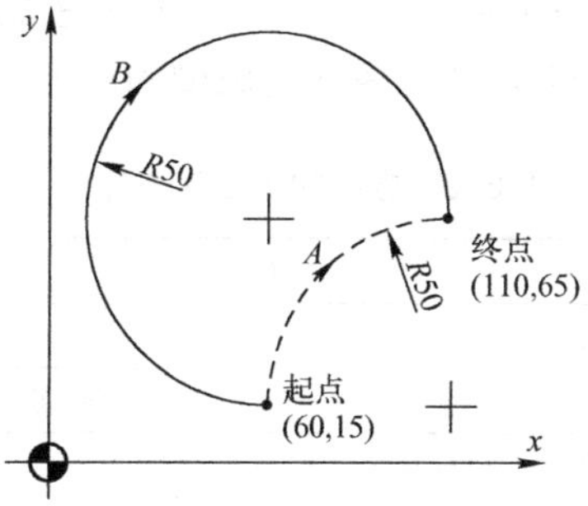

图 6-11　两种圆弧值的表示

加工 *A* 圆：

① 绝对坐标方式：

G90 G17 G02 X110 Y65 <u>CR=50</u>;

② 相对坐标方式：

G91 G17 G02 X50 Y50 <u>CR=50</u>;

加工 *B* 圆：

① 绝对坐标方式：

G90 G17 G02 X110 Y65 <u>CR=-50</u>;

② 相对坐标方式：

G91 G17 G02 X50 Y50 <u>CR=-50</u>;

2. 终点圆心方式

【指令格式】

$$\begin{bmatrix}\mathrm{G17}\\ \mathrm{G18}\\ \mathrm{G19}\end{bmatrix}\begin{bmatrix}\mathrm{G2}\\ \mathrm{G3}\end{bmatrix}\begin{bmatrix}\mathrm{X}\underline{\quad}\ \mathrm{Y}\underline{\quad}\\ \mathrm{X}\underline{\quad}\ \mathrm{Z}\underline{\quad}\\ \mathrm{Y}\underline{\quad}\ \mathrm{Z}\underline{\quad}\end{bmatrix}\begin{bmatrix}\mathrm{I}\underline{\quad}\ \mathrm{J}\underline{\quad}\\ \mathrm{I}\underline{\quad}\ \mathrm{K}\underline{\quad}\\ \mathrm{J}\underline{\quad}\ \mathrm{K}\underline{\quad}\end{bmatrix}\ [\mathrm{F}\underline{\quad}]$$

【说明】

- 终点圆心方式可以加工整圆。
- 圆心坐标使用 I/J/K 表示。

圆心坐标坐标为相对值：即圆弧中心相对圆弧起点的坐标。

I——圆心相对圆弧起点的 x 坐标；

J——圆心相对圆弧起点的 y 坐标；

K——圆心相对圆弧起点的 z 坐标。

6.2 项目分析与实施

1．工艺分析

根据零件样图，该零件加工的内容为 S 形槽，本工序加工前毛坯的六个面已经铣削到位。因此本工序直接使用键槽铣刀，在上表面完成槽的加工。工序卡如表 6-2 所示。

表 6-2 数控加工工序卡片　　编号：06-01

零件名称	S 形槽	零件图号	06-01		工序名称	铣削 S 形槽	
零件材料	铝合金	材料硬度			使用设备	数控铣床	
使用夹具	平口钳	装夹方法	毛坯底面定位，夹持左右侧壁				
程序文件		日　期	年　月　日			工艺员	
工　步　描　述							
工步编号	工 步 内 容	刀具编号	刀具规格（mm）	主轴转速（r/min）	进给速度（mm/min）	吃刀量（mm）	备　注
1	z 向下刀	1	$\phi 4$	1500	100	4	使用键槽铣刀
2	S 形轮廓铣削	1	$\phi 4$	1500	200		使用键槽铣刀

1）毛坯说明

在进行本工序之前，已经完成了六面体各表面的加工，形成 120mm×120mm×10mm 的精毛坯。

2）工序说明

本工序要求在该铝件毛坯的上表面完成 S 形槽的加工，槽深 4mm，槽宽 4mm。对加工精度无特殊要求，因此选择主轴转速为 1500r/min，下刀进给速度为 100mm/min，轮廓加工进给速度为 200mm/min。

3）刀具选择说明

由于加工过程中要进行轴向进给加工，因此选择键槽铣刀，为保证槽宽为 4mm，键槽铣刀直径为 4mm。

4）装夹、定位说明

本工序采用平口钳装夹，如表 6-3 所示。

表 6-3　工件安装和原点设定卡片　　编号：06-01

零件名称	S 形槽	零件图号	06-01	工艺卡编号	06-01
夹具名称	平口钳	夹具图号	06-01	装夹次数	1
工件安装简图					
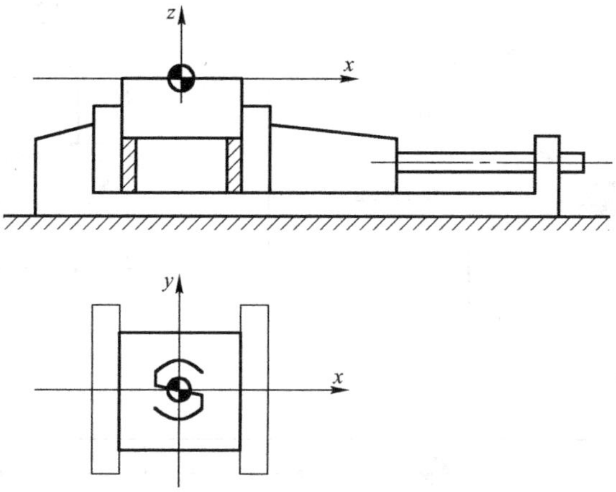					

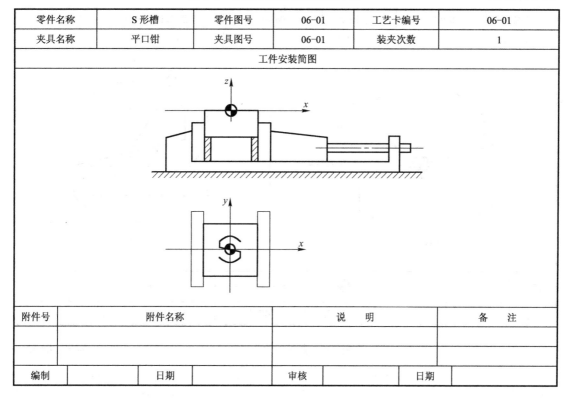

附件号	附件名称	说　明	备　注

编制		日期		审核		日期	

2. 编程说明

1）编程原点的选择

由于工件相对中心对称，通过样图可以看出其设计基准也为该对称中心，基于基准重合的原则，同时考虑对刀方便，选择零件上表面对称中心为编程原点。

2）加工轨迹

由于为 S 形槽加工，选择刀具为与槽宽相同直径的键槽铣刀，因此，刀具中心轨迹与 S 形槽的中心线重合。

- 起刀点：选择在零件编程原点上方 10mm 处。
- 下刀点：选择在 *A* 点，下刀深度为槽深 4mm。
- 抬刀点：选择在 *B* 点，抬刀高度为上表面 10mm。
- 加工轨迹如表 6-4 所示，程序执行之前处于起刀点 *S*，刀具先水平快进至 *A* 点，快速接近工件（至距上表面 2mm），*z* 向工进至槽底（S1500 F100），沿 *A*→*B*→*C*→*D*→*E*→*F*，完成 S 形轨迹加工，*z* 向快速抬刀至上表面 10mm 处，最后水平从 *F* 点快移回起刀点。

3. 加工程序的编制

依据前面分析的加工轨迹，编制程序如表 6-5 所示。

表6-4 数控加工走刀路线图 编号：06-01

零件名称	S形槽	零件图号	06-01	工艺卡编号	06-01
加工内容	铣削S形槽			程序号	O0001

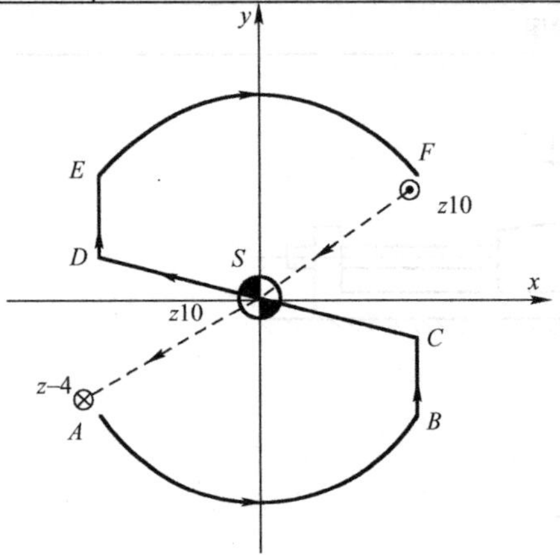

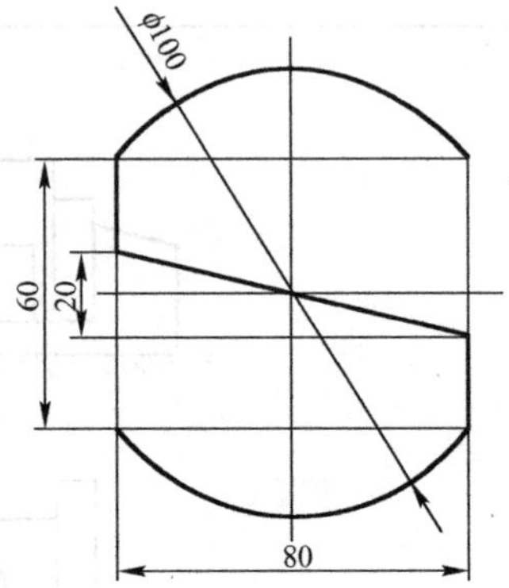

符号	⊙	⊗	⊕	○→	→	---→	
含义	抬刀	下刀	编程原点	起刀点	走刀方向	快移	

表6-5 数控程序卡片 编号：06-01

程序名称	O0001	工艺卡编号	06-01
序号	指令码	注释	
O0001			
N10	G54;	在零件上表面中心处建立工件坐标系	
N20	G90 G00 X-40 Y-30;	刀具快速移动至下刀点，S点→A点	
N30	Z 2;	z向快速接近工件，至上表面2mm处	
N40	M03 S1500;	主轴正转，转速为1500r/min	
N50	G01 Z-4 F100;	工进下刀切削至-4mm，进给速度为100mm/min	
N60	G03 X40（Y-30）R50 F200;	A点→B点，采用终点半径方式。进给速度为200mm/min	
N70	G01 Y-10;	B点→C点，直线插补	
N80	X-40 Y10;	C点→D点	
N90	Y30;	D点→E点	
N100	G02 X40 I40 J-30;	E点→F点，顺圆切削，采用终点圆心方式	
N110	G00 Z10;	抬刀至零件上表面10mm处	
N120	X0 Y0;	将刀具快速移动至起刀点（编程原点）S	
N130	M05;	主轴停	
N140	M02;	程序结束	

6.3 拓展训练

【学习目标】

（1）学习深槽加工方法及工艺。

（2）学习螺旋插补指令的使用规则及用途。

（3）巩固前面所学基本 G 指令及 M 功能指令、T 功能指令、F 指令、S 指令的使用方法。

【项目内容】

圆形深槽加工，要求在 80mm×80mm×30mm 的精毛坯上铣削一个深 20mm 的圆形深槽，槽宽 10mm，毛坯材料为铝，采用ϕ10mm 立铣刀，如图 6-12 所示。按刀具轨迹编制数控加工程序。

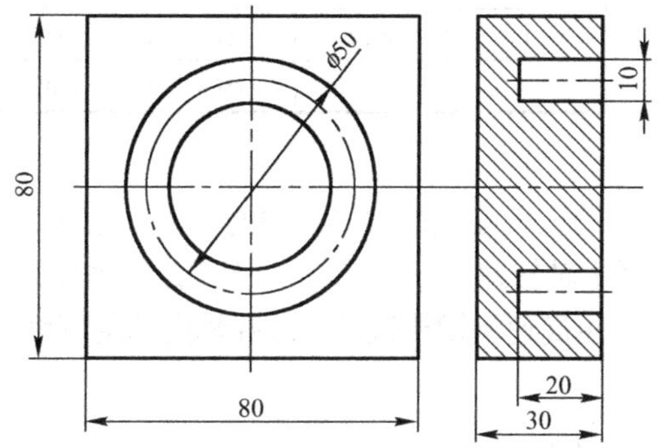

圆形深槽	图号	06–02
	材料	铝
	毛坯	精毛坯

图 6-12　圆形深槽零件样图

分析样图可以看出，本实例的加工轨迹为一圆形深槽，该平面轨迹为圆弧，但由于槽深较大，无论采用何种铣刀，不可能一次性吃刀如此之深，故深槽加工不可能一次性铣削完成，在多数情况下，我们往往采用分层铣削的加工工艺，因此通过该项目，我们将学习典型深槽类零件的加工方法及工艺。

6.3.1　加工方案一——分层铣削

知识点

分层铣削属于两轴半加工，由于被加工部位较深，刀具轴向切削深度有限，无法一次性加工到位，进而采取每次轴向进给一定深度分多层加工到位的方法。

1. 工艺分析

根据零件样图，该零件加工的内容为圆形槽，本工序加工前毛坯的六个面已经铣削到位。因此本工序直接使用键槽铣刀分层铣削到位。工序卡如表 6-6 所示。

1）毛坯说明

在进行本工序之前，已经完成了六面体各表面的加工，形成 80mm×80mm×30mm 的精毛坯。

表 6-6 数控加工工序卡片 编号：06-01

零件名称	圆形深槽	零件图号		06-02		工序名称	铣削圆形深槽
零件材料	铝合金	材料硬度				使用设备	数控铣床
使用夹具	平口钳	装夹方法		毛坯底面定位，夹持左右侧壁			
程序文件		日 期		年 月 日		工艺员	
工 步 描 述							
工步编号	工 步 内 容	刀具编号	刀具规格（mm）	主轴转速（r/min）	进给速度（mm/min）	吃刀量（mm）	备 注
1	*z* 向下刀	1	$\phi 10$	1500	100	4	分五层下刀
2	圆形深槽加工	1	$\phi 10$	1500	200		使用键槽铣刀

2）工序说明

本工序要求在该铝件毛坯的上表面完成圆形深槽的加工，槽深 20mm，槽宽 10mm。对加工精度无特殊要求，因此选择主轴转速为 1500r/min，下刀进给速度为 100mm/min，轮廓加工进给速度为 200mm/min，由于采用高速钢键槽铣刀，选择轴向切削深度为 4mm，分层加工。

3）刀具选择说明

由于加工过程中要进行轴向进给加工，因此选择键槽铣刀，为保证槽宽为 10mm，键槽铣刀直径为 10mm。

4）装夹、定位说明

本工序采用平口钳装夹。

2. 编程说明

（1）编程原点的选择：选择零件上表面对称中心为编程原点，数控加工走刀路线图如表 6-7 所示。

表 6-7 数控加工走刀路线图 编号：06-02

零件名称	圆形深槽	零件图号	06-02	工艺卡编号	06-02
加工内容	铣削圆形深槽			程序号	O0002

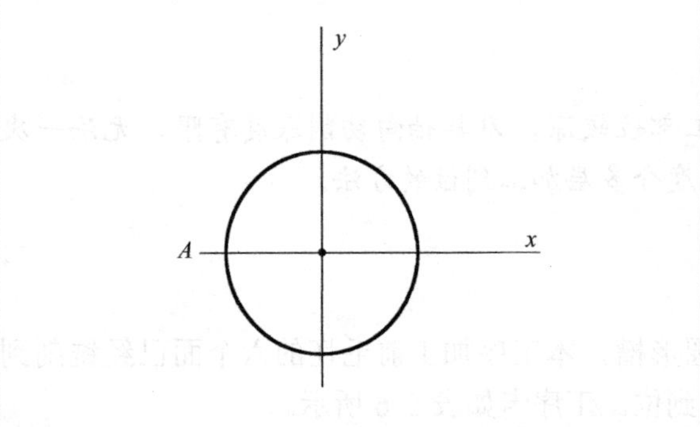

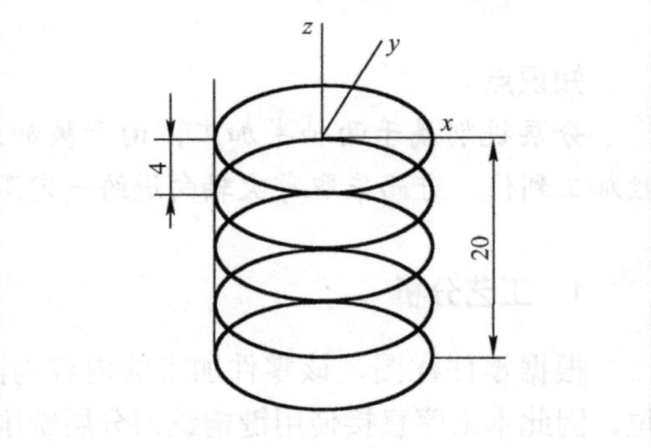

符号	⊙	⊗		○——→	——→	- - -→
含义	抬刀	下刀	编程原点	起刀点	走刀方向	快移

（2）加工轨迹：由于为形槽加工，选择刀具为与槽宽相同直径的键槽铣刀，因此，刀

具中心轨迹与圆形槽的中心线重合。

- 起刀点：选择在零件编程原点上方 10mm 处。
- 下刀点：选择在 *A* 点，下刀深度为每层 4mm。

3．加工程序的编制

依据前面分析的加工轨迹，编制程序如表 6-8 所示。

表 6-8　数控程序卡片　　编号：06-02

程序名称	O0002	工艺卡编号	06-02
序号	指令码	注释	
O0001			
N10 G54;		在零件上表面中心处建立工件坐标系	
N20 G90 G00 X-25 Y0;		刀具快速移动至下刀点	
N30 Z 2;		z 向快速接近工件，至上表面 2mm 处	
N40 M03 S1500;		主轴正转，转速为 1500r/min	
N50 G01 Z-4 F100;		加工第一层，工进下刀切削至-4mm	
N60 G02 I25 F200;			
N70 G01 Z-8 F100;		加工第二层，工进下刀切削至-8mm	
N80 G02 I25 F200;			
N90 G01 Z-12 F100;		加工第三层，工进下刀切削至-12mm	
N100 G02 I25 F200;			
N110 G01 Z-16 F100;		加工第四层，工进下刀切削至-16mm	
N120 G02 I25 F200;			
N130 G01 Z-20 F100;		加工第五层，工进下刀切削至-20mm	
N140 G02 I25 F200;			
N150 G00 Z10;		抬刀至零件上表面 10mm 处	
N160 X0 Y0;		将刀具快速移动至起刀点	
N170 M05;		主轴停	
N180 M02;		程序结束	

6.3.2　加工方案二——螺旋铣削

由于本实例形状简单，为了能获得更高的加工精度，在此还可以采用螺旋铣削，解决深槽加工问题。同时该种方法在 “螺旋下刀”、“螺纹铣削” 等场合也有广泛应用，在此我们以圆形深槽加工为例，学习螺旋铣削的方法。

1．螺旋插补指令 G02/G03

前面学习的圆弧插补 G02/G03 指令仅仅是在某一平面内进行圆弧加工，但当垂直于插补平面的直线轴与圆弧插补同步运动时，便形成了螺旋插补运动，如图 6-13 所示。

1）FANUC 系统

【指令格式】

$$[G17]\begin{bmatrix}G2\\G3\end{bmatrix}[X\_\_\ Y\_\_\ Z\_\_]\begin{bmatrix}R\_\_\\I\_\_\ J\_\_\end{bmatrix}[K\_\_\ F\_\_]$$

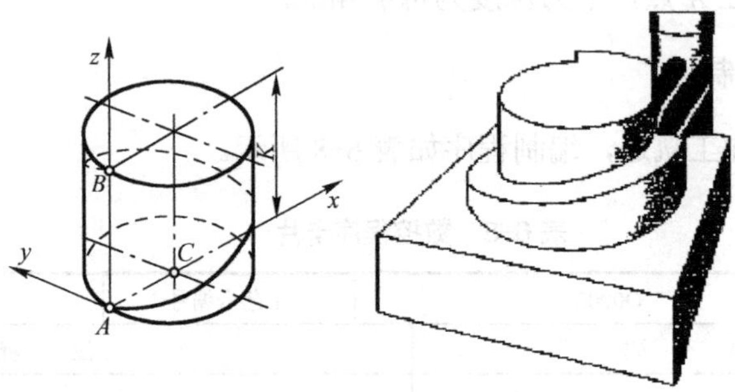

图 6-13 螺旋插补

【说明】

- 螺旋线加工，用于螺旋下刀和螺纹铣削。
- K为整段螺旋线加工时，螺旋线的导程（取正值）。

注意

- 该指令只能对圆弧进行刀具半径补偿。
- 在指令螺旋插补的程序中，不能指令刀具偏置和刀具长度补偿。

2）西门子系统

【指令格式】

$$[G17]\begin{bmatrix}G2\\G3\end{bmatrix}[X\_\_\ Y\_\_\ Z\_\_]\begin{bmatrix}CR=\_\_\\I\_\_\ J\_\_\end{bmatrix}[TURN=\_\_\ F\_\_]$$

【说明】

- 螺旋线加工，其他参数同圆弧插补。
- TURN为编程整圆循环的个数，不到整圆可以不写。

注意

只有802D以上的系统具有此功能。

例如，编制刀具从*A*点运动到*B*点的螺旋线加工程序，如图6-14所示。

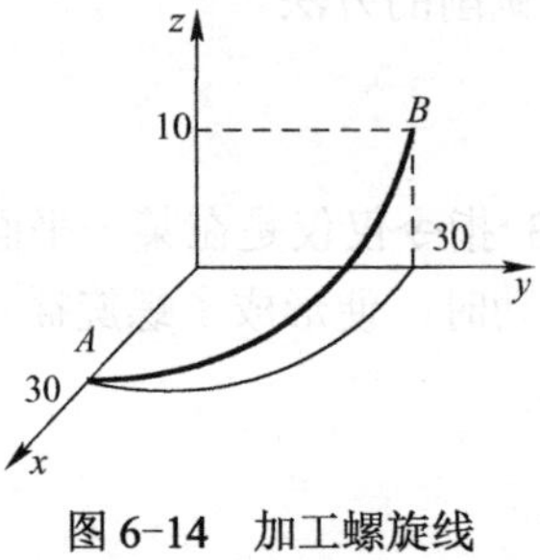

图 6-14 加工螺旋线

两种编程方式如表 6-9 所示。

表 6-9　两种编程方式

编 程 方 式	FANUC 系统	西门子系统
绝对值编程	G90 G03 X0 Y30 R30 Z10 F100	G90 G3 X0 Y30 CR=30 Z10 F100
增量值编程	G91 G03 X-30 Y30 R30 Z10 F100	G91 G03 X-30 Y30 CR=30 Z10 F100

2. 螺旋线加工圆形深槽

前面对圆形深槽的加工采用的是分层铣削的方法，该方法每层下刀的方式为垂直下刀，这样就必须采用键槽铣刀进行加工，由于键槽铣刀的刀刃仅有两个，加工效果和表面质量较差，而且每层加工不是连续的，这也造成加工质量的下降，因此，在一些槽表面精度要求较高的场合无法使用，使用多刃立铣刀螺旋下刀成为较好的解决方案，这里就以圆形深槽为例，讲解一些螺旋下刀方法的使用，零件图和加工轨迹如图 6-15 所示。

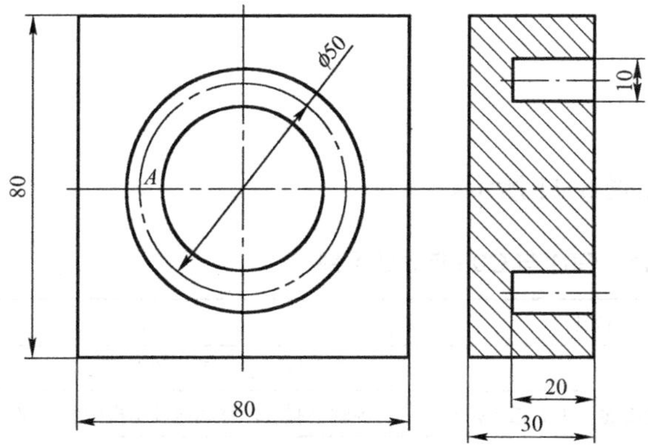

(a) 零件图

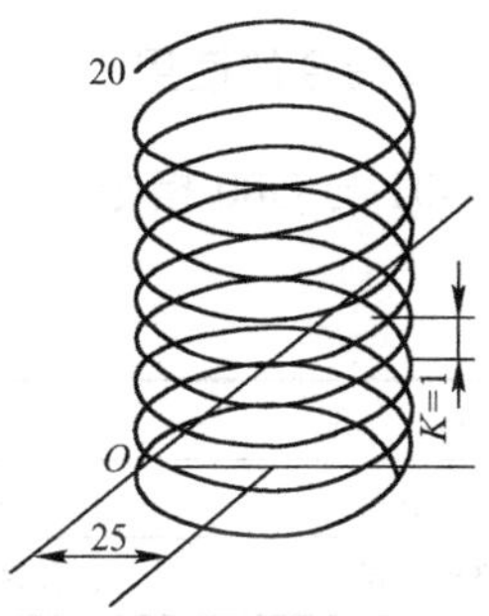

(b) 加工轨迹

图 6-15　圆形深槽加工

1）编程说明

用螺旋插补指令 G02 加工，起点为 A 点，加工一个整圆回到 A 点，同时 z 向进给-1mm，即螺旋线导程为 1mm，z 向共进给-20mm，共走了 20 圈，最后再用圆弧插补指令 G02 在底面走一刀，以铣平槽底。注意螺旋下刀起始位置要在工件上表面，即 z 向 0 点处，以避免扎刀。

2）加工程序的编制

依据前面分析的加工轨迹，编制程序如表 6-10 所示。

表 6-10 数控程序卡片 编号：06-02

程序名称	O0003	工艺卡编号	06-02
序号	指令码	注释	
O0003			
N10	G54；	在零件上表面中心处建立工件坐标系	
N20	G90 G00 X-25 Y0；	刀具快速移动至下刀点	
N30	Z 2；	z 向快速接近工件，至上表面 2mm 处	
N40	M03 S1500；	主轴正转，转速为 1500r/min	
N50	G01 Z0 F100 M08；	刀具攻进到零件上表面	
N60	G02 I25 Z-20 K1 F80；	螺旋下切，导程=1mm	
N70	G02 I25；	铣平槽底	
N80	G00 Z10；	抬刀至零件上表面 10mm 处	
N90	X0 Y0；	将刀具快速移动至起刀点	
N100	M05 M09；	主轴停	
N110	M02；	程序结束	

6.4 项目总结

1．基本指令的使用

（1）G01 与 G00 指令的区别，如表 6-11 所示。

表 6-11 G01 与 G00 指令的区别

区 别	G01	G00
（1）应用场合不同	直线加工	快速定位（非加工时的刀具移动）
（2）速度控制不同	各轴联动，进给速度由 F 指令控制	各轴不联动，移动速度由机床参数控制

（2）圆弧插补指令的使用。

- 终点圆心方式可以加工整圆，而半径方式加工不可以。
- 半径方式使用时注意符号，半径值为“负”表示>180° 的圆弧。
- 终点圆心方式中，I/J/K 的值是圆心相对于圆弧起点的坐标。

2．编程技巧

（1）G01/G00/G02/G03 指令是同组模态指令。

（2）不论是相对坐标编程还是绝对坐标编程，只要某个方向未发生位移，该方向坐标值可以不写。

3．封闭槽类零件加工技巧

由于封闭槽不能沿轨迹的延长线或切向切入，通常使用与槽等宽的键槽铣刀，垂直工件表面切入。

思考与练习 6

1．如图 6-16 所示，刀心起点为工件零点 *O*，按“*O*→*A*→*B*→*C*→*D*→*E*”顺序运动，写出 *A*、*B*、*C*、*D*、*E* 各点的绝对坐标值和相对坐标值（所有点均在 *xy* 平面内）。

2．使用ϕ　10mm 键槽铣刀完成如图 6-17 所示的槽，槽深 2mm。

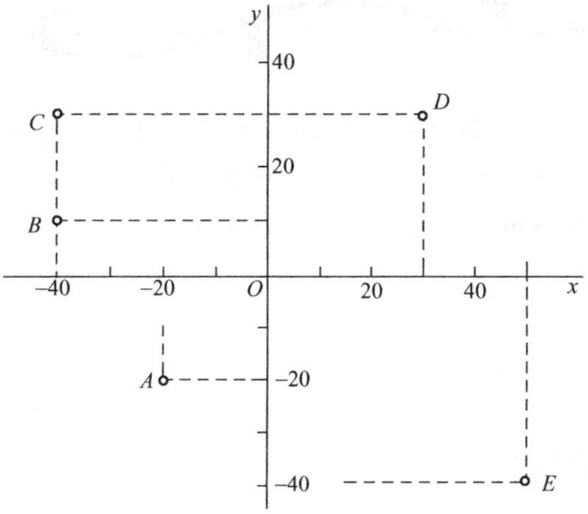

图 6-16

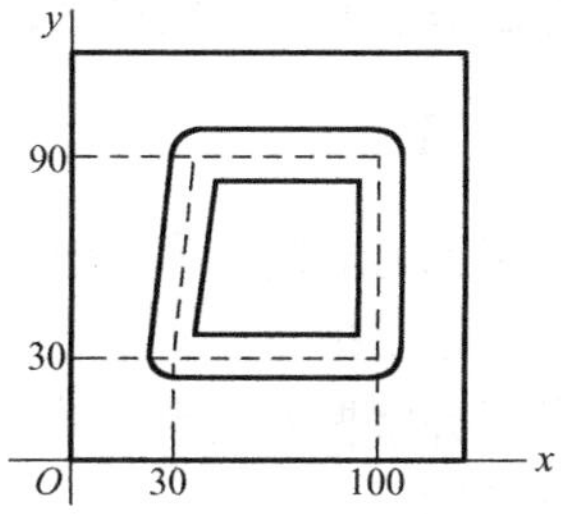

图 6-17

3．使用ϕ　6mm 键槽铣刀完成如图 6-18 所示的槽，槽深 2mm。

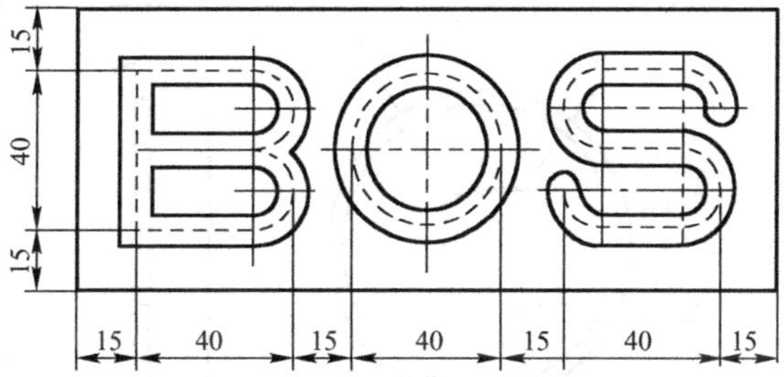

图 6-18

4．试分析如图 6-19 所示的加工路线，并按加工轨迹进行编程，注意刀具下刀点与起刀点。

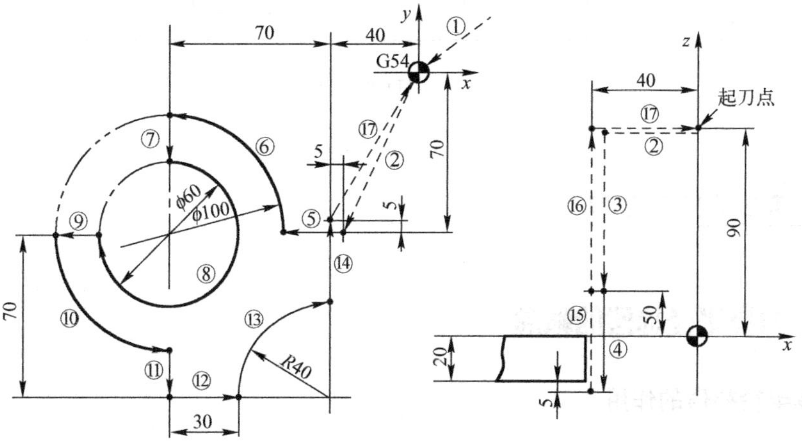

图 6-19

第7章　刀具半径补偿指令应用

本章以一个二维轮廓零件的加工为例，阐述数控系统的刀具半径补偿功能及其使用。作为轮廓加工不可或缺的指令，刀具半径补偿功能可以尽可能地减少编程人员在编程时的考虑因素，有效降低数学处理难度，同时还给加工带来灵活的调整方法。

【学习目标】

（1）学习如何对简单零件进行工艺分析。

（2）巩固常用指令。

（3）学习并掌握刀具半径补偿功能的使用。

【项目内容】

平面铣削倒 C 形凸台，要求在ϕ85mm 的精毛坯上铣削一个倒 C 形凸台，如图 7-1 所示，毛坯材料为铝，采用ϕ16mm 立式铣刀，编制数控加工程序。

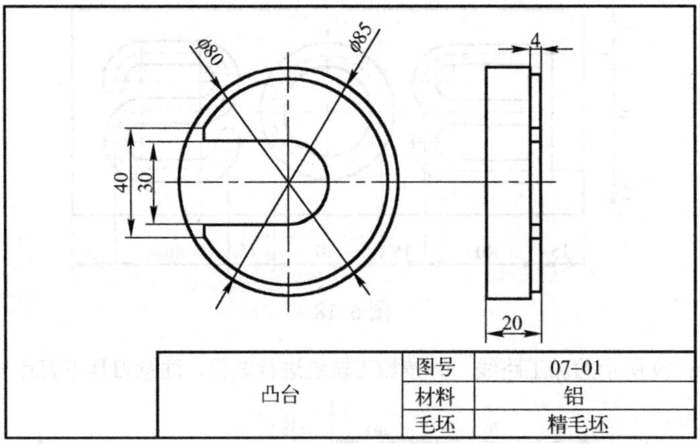

图 7-1　凸台零件样图

7.1　项目准备知识

7.1.1　刀具半径补偿的概念

1. 刀具半径补偿的作用

从上一个项目可以看出，在进行数控编程时，都是根据刀具中心轨迹进行编程，而在进行二维轮廓铣削时，由于刀具存在一定的直径，使刀具中心轨迹与零件轮廓不重合，如图 7-2 所示。这样，从加工角度若要获得正确的轮廓，就必须依据刀具半径和零件轮廓计算刀具中心轨迹，再依据刀具中心轨迹完成编程，但如果人工完成这些计算将给手工编程带来很多不便，甚至当计算量较大时，也容易产生计算错误。为了解决这个加工与编程之间的矛盾，数控系统为我们提供了“刀具半径补偿功能”。

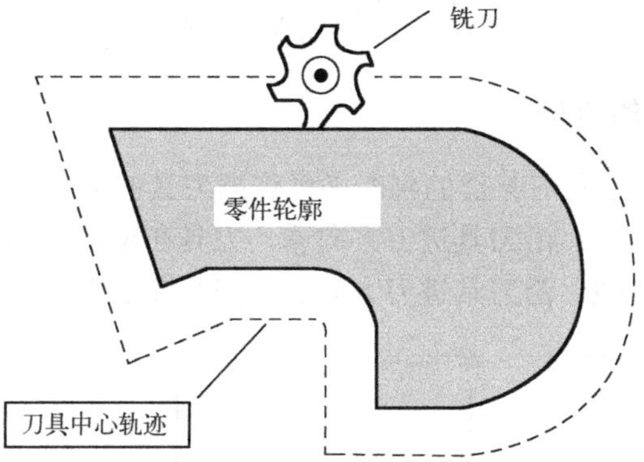

图 7-2　刀具半径补偿功能

数控系统的刀具半径补偿功能就是将计算刀具中心轨迹的过程交由 CNC 系统完成，编程员假设刀具半径为零，直接根据零件的轮廓形状进行编程，而实际的刀具半径则存放在一个可编程刀具半径偏置寄存器中。在加工过程中，CNC 系统根据零件程序和刀具半径自动计算刀具中心轨迹，完成对零件的加工。

刀具半径补偿功能的好处有以下两个方面：

- 简化编程，使编程人员编程时不用考虑刀具半径。
- 当刀具由于磨损、重磨或更换等原因使刀具半径发生变化时，不需要修改零件程序，只需要修改存放在刀具半径偏置寄存器中的刀具半径值或者选用存放在另一个刀具半径寄存器中的刀具半径所对应的刀具即可。

2．刀具半径补偿的过程

在实际轮廓加工过程中，刀具半径补偿执行过程一般分为三个步骤：

① 建立刀具半径补偿：刀具由起刀点以进给速度接近工件，刀具半径补偿偏置方向由 G41（左补偿）或 G42（右补偿）确定。该过程是刀具中心从与零件轮廓重合到相差一个偏置的过渡过程。

② 进行刀具半径补偿：一旦建立了刀具半径补偿状态，则一直维持该状态，直到取消刀具半径补偿为止。

③ 取消刀具半径补偿：刀具撤离工件，回到退刀点，取消刀具半径补偿。

7.1.2　建立刀具半径补偿指令

从本质而言，建立刀具半径补偿指令就是在指定的平面中，完成零件轮廓向刀具中心轨迹的过渡（即偏移），根据偏移的方向不同，建立刀具半径补偿指令共有两条，G41 为刀具半径左补偿指令，G42为刀具半径右补偿指令。而偏移量通常由D功能字指派。

1．指令格式

$$\begin{bmatrix} G17 \\ G18 \\ G19 \end{bmatrix} \begin{bmatrix} G41 \\ G42 \end{bmatrix} \begin{bmatrix} G01 \\ G00 \end{bmatrix} \begin{bmatrix} X\_\_\ Y\_\_ \\ X\_\_\ Z\_\_ \\ Y\_\_\ Z\_\_ \end{bmatrix} [D\square\square]$$

2．左补偿与右补偿的判断

如图7-3所示，左补偿与右补偿的判断必须依据刀具的进刀方向而定。

- 刀具半径左补偿G41：沿刀具进刀方向看，刀具在零件左侧时采用左补偿。
- 刀具半径右补偿G42：沿刀具进刀方向看，刀具在零件右侧时采用右补偿。

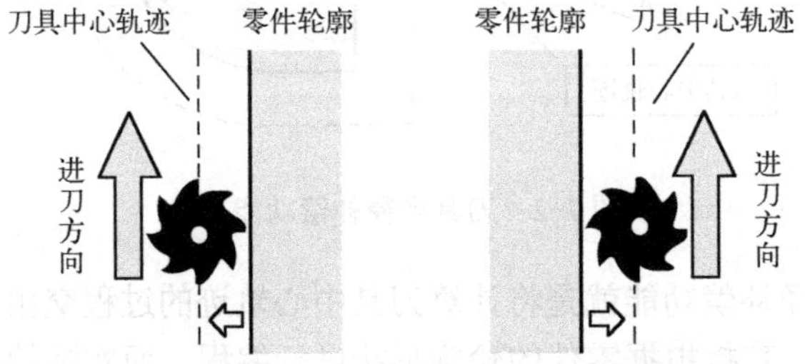

（a）刀具半径左补偿G41　　（b）刀具半径右补偿 G42

图7-3　刀具半径左补偿与右补偿的判断

3．刀具半径补偿地址：D功能字

如果说左补偿与右补偿指定刀具半径补偿偏移的方向，那么刀具半径补偿偏移的数值则由D功能指定。D是刀具偏置寄存器地址符，D后面加两位数字表示刀具偏置寄存器代号，如D01代表01号刀具偏置寄存器。刀具偏置寄存器的内容为轨迹偏移量，通常为相同刀号刀具的半径值，也可以根据工艺要求设定为其他值，偏移量是通过数控系统的操作面板输入的。一般情况下，刀具补偿号要与刀具号对应。

例如：N20　G00 G42 X6 Y6 D05

解释：执行N20程序段时，刀具将在从起始点向终点（X6，Y6）移动的过程中建立刀具补偿，D05代表使用补偿号为05的补偿半径。

【说明】

① 刀具半径补偿功能只能建立在某指定平面，若刀具补偿平面为非默认平面时，必须使用G17/G18/G19指令指明。一般情况下，*xy*平面为默认平面，可以不用指出。

② 刀具半径补偿是在刀具直线移动过程中建立的，因此G41/G42要使用一条该刀具补偿平面内有效的直线移动类指令引导。既可以为G00，也可以为G01。

例如：在执行下面的指令时会出现问题。

```
……
N20　G17 G01 G41 Z-5 D01 F100;
```

将势必造成零件轮廓的不正确。

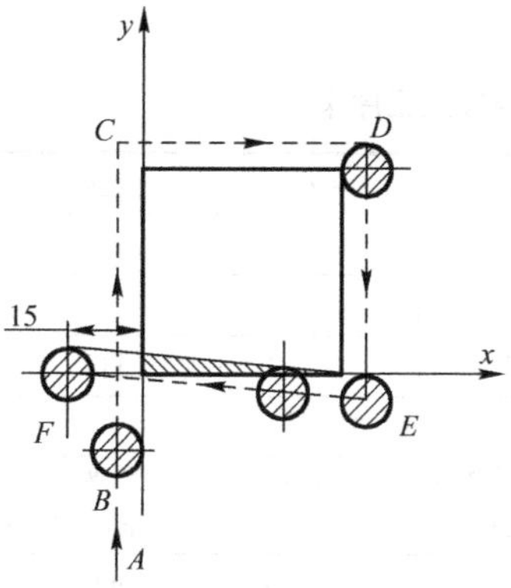

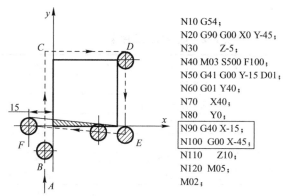

```
N10 G54；
N20 G90 G00 X0 Y-45；
N30       Z-5；
N40 M03 S500 F100；
N50 G41 G00 Y-15 D01；
N60 G01 Y40；
N70    X40；
N80    Y0；
N90 G40 X-15；
N100  G00 X-45；
N110     Z10；
N120  M05；
M02；
```

图 7-7　刀补取消过程中的过切现象

7.1.4　刀具半径补偿的其他应用

应用刀具半径补偿指令加工时，刀具的中心始终与工件轮廓相距一个刀具半径距离。当刀具磨损或刀具重磨后，刀具半径变小，只需要在刀具补偿值中输入改变后的刀具半径，而不必修改程序。在采用同一把半径为 R 的刀具，并用同一个程序进行粗、精加工时，设精加工余量为Δ，则粗加工时设置的刀具半径补偿量为 $R+\Delta$，精加工时设置的刀具半径补偿量为 R，就能在粗加工后留下精加工余量Δ，然后，在精加工时完成切削。刀具运动情况如图 7-8 所示。

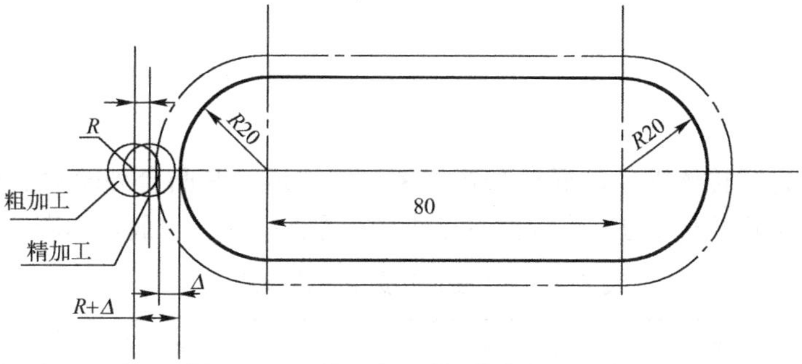

图 7-8　刀具半径补偿的应用实例

7.2　项目分析与实施

1. 工艺说明

1）毛坯说明

在进行本工序之前，已经完成了圆柱形毛坯的加工，形成ϕ85mm，高 20mm 的精毛坯，要保证圆柱形毛坯圆柱面和上下端面的一定精度。

2）工序说明

本工序要求在该铝件毛坯的上表面完成凸台加工轮廓，凸台高度为 4mm。对加工精度无特殊要求，因此选择主轴转速为 1500r/min，轮廓加工进给速度为 200mm/min。工序卡如表 7-2 所示。

表 7-2　数控加工工序卡片　　　　编号：07-01

零件名称	凸台	零件图号		07-01	工序名称		精加工凸台外轮廓
零件材料	铝	材料硬度			使用设备		立式铣床
使用夹具	三爪卡盘装夹	装夹方法		三爪定心			
程序文件		日　期		年　月　日		工艺员	
工　步　描　述							
工步编号	工　步　内　容	刀具编号	刀具规格（mm）	主轴转速（r/min）	进给速度（mm/min）	吃刀量（mm）	备　注
1	精加工凸台外轮廓	1	ϕ16	1500	200		

3）刀具选择说明

本工序加工主要进行轮廓铣削，为保证表面加工质量，选择立式铣刀，由于"倒 C 形"轮廓内槽宽度为 30mm，为了减少走刀次数，考虑到使刀具沿零件轮廓加工一周就可完成加工，选择刀具直径 15～30mm 之间，确定为ϕ16mm。

4）装夹、定位说明

由于本工序精毛坯为ϕ85mm 的圆柱体，为保证定心准确，采用三爪卡盘装夹。为了避免零件与卡爪的干涉，要保证卡爪平面与加工底面有一定的距离。

2．编程说明

1）编程原点的选择

由于此零件为回转体零件，通过分析样图可以知道，其凸台外轮廓的设计基准为零件回转中心，同时为了便于对刀，将编程原点选择在零件中心上表面，如表 7-3 所示。

表 7-3　工件安装和原点设定卡片　　　　编号：07-01

零件名称	凸台	零件图号	07-01	工艺卡编号	07-01
夹具名称	三爪卡盘装夹	夹具图号		装夹次数	1
工件安装简图					
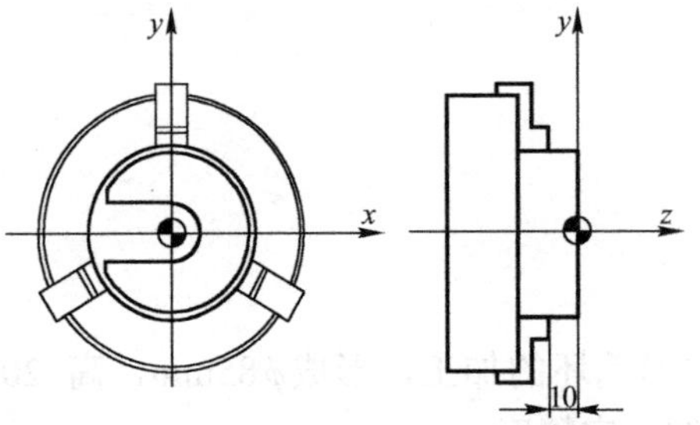					
附件号	附件名称		说明		备注
编制		日期		审核	日期

2）加工轨迹

由于为外轮廓加工，从样图中可以看出，加工可以沿着零件轮廓完成，但要求入刀时尽量切向切入工件，退到时要做到切向切出。刀具采用立式铣刀，由于刀具本身不能实现轴向进给，加工轨迹要由工件外部向工件内部进刀，因此下刀点选择在工件以外，特别注意下刀点选择要让出刀具直径。抬刀时，要切离工件以后再抬刀，同样要注意，抬刀点选择要让出刀具直径。

- 起刀点：选择在零件编程原点上方 10mm 处。
- 下刀点：选择在 *B* 点，下刀深度为凸台高度 4mm。
- 退刀点（抬刀点）：选择在 *G* 点，抬刀高度为上表面 10mm。

加工轨迹如表 7-4 所示，程序执行之前处于起刀点 *S*，刀具先快移至 *A* 点，快速下刀（至切削深度位置上表面以下 4mm），沿 *A*→*B*→*C*→*D*→*E*→*F*→*G*，完成外轮廓加工，*z* 向快速抬刀至上表面 10mm 处，最后从 *G* 点快移回起刀点 *S*。

表 7-4　数控加工走刀路线图　　编号：07-01

<table>
<tr><td>零件名称</td><td>凸台</td><td>零件图号</td><td>07-01</td><td>工艺卡编号</td><td>07-01</td></tr>
<tr><td>加工内容</td><td colspan="3">凸台轮廓</td><td>程序号</td><td>O 0701</td></tr>
<tr><td colspan="5">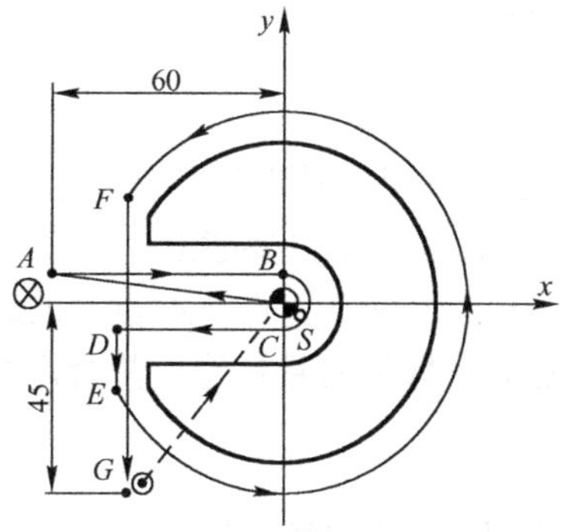
</td><td>起刀点 S：
零件编程原点上方 10mm

下刀点 A：
下降至上表面以下 4mm 处

抬刀点 G：
抬刀高度为上表面 10mm</td></tr>
</table>

符号	⊙	⊗	编程原点符号	o——→	——→	---→	
含义	抬刀	下刀	编程原点	起刀点	走刀方向	快移	

3）数学处理

由于有刀具半径补偿功能，所以刀具所有刀位点都不用考虑刀具半径，如表 7-5 所示。

表 7-5　数学处理尺寸

主要尺寸图	刀位点绝对坐标
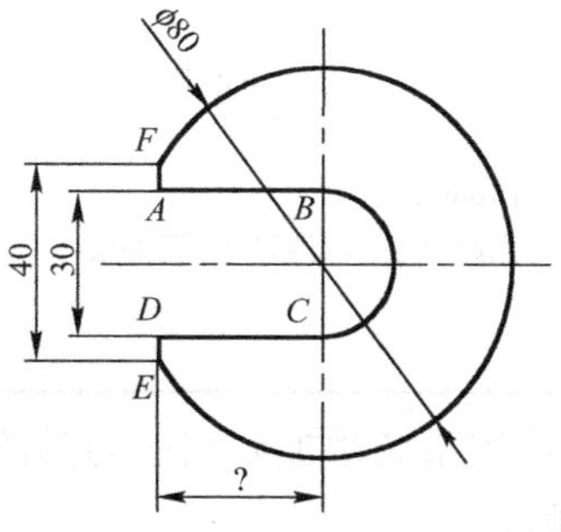	*A* 点：(60，15) *B* 点：(0，15) *C* 点：(0，−15) *D* 点：(?，−15) *E* 点：(?，−20) *F* 点：(?，20) *G* 点：(?，−45)

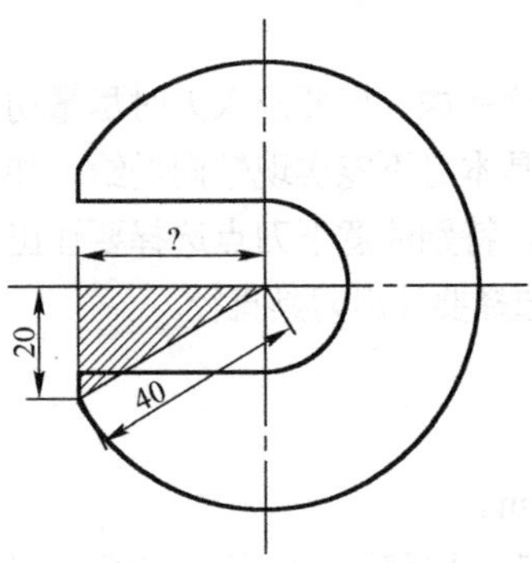

图 7-9 数学处理过程

在进行刀位点计算时，可以看出 *DC* 线段的长度没有给出，是不是图纸漏标呢？当然不是，这个长度值是可以根据其他尺寸进行计算得到的。所有的刀位点数据都可以从样图中直接或进行简单的运算就可获得的，而我们所面对的是工程图纸，上面有些尺寸是相关联的，所以不标注，而在编程时需要这些数据时就要进行数学运算，这就是数学处理的真正意义。

可以看出，本例这个尺寸可以根据勾股定理进行计算，如图 7-9 所示。

解：在图 7-9 中阴影表示的直角三角形中，已知斜边为圆弧半径为 40mm，一条直角边为 20mm。

$$\overline{DC}=\sqrt{40^2-20^2}=34.64\text{mm}$$

注意

计算结果为小数时，保留的位数要根据机床的编程最小单位而定。本题采用机床，编程最小单位为 0.01，则保留小数点后 2 位。

4）编制程序清单

根据加工路线的分析，轮廓加工一定要采用刀具半径补偿功能，由于整个加工过程中只使用一把刀具，刀具半径为 8mm，因此，加工中只要建立一次刀具补偿就可以了，同时为避免前面提到的过切现象，在起刀点（*S* 点）→下刀点（*A* 点）的运动过程中建立刀具补偿，在退到点（*G* 点）返回起刀点（*S* 点）时取消刀具补偿。其余，按轨迹进行编程即可。程序清单如表 7-6 所示。

表 7-6 凸台零件程序清单 编号：07-01

程序名称	O 0701	工艺卡编号	07-01
序号	**指令码**	**注释**	
N10	G54;	建立工件坐标系	
N20	G90 G17 G42 G00 X-60 Y15 D01;	*S* 点→*A* 点，建立刀具右补偿	
N30	Z-4;	下刀，考虑到不会切到工件所以用 G00	
N40	M03 S1500 F200;	主轴正转	
N50	G01 X0;	*A* 点→*B* 点，直线插补	
N60	G02 Y–15 R15;	*B* 点→*C* 点，顺圆切削，采用终点半径方式	
N70	G01 X-34.64 ;	*C* 点→*D* 点，直线插补	
N80	Y-20;	*D* 点→*E* 点	
N90	G03 Y20 R-40;	*E* 点→*F* 点，逆圆切削，大于 180° 圆，注意半径值的符号	
N100	G01 Y-45;	*F* 点→*G* 点	
N110	G00 Z10;	抬刀至上表面 10mm	
N120	G40 X0 Y0;	*G* 点→*S* 点，回起刀点，取消刀具半径补偿	
N130	M05;	主轴停	
N140	M02;	程序结束	

另外，在加工前要注意将刀具半径补偿值通过数控系统添加到相应刀具的刀具补偿寄存器中，本题使用的刀号为 01 号，刀具补偿号为 D01。

7.3　拓展训练

加工凸凹模零件。

1．训练目标

（1）能编制凸凹模加工工艺文件及程序。

（2）能使用刀具半径补偿功能对内、外轮廓进行编程和铣削。

（3）能通过调整刀具半径补偿参数完成凸凹模的粗、精加工。

2．训练内容

铣削凸凹模零件。要求在两块 45mm×40mm×15mm 的精毛坯上分别铣削凸模零件和凹模零件，如图 7-10 和图 7-11 所示。毛坯材料为 45 号钢调制，编制数控加工程序完成零件加工并实现凸凹模配合，要求配合间隙小于等于 0.12mm。

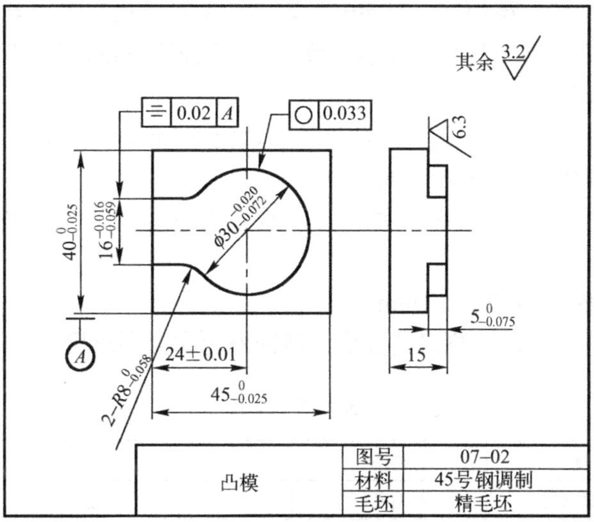

图 7-10　凸模零件样图

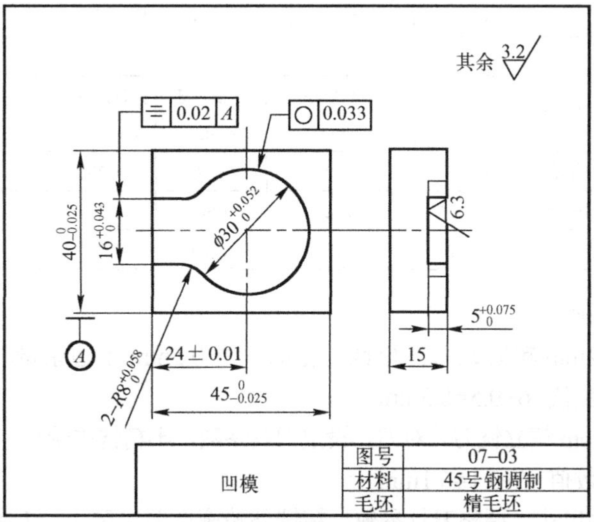

图 7-11　凹模零件样图

3．工艺分析

1）毛坯说明

毛坯尺寸为45mm×40mm×15mm，长度方向侧面对宽度方向侧面和底面的垂直度公差为0.05mm。材料为45号钢调制。

2）刀具选择说明

本工序加工主要进行内、外轮廓铣削，选择高速钢立式铣刀，根据图纸，为了减少走刀次数，考虑到使刀具沿零件轮廓加工一周就可完成加工，选择刀具直径 12～15mm 之间，确定为ϕ12mm 立铣刀，同时为了实现粗、精加工，选择两支ϕ12mm 立铣刀，一支用于粗加工使用，另一支用于半精加工和精加工。

3）工序说明

本加工项目要求凸凹模有一定配合精度，尺寸精度和形状精度都较高，因此，工艺方案采用粗加工、半精加工、精加工，工序卡如表7-7所示。粗加工、半精加工和精加工可以使用同一程序，只需要调整刀具半径补偿参数，分三次调用相同程序即可。

◎ 凸模外轮廓铣削

工步1：使用ϕ12mm 粗立铣刀，粗铣外轮廓，留0.5mm单边余量。

刀具半径补偿参数值=6+0.5=6.5mm

工步 2：安装ϕ12mm 精立铣刀并对刀，设定刀具参数，半精铣外轮廓，留 0.1mm 单边余量。

刀具半径补偿参数值=6+0.1=6.1mm

工步3：实测工件尺寸，调整刀具参数，精铣外轮廓至要求尺寸。

表7-7 数控工序卡片 编号：07-02

零件名称	凸模	零件图号		07-02		加工内容	凸模加工	
零件材料	45号钢调制	材料硬度				使用设备	立式铣床	
使用夹具	平口钳	装夹方法		平口钳装夹，伸出7mm左右，百分表找正				
程序文件		日 期		年 月 日			工艺员	
工 步 描 述								
工步编号	工 步 内 容	刀具编号	刀具规格（mm）	主轴转速（r/min）	进给速度（mm/min）	吃刀量（mm）	备 注	
1	粗铣外轮廓	1	ϕ12	1000	200		留0.5mm余量	
2	半精铣外轮廓	2	ϕ12	1000	200		留0.1mm余量	
3	精铣外轮廓	2	ϕ12	1500	100			

◎ 凹模内轮廓铣削

工步1：使用ϕ12mm 粗立铣刀，粗铣内轮廓，留0.5mm单边余量，设定刀具参数。

刀具半径补偿参数值=6+0.5=6.5mm

工步2：安装ϕ12mm 精立铣刀并对刀，设定刀具参数，半精铣内轮廓，留0.1mm单边余量。

刀具半径补偿参数值=6+0.1=6.1mm

工步3：实测工件尺寸，调整刀具参数，精铣外轮廓至要求尺寸。工序卡如表7-8所示。

表 7-8　数控工序卡片　　编号：07-03

零件名称	凹模	零件图号		07-03	加工内容		凹模加工
零件材料	45 号钢调制	材料硬度			使用设备		立式铣床
使用夹具	平口钳	装夹方法		平口钳装夹，伸出 7mm 左右，百分表找正			
程序文件		日　期		年　月　日		工艺员	
工　步　描　述							
工步编号	工 步 内 容	刀具编号	刀具规格（mm）	主轴转速（r/min）	进给速度（mm/min）	吃刀量（mm）	备　注
1	粗铣内轮廓	1	ϕ12	1000	200		留 0.5mm 余量
2	半精铣内轮廓	2	ϕ12	1000	200		留 0.1mm 余量
3	精铣内轮廓	2	ϕ12	1500	100		

◎ 注意事项

精铣时应采用顺铣法，以提高尺寸精度和表面质量，铣削加工后需用锉刀或油石去除毛刺。

4．参考程序

粗加工、半精加工和精加工可以使用同一程序，加工前调整刀具半径补偿，分三次调用相同程序。精加工时使用进给、主轴倍率调整主轴转速和进给量。

① 铣凸模参考程序，如表 7-9 所示。先铣周边，再铣轮廓。

表 7-9　凸模程序清单　　编号：07-02

程序名称	O 0702	工艺卡编号	07-02
序号	指令码	注释	
N10	G54;	建立工件坐标系	
N20	G90 G17 G21 G40;		
N30	S1000 M03 M08;		
N40	G00 Z30;	铣削周边至 5mm 深处	
N50	X-30 Y19;		
N60	Z1;		
N70	G01 Z-5 F200;		
N80	X19 F60;		
N90	Y19;		
N100	X-30;		
N110	Z1;		
N120	G01 Z-5 F200;	铣削凸模轮廓周边至 5mm 深处	
N130	G41 G01 X-25 Y8 F60;		
N140	X-16.52;		
N150	G03 X-10.78 Y10.43 R8;		
N160	G02 X-10.78 Y-10.43 R-15;		
N170	G03 X-16.52 Y-8 R8;		
N180	G01 X-25;		
N190	G40 G01 X-40;	取消刀具半径补偿	
N200	G00 Z100 M05 M09;	抬刀	
N210	M30;	程序结束	

② 铣凹模参考程序，如表 7-10 所示。

表 7-10 凸模程序清单 编号：07-03

程序名称	O 0703	工艺卡编号	07-03
序号	指令码	注释	
N220	G54；	建立工件坐标系	
N230	G90 G17 G21 G40；		
N240	S1000 M03 M08；		
N250	G00 Z30；	铣削周边至 5mm 深处	
N260	X-32 Y0；		
N270	Z1；		
N280	G01 Z-5 F200；		
N290	X0 F60；		
N300	G00 Z1；		
N310	X-32 Y-1.5；		
N320	G01 Z-5 F200；		
N330	G41 G01 X-25 Y-8 F40；	铣削凹模轮廓周边至 5mm 深处	
N340	X-16.52；		
N350	G02 X-10.78 Y10.43 R8；		
N360	G03 X-10.78 Y-10.43 R-15；		
N370	G02 X-16.52 Y-8 R8；		
N380	G01 X-25；		
N390	G40 G01X-40；	取消刀具半径补偿	
N400	G00 Z100 M05 M09；	抬刀	
N410	M30；	程序结束	

7.4 项目总结

1. 半径补偿时注意事项

① 补偿程序段必须在补偿平面内有一段直线位移，否则不能建立补偿。
② 建立半径补偿的程序段应在刀具开始切入工件之前完成。
③ 撤销补偿的程序段应在刀具切出工件之后完成。

2. 外轮廓加工的路线选择

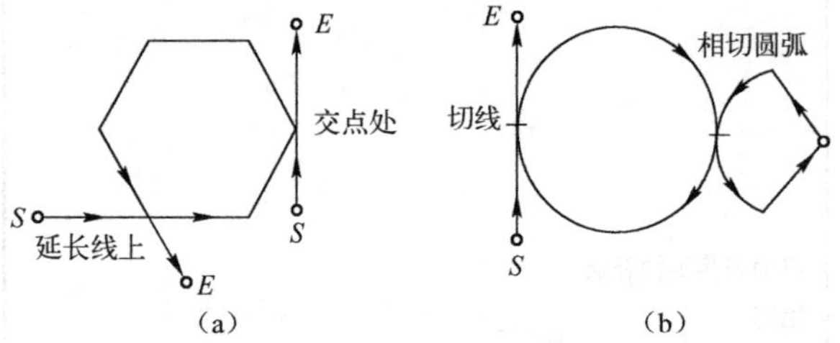

图 7-12 外轮廓加工的路线

轮廓的切入切出，尽量在轮廓的延长线上，或者切向切入切出，要避免法向切入切出。

例如，当切点在直线上时，可在其延长线上或交点处切入切出，如图 7-12（a）所示。当切入点在圆弧上时，可用圆弧切入切出，或从切线切入切出，如图 7-12（b）所示。

思考与练习 7

1．用ϕ10mm 立铣刀精铣如图 7-13 所示凸台侧面（提示：使用刀具半径补偿功能）。

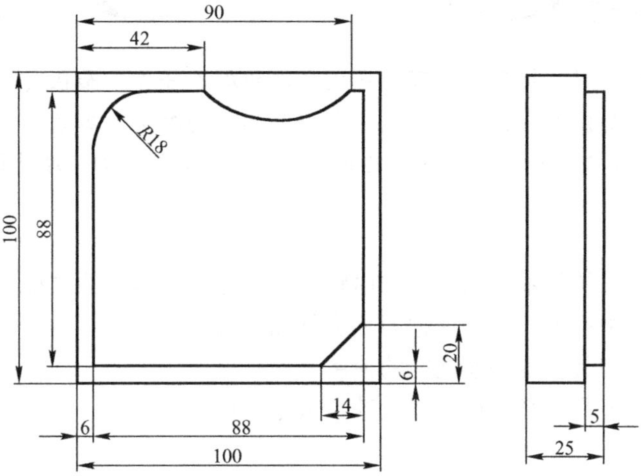

图 7-13

2．用ϕ10mm 立铣刀精铣如图 7-14 所示凸台侧面（提示：使用刀具半径补偿功能）。

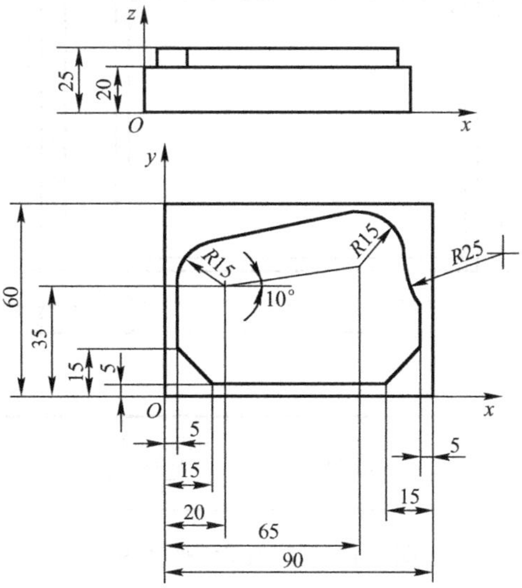

图 7-14

第 8 章　刀具长度补偿指令应用

在前面的项目中使用一把刀具就可以完成全部的加工任务。而在实际生产中，这种情况是很少见的，多数都要使用多把刀具才能完成一个零件的加工。本章以一个型腔内轮廓的加工为例，讲述在加工中心上如何实现多刀具的加工，以及多刀具加工涉及到的编程技术。

【学习目标】

（1）学习型腔加工的基本工艺要求和内轮廓加工时零件编制的过程。
（2）学习在加工中心上，使用多把刀具进行加工的方法。
（3）学习并掌握刀具长度补偿功能的使用。
（4）进一步巩固刀具半径补偿和其他基本指令的使用。

【项目内容】

完成如图 8-1 所示零件的型腔加工，工件材料为硬铝，毛坯外形各基准面已加工完毕。

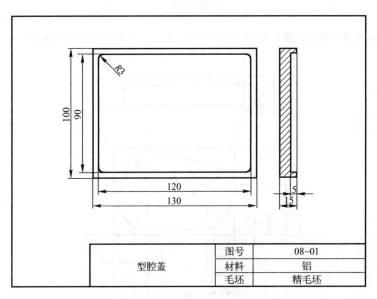

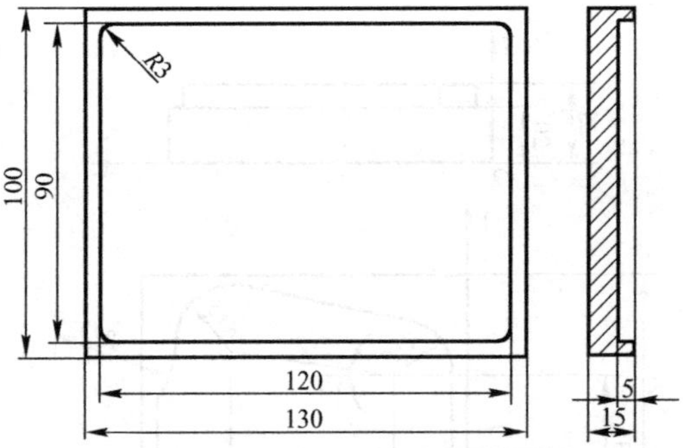

型腔盖	图号	08–01
	材料	铝
	毛坯	精毛坯

图 8-1　型腔加工零件样图

分析零件可以知道，这样一个型腔，加工部位有两个，一个为中心孔，另一个为型腔内壁及底面。要完成这两个加工部位的加工，首要面对的问题就是这两个加工面需要至少两种不同刀具来完成，孔加工使用钻头或镗刀，而内壁及底面加工要使用铣刀加工，这里还没有考虑加工效率和工艺的要求，否则还需要更多的刀具。本项目就帮助大家解决多刀具、多工步加工与编程的问题。

数控铣床与加工中心最大的区别就是刀库与自动换刀装置。如果零件在数控铣床上进行加工必须分为两道甚至更多工序加工，工作过程中要停机完成刀具的更换。若使用加工中心则可以完成自动换刀，不仅提高生产效率，而且减少了人为更换刀具带来的误差。因此，后面的加工都以加工中心作为加工设备，涉及到的换刀问题都是自动换刀问题。

8.1　项目准备知识

8.1.1　刀具功能指令

刀具功能指令 T 指令主要用于加工中心换刀时的刀具选择。格式如下：

格　式	举　例
T □□ 两位数字，表示所换刀具的刀具号或称为刀具地址	T01　　表示预换刀具为 1 号刀

注意

大部分数控系统，T 指令只用于选择刀具而不执行刀具换刀动作，如果要完成换刀动作必须使用 M06 指令。另外，为了加快换刀动作，使选刀时间与加工时间重合，往往先选择刀具，后执行动作。

例如，　T01 ；　　预选择 01 号刀具，此时刀库只做选刀准备，而不执行换刀动作

……

M06 ；　　执行换刀动作

当然，不排除有些系统，T 指令直接完成选刀和换刀的功能，此时不需要使用 M06 启动换刀动作。这与机床的换刀方式和系统设置有关，使用时要参见系统手册。

8.1.2　刀具长度补偿的概念

在加工中心自动换刀过程中，我们还会遇到这样的问题：由于各种刀具的规格不同，装刀时伸出的距离不同，造成刀库中的刀具长度不可能完全相同，而在加工时，如果不考虑刀具长度因素，就会出现不同刀具运动至相同 z 坐标位置时，刀尖点位置不同。如图 8-2 所示，同样运动至 Z50 位置，T1 刀尖与 T2 刀尖相差一个位置偏差。这样 z 方向就失去了统一的加工基准。不过我们可以通过刀具 z 向偏移的手段解决这个问题，即刀具长度补偿功能。

刀具长度补偿的实质：就是将 z 轴运动的终点向正或负向偏移一段距离。这段距离等于 H 指令的补偿号中存储的补偿值，可以用下面的公式表示：

$$z\text{ 向实际位置} = \text{程序给定值} \pm \text{补偿值}$$

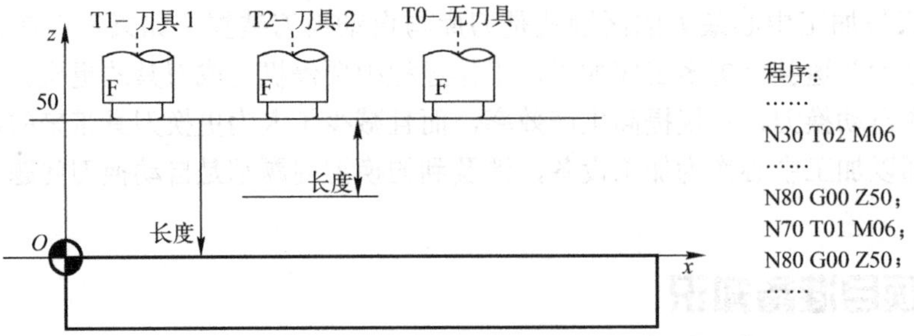

图 8-2 刀具长度补偿用途

具体建立补偿的过程如下：当机床操作者在完成零件装夹、程序原点设置之后，根据刀具长度测量基准采用对刀手段测量出刀具偏移量，然后在相应的刀具长度偏置寄存器中，写入相应的刀具偏移量。当程序运行时，数控系统根据刀具长度补偿指令在程序给定值上偏移一个距离，从而完成刀具长度补偿。

类似刀具半径补偿，刀具长度补偿也要经历以下三个阶段。

第一阶段：建立补偿——使用建立长度补偿指令（G43/G44）。

第二阶段：刀具补偿进行——建立长度补偿指令一经执行一直有效。

第三阶段：刀具补偿取消——使用取消刀具长度命令（G49）或由后建立的长度补偿代替之前已建立的补偿。

刀具长度补偿的作用：

- 使编程人员在编写加工程序时就可以不必考虑刀具的长度而只需考虑刀尖的位置即可。
- 刀具磨损或损坏后更换新的刀具时也不需要更改加工程序，可以直接修改刀具补偿值。

1. 建立刀具长度补偿指令

根据补偿方向不同，刀具长度补偿可以分为刀具长度正补偿和刀具长度负补偿。

【指令格式】

$$\begin{bmatrix} G43 \\ G44 \end{bmatrix} \begin{bmatrix} G00 \\ G01 \end{bmatrix} [Z\_\_\_] [H\square\square]$$

【说明】

- G43 指令实现刀具长度的正补偿；G44 指令实现刀具长度的负补偿
- 在 z 向运动中建立刀具长度补偿。即必须使用一条 z 向移动类指令引导。
- 刀具长度补偿号：

由“H”后加两位数字表示。用于指明刀具长度偏置寄存器地址。寄存器中的内容为刀具 z 向偏移量（即补偿量），而该补偿量是预先测量好后，在数控系统参数中人工设定的。

特别注意：H 后面的数字不是补偿值，只是调用的补偿号，真正的补偿值是该补偿号所对应的参数中的数值。

在程序调用补偿时，一般一把刀具匹配一个与其刀具号对应的刀具长度补偿号。例如，H01，表示调用 01 号刀具长度偏置寄存器中的偏移量。

注意

由于建立刀具长度补偿的过程刀具会自动沿 z 向偏移，为避免刀具在进行自动补偿过程中与工件或夹具干涉，必须保证在安全高度上建立刀具补偿。

1）正补偿 G43

就是刀具沿 z 轴正方向进行偏置的过程。即将 z 坐标尺寸字与 H 代码中存储的长度补偿的量相加，按其结果进行 z 轴运动，如图 8-3 所示。

z 向实际位置=程序给定值+补偿值

例如：G90 G43　G00 Z12 H01；

其中 H01=10，则 z 轴实际到达点=12+10=22（mm）。

2）负补偿 G44

就是刀具沿 z 轴负方向进行偏置的过程。即将 z 坐标尺寸字与 H 中长度补偿的量相减，按其结果进行 z 轴运动如图 8-3 所示。

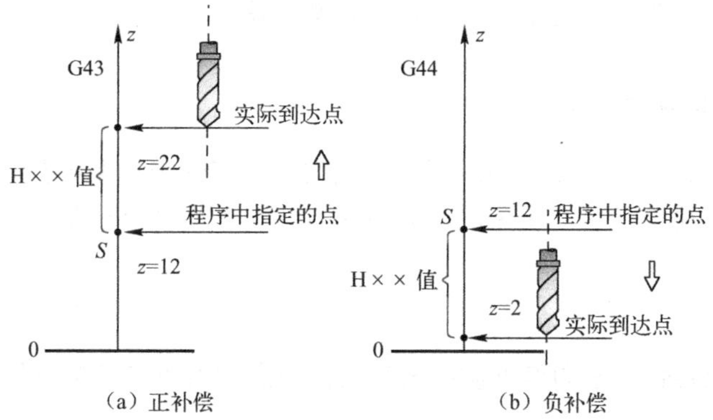

图 8-3　刀具长度补偿过程

z 向实际位置=程序给定值-补偿值

例如：G90 G44 G00 Z12 H01；

其中 H01=10，则 z 轴实际到达点=12-10=2（mm）。

当我们建立刀具长度补偿时，如果移动指令 z 向终点坐标设定不合适，在建立长度补偿的过程中将出现严重的后果。

例如：

执行指令 G90 G44 G00 Z2 H01 ；

若 H01 = 10，则 z 轴实际到达点=2-10=-8（mm）。

如果，工件坐标系零点建立在零件上表面，则建立补偿后刀具将切入至零件内部，如图 8-4 所示。

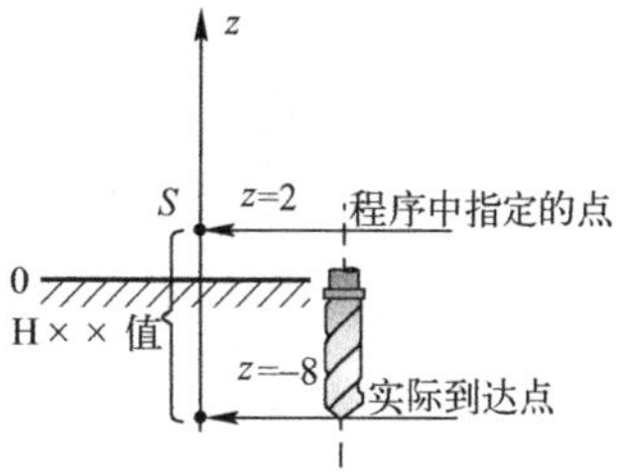

图 8-4　长度补偿中的过切现象

要避免这样的现象出现，就必须保证建立刀具长度补偿时的执行点位置处在安全高度之上，即至少高于零件或夹具一个刀具长度。

2．取消刀具长度补偿指令

类似刀具半径补偿功能，不需要长度补偿时可以使用取消长度补偿命令(G49)撤除已建立的补偿。另外，后建立的补偿也可以取消之前建立的补偿，而用新补偿值代替，并不会造成补偿值的叠加。

【指令格式】

$$[G49]\begin{bmatrix}G00\\G01\end{bmatrix}[Z\_\_\_]$$

【说明】

- 在 z 向运动中取消刀具长度补偿。即必须使用一条 z 向移动类指令引导取消过程。
- 取消长度补偿时，不用添加长度补偿号
- 若建立刀具补偿时，补偿号为 H00 也意味着取消刀具长度补偿值。

例如：G44 G01 Z10 H00；

注意

由于取消刀具长度补偿的过程刀具也会自动沿 z 向偏移，也有可能出现上面建立补偿时干涉问题，所以也必须保证在安全高度上取消刀具补偿。

3. 刀具长度补偿量的确定

由于刀具长度补偿往往用于换刀时保证不同刀具在工件坐标系中具有相同的 z 向基准。因此，刀具补偿量的确定往往与机床的对刀方法有关。下面就分析常用的三种设定方法。

1）方法一

如图 8-5 所示。

- 工件坐标系 G54 中 z 向偏置值：设为工件原点相对机床参考点的 z 向坐标值（该值为负）。
- 刀具长度补偿值：设为事先由机外对刀仪测量出的每把刀具实际长度（如图 8-5 中的 H01 和 H02）。

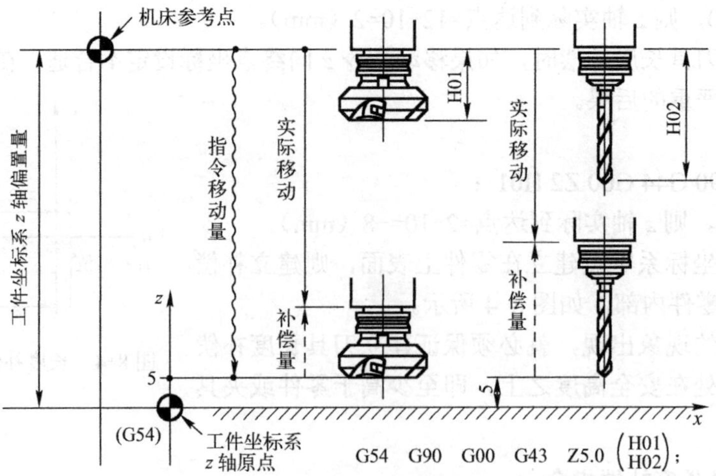

图 8-5 刀具长度补偿量测量方法一

如图 8-6 所示为机外对刀仪，图（a）为接触式对刀仪，图（b）为光学对刀仪；使用时将刀具安装在刀柄上后，放置于对刀仪刀座上，由测头接触刀具，数字显示屏上就显示刀具刀头部分的长度 L，如图 8-6（c）所示。

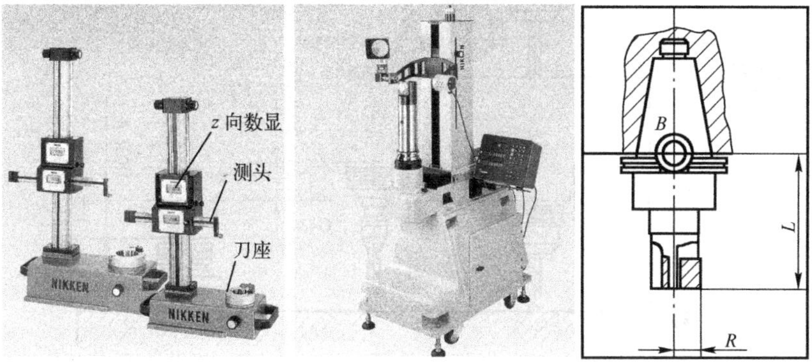

（a）接触式对刀仪　（b）光学对刀仪　（c）刀具长度 L

图 8-6　机外对刀仪

2）方法二

- 如图 8-7 所示，工件坐标系 G54 中 z 向偏置值：设定为零，即 z 向的工件原点与机床原点重合。
- 刀具长度补偿值：设定为通过机内对刀测量出每把刀具 z 轴返回机床参考点时刀位点相对工件基准面的距离（如图 8-7 中的 H01、H02，均为负值）。

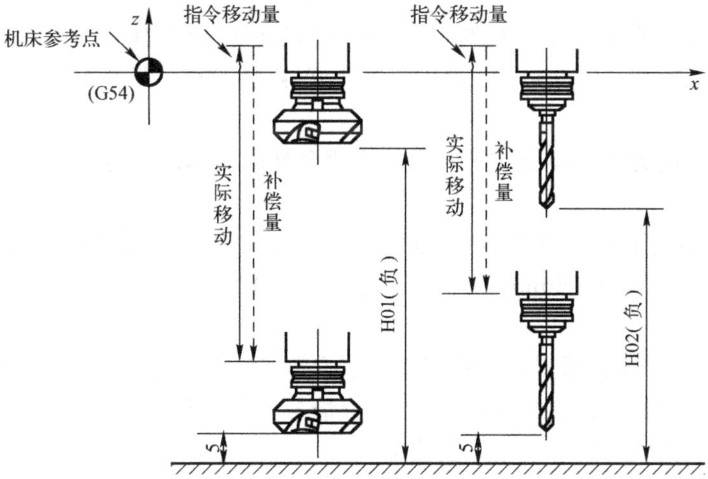

图 8-7　刀具长度补偿量测量方法二

- 由于 H01/H02 为负值，若使刀具向负方向补偿，必须使用长度正补偿指令。如图 8-7 所示，若要两把刀都运动至零件上表面 5mm 位置，使用

G54 G43 G00 Z5 H01;

和　G54 G43 G00 Z5 H02;

机内对刀：首先使刀具 z 向回参考点，然后手动方式下将刀具移动至工件基准面，利用数控系统的位置反馈，可以获得刀具刀位点从机床参考点至工件基准面的距离。

3）方法三采用基准刀法，如图 8-8 所示。

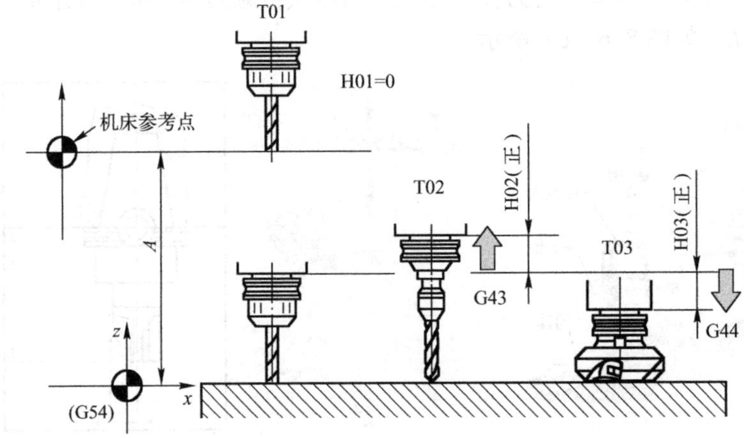

图 8-8　刀具长度补偿量测量方法三

- 选择一把刀作为基准刀，其长度补偿值设置为“0”。
- 工件坐标系 G54 中 z 向偏置值：设定为基准刀刀位点从参考点至工件原点之间的距离。（如图 8-8 中的 A 值），即以基准刀刀尖中心与工件上表面重合作为依据建立工件坐标系 z 基准。
- 其他刀具的长度补偿值：设为与基准刀的长度差值（可通过机内或机外两种方式获得，为正值）。

$$\Delta_i = |L_i - L_0|$$

其中，L_i 为 T_i 的长度，L_0 为 T_0 的长度。将长度补偿值存入 H××。

- 比基准刀长的刀具，向+z 方向补偿，采用正补偿 G43，即当 $L_i > L_0$ 时，使用 G43 正补偿。
- 比基准刀短的刀具，向−z 方向补偿，采用负补偿 G44，即当 $L_i < L_0$ 时，使用 G44 负补偿。

例如，加工中需要使用 3 把刀，刀号为 T1、T2、T3，由机外对刀仪获得刀具长度分别为 H_1=100mm、H_2=115mm、H_3=90mm，并将 T1 刀尖称作刀尖参考点，如图 8-8 所示。

第一步：设定 G54 偏置量。若将工件原点设定在工件上表面，则要使用基准刀 T1 对刀，在建立 G54 工件坐标系时，以刀尖参考点恰与工件上表面接触时作为编程原点，并将对刀后获得的 A 值输入 G54 中 z 向偏置值中。

第二步：设定长度补偿值。通过机外对刀仪或采用机内对刀方法获得三把刀具长度值，算的与基准刀的差值，作为刀具的长度补偿值，分别通过 CRT/MDI 操作面板输入至三把刀所对应的长度补偿表中。

H01 = 0

H02 = 115−100 = 15mm

H03 = 100−90 = 10mm

第三步：在程序中编制建立刀补的指令，如表 8-1 所示。

表 8-1　程序清单

程　序	解　释
N10 G54;	使用基准刀对刀，并建立工件坐标系
……	
N100 G90 G00 Z100 M09;	退至换刀点（安全高度），关闭冷却液
N110 T02 M06;	换 2 号刀
N120 G43 G00 Z10 H02 M07;	快速接近工件的过程中，建立正刀补，开冷却液
……	
N200 G90 G00 Z100 M09;	退至换刀点（安全高度），关闭冷却液
N210 T03 M06;	换 3 号刀
N220 G43 G00 Z10 H03 M07;	快速接近工件的过程中，建立正刀补，开冷却液
……	
N300 G49 G00 Z100;	从当前位置快移至安全高度，取消长度补偿
……	

4. SIEMENS 数控系统的刀具补偿功能

上面介绍的都是以 FANUC 0i 系列的刀具补偿功能，而在 SIEMENS 系统中，虽然刀具补偿功能都一样，但实现的方法有很大差别，下面以 SINUMERIK 802D/802S/c 系统为例简单介绍 SIEMENS 系统中刀具长度补偿功能的实现。

1）刀具功能（T 指令）

在 SINUMERIK 802D 系统中 T 指令有两种用法：

- 用 T 指令直接更换刀具（刀具调用）。
- 仅用 T 指令预选刀具，另外还要用 M6 指令才可进行刀具的更换。

具体使用哪种必须要在机床数据中确定，而一般默认的设置为 T 指令直接换刀。

此外，刀具号的范围为 1～32000，T0 没有刀具。注意，刀具号从 T1 开始，而不是 T01。

例如，更换刀具有下面两种方法。

- 不用 M6 更换刀具：

```
N10 T1        ; 换刀具 1
...
N70 T588      ; 换刀具 588
```

- 用 M6 更换刀具：

```
N10 T14…              ; 预选刀具 14
...
N15 M6                ; 执行刀具更换，刀具 T14 有效
```

2）刀具补偿号（D 功能）

SIEMENS 系统中，一把刀具可以使用 D1～D9 组刀补数据。如果程序中没有编写 D 指令，则 D1 自动生效。如果编程 D0，则刀具补偿值无效。

注意

每一组刀补数据不仅包括刀具半径补偿值，还包括刀具长度补偿值，调用时则同时调

用，不可分开。

3）刀具长度偿功能的实现

① 刀具调用后，刀具长度补偿立即生效。

② 如果执行 T 指令时，没有设置 D 号，则 D1 值中的长度补偿值自动生效。

③ 同样需要 *z* 向移动指令实现长度补偿功能。

例如，刀具长度补偿指令有下面两种方法。

- 不用 M6 指令更换刀具（仅用 T 指令）。

```
N5 G17            ；确定用于补偿的坐标轴平面
N10 T1            ；刀具 T1 D1 值生效
N11 G0 Z50        ；在此按 D1 中设定的长度补偿值进行补偿
N50 T4 D2         ；更换成刀具 4，对应于 T4 中 D2 值生效
…
N70 G0 Z50 D1     ；刀具 T4 D1 值生效，在此不换刀，仅改变长度补偿值
```

- 用 M6 指令更换刀具。

```
N5 G17            ；确定用于补偿的坐标轴平面
N10 T1            ；刀具预选
…
N15 M6            ；刀具更换,刀具 T1 D1 值生效
N16 G0 Z50        ；在此按 D1 中设定的长度补偿值进行补偿。
…
N20 G0 Z50 D2     ；刀具 T1 D2 值生效，长度补偿 D1 被 D2 覆盖
N50 T4            ；刀具预选 T4, 注意：此时刀具 T1 D2 值仍然有效
…
N55 D3 M6         ；刀具更换，刀具 T4 D3 值有效
```

4）刀具半径偿功能的实现

刀具半径补偿必须与 G41/G42 一起执行才生效。这与 FANUC 0i 系统一致，在此不再赘述。

8.1.3 型腔加工的工艺分析

本项目为一个典型的型腔加工，型腔是由具有一定深度的封闭轮廓与底面共同构成的。由于轮廓的封闭性，使得在加工方法选择和铣刀直径选择、确定加工轨迹方面都要符合一定的要求，同时遵循一定的规律。下面我们先总结一下型腔加工的注意事项。

1．加工方法

型腔加工通常是在实体上，挖出指定形状的内腔。由于内腔具有一定深度，所以不可能一次加工完成，往往采用“分层加工”的方法，根据刀具和切削情况，决定加工层数和每层下降深度。

同时，内轮廓加工一般选择的刀具都为立式铣刀，所以为了便于进刀，需要钻预钻

孔，该孔为工艺孔，只是加工时使用，一般孔位要位于需切削部分，孔深至腔底。

2. 型腔底面加工走刀路线的选择

型腔底面加工时走刀路线有如下几种选择方式如图 8-9 所示

1）行切法

行切法在走刀时，刀具在型腔中往复切削，走刀路径如图 8-9（a）所示。行切法的特点是走刀路径较短，刀位点计算简单。缺点是两次折返之间会在内轮廓表面会有残留，增加了表面的粗糙度。

2）环切法

环切法在走刀时，刀具在型腔中环绕切削，走刀路径如图 8-9（b）所示。环切法的特点是轮廓无残留，表面粗糙度低。缺点是走刀路径较长，刀位点计算相对复杂。

3）综合法

综合法综合了行切法与环切法的优点的切削方法，走刀路径如图 8-9（c）所示。先使用行切法切除型腔内大部分材料，最后留下精加工余量，用环切法沿内轮廓走一周。综合法可使总的走刀路径较短，同时又获得了好的轮廓表面粗糙度，缺点是刀位点计算与编程相对复杂。

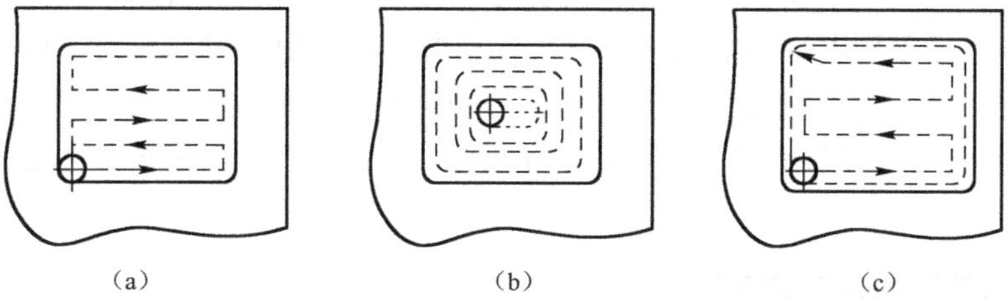

图 8-9　型腔加工轨迹

3. 刀具切入与切出方式的选择

在加工内轮廓时，如果刀具的切入与切出方向与被切削轮廓垂直时，很容易留下加工痕迹。为解决这一问题，通常采用沿圆弧切线方向切入或切出的走刀方式。如图 8-10 所示，切入时，刀具沿着圆弧从起刀点 A 切入到 P 点，然后再沿着直线轮廓开始切削。切出时，刀具切削一周到达 P 点时，再沿着圆弧切削到 B 点后再停止切削。刀具沿圆弧切削需要使用后面将介绍的圆弧插补指令。

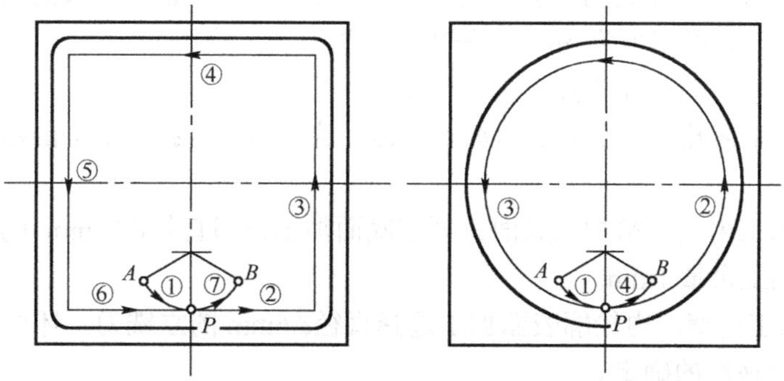

图 8-10　刀具切入与切出方式

4．铣刀直径选择

第一，型腔加工时，铣削拐角的铣刀半径必须小于等于拐角处的圆角半径，否则将出现如图 8-11 所示的过切或切削不足现象。

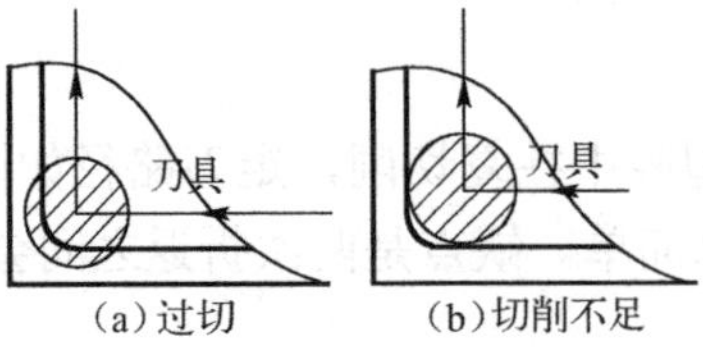

图 8-11　型腔的过切或切削不足现象

通常加工时选用铣刀半径 R 等于 圆角半径 r，按尖角尺寸以直线插补方式加工，通过刀具半径补偿实现圆角尺寸。

第二，在型腔加工时，当型腔底面面积较大时，为提高加工效率，保证型腔底面的加工质量，应选取直径较大的铣刀进行加工。

因此，在选择铣刀直径时，应权衡利弊做出取舍，通常有如下措施：

① 采用尽可能大的圆角结构。在可能情况下，应与零件设计人员沟通，从加工工艺角度提出修改建议。建议在满足工作要求的前提下，尽量采用较大的圆角半径。

② 当圆角半径受到限制不能太大时，可以考虑选择两把铣刀，先用大直径的铣刀铣削型腔底面，只在内轮廓面留有精加工余量。然后使用小直径铣刀精加工内轮廓面切出圆角。使用这种方法要求两把刀在 z 方向对刀要非常准确、一致，否则型腔底面将出现接刀痕迹。

8.2　项目分析与实施

1．工艺说明

1）毛坯说明

本工序前，毛坯外形各基准面已加工完毕，已经形成精毛坯。

工件材料为硬铝。

2）工序说明

本工序加工内容为型腔底面和型腔内壁。型腔深度为 5mm，考虑到铝合金切削性能良好，一层切削到位，切削深度为 5mm。采用综合型腔加工法加工。

◎ 确定工步：可以将整个工序分为三个工步。

工步 1：预钻工艺孔。为了便于粗加工下刀，选择刀具为ϕ8.5mm 的钻头，钻孔深度为 5mm。

工步 2：粗加工内壁，精加工底面。型腔底面加工选用直径ϕ12mm 的立铣刀，行切法切削；内壁留精加工余量 1mm。

工步 3：精加工内壁。内轮廓表面加工选择直径ϕ6mm 的立铣刀，环切法切削。

◎ 转速与切削速度的确定。

切削速度的确定：根据工具手册，高速钢铣刀，铝合金材料，加工切削速度

v=30～60m/min，取 30m/min。

主轴转速的确定如下。

工步 1：　$n_1=\dfrac{1000v}{\pi d}=\dfrac{1000\times30}{3.14\times8.5}=1124\text{r/min}$，取为 1200 r/min。

工步 2：　$n_2=\dfrac{1000v}{\pi d}=\dfrac{1000\times30}{3.14\times12}=796\text{r/min}$，取为 800 r/min。

工步 3：　$n_3=\dfrac{1000v}{\pi d}=\dfrac{1000\times30}{3.14\times6}=1592\text{r/min}$ 取为 1600 r/min。

工序卡如表 8-2 所示。

表 8-2　工序卡片　　　　编号：08-01

零件名称	型腔	零件图号		08-01		工序名称	加工内腔
零件材料	铝合金	材料硬度				使用设备	加工中心
使用夹具	平口钳	装夹方法		侧面夹紧，垫铁定位			
程序文件		日　期		年　月　日		工艺员	
工　步　描　述							
工步编号	工 步 内 容	刀具编号	刀具规格(mm)	主轴转速(r/min)	进给速度(m/min)	吃刀量(mm)	备　注
1	预钻工艺孔	1	ϕ8.5	1200	30		钻头
2	粗加工内壁，精加工底面	2	ϕ12	800	30		四刃铣刀
3	精加工内壁	3	ϕ6	1600	30		四刃铣刀

3）刀具选择说明

- 工步 1：此工步内容是为下一工步做准备，因此，钻头直径的选择是根据下一工步的铣刀直径选择的；选择刀具为ϕ8.5mm 的钻头，刀具号为 T01，长度补偿号 H01。
- 工步 2：考虑到本工序要对底面进行精加工，因此尽量选择直径较大的刀具以减少走刀次数。选用直径ϕ12mm 的四刃立铣刀，刀具号为 T02，长度补偿号 H02，刀具半径补偿号为 D02。将该刀设置成基准刀。
- 工步 3：由于要进行内壁精加工，选择刀具半径≤内腔过渡圆角半径。为减少插补带来的误差，选择刀具为ϕ6mm 的四刃立铣刀。刀具号为 T03，长度补偿号 H03，刀具半径补偿号为 D03

4）装夹、定位说明

本工序采用平口钳装夹，由于加工内腔，所以不存在刀具干涉问题，只要保证对刀面高于钳口即可。

2. 编程说明

1）编程原点的选择

本次选择毛坯右上角点作为编程原点。

2）加工轨迹

换刀平面位于工件上表面 100mm。

工步 1：z 向下刀起点，位于工件上表面 1mm。

工步2：采用行切法加工，下刀点位于 Q 点，路径为 $Q\to Z$ 字型轨迹 $\to M$ 点抬刀。走刀路线如表8-3所示。

表8-3　数控加工走刀路线图　　编号：08-01

零件名称	型腔盖	零件图号	08-01	工艺卡编号	08-01
加工内容	型腔内壁和底面			程序号	O 0001

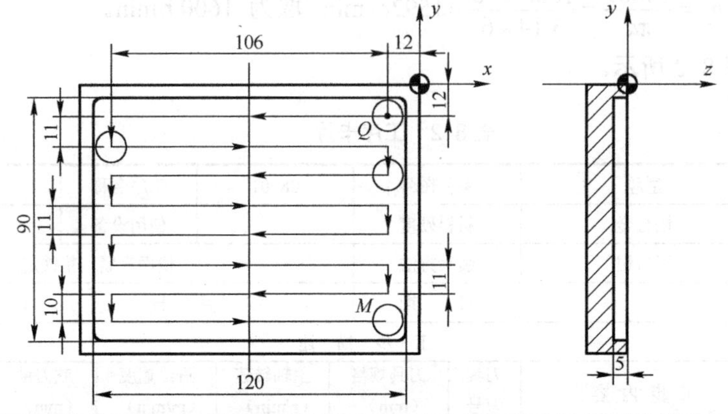

符号	⊙	⊗	⊕	o→	→	- - -→	
含义	抬刀	下刀	编程原点	起刀点	走刀方向	快移	

工步3：采用环切法加工，下刀点位于 P_1，路径为 $P_1\to P\to B\to C\to D\to A\to P\to P_2$，刀具轨迹如图8-12所示。

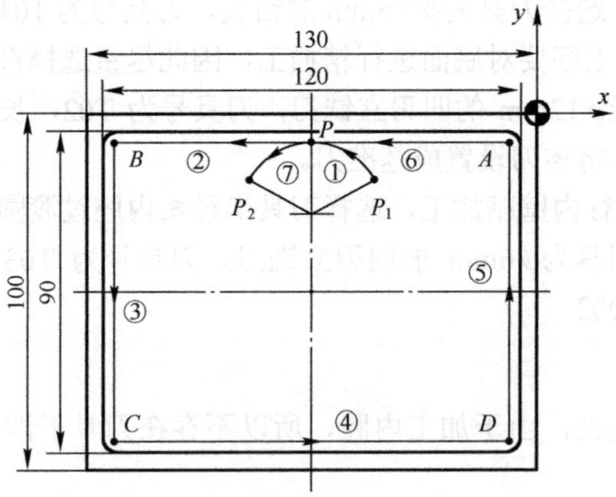

图8-12　精加工内壁时的刀具轨迹

3）数学处理

各刀位点坐标确定如下。

- 工步1：工艺孔位置为 Q（−12，−12）。
- 工步2：行切法加工起刀点 Q（−12，−12），此点为工艺底孔钻孔位置。

行切法往复加工，适合采用相对编程，不需要半径补偿。

$$x\text{ 方向刀具位移} = 120 - 14 = 106\text{mm}$$
$$y\text{ 方向刀具位移} = 11\text{mm}$$

◎ 工步 3：环切法采用绝对编程，四个角交叉点的位置如下（使用刀具半径补偿）。

A（-5，-5）*B*（-125，-5）*C*（-125，-95）*D*（-5，-95）

环切法起刀点 *P* 选择在 *AB* 边的中点，切入圆弧起点 P_1，切出圆弧终点 P_2，计算如下。

如图 8-13 所示，切入圆弧半径 *R*=20mm，圆心坐标为（-65，-25），切入圆弧 $\widehat{P_1P}$ 圆心角与切出圆弧 $\widehat{PP_1}$ 圆心角为 60°。P_1、P_2 坐标计算如下。

P_1:　$x = -65 + 20 \times \sin 60° = -47.68$　$y = -25 + 20 \times \cos 60° = -15$

P_2:　$x = -65 - 20 \times \sin 60° = -82.32$　$y = -25 + 20 \times \cos 60° = -15$

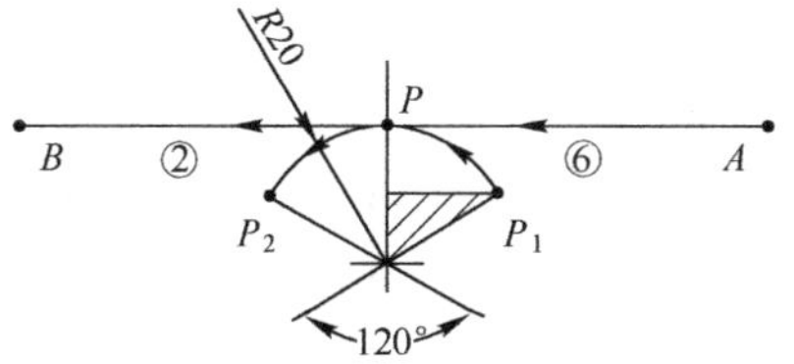

图 8-13　切入切出点的计算

3. 加工程序的编制

编制出的零件加工程序清单如表 8-4 所示。

表 8-4　车间加工程序卡片　　编号：08-01

零件名称		工艺卡编号	
加工程序指令与注释			
序号	指令码	注释	
O 0001			
N10	G54 ;	建立工件坐标系	
N20	G17　G21　G90;	程序初始化	
N30	G00 Z100;	至换刀高度	
N40	T01 M06;	换 1 号刀（钻头），执行工步 1	
N50	G00 X-12 Y-12	对准工艺孔位置	
N60	G43 Z1 H01 S1200 M03;	至 *z* 向切削起点，加刀具长度补偿 H01	
N70	G01 Z-5 F300;	钻工艺底孔	
N80	G00 Z10 ;	钻头退刀	
N90	G00 Z100 ;	至换刀高度	
N100	X-50 Y-50 ;		
N110	T02 M06 ;	换 2 号刀，ϕ12mm 铣刀，执行工步 2	
N120	G00　X-12 Y-12		
N130	G43　Z1 H02 S800;	至工步 2 起刀点，加刀具长度补偿 H02	
N140	G01　Z-5;	由于 2 号刀为基准刀可以不加刀补。	
N150	G91　X-106;	行切法加工底面	

续表

零件名称		工艺卡编号	
加工程序指令与注释			
序号	指令码	注释	
N160	Y-11;		
N170	X106;		
N180	Y-11;		
N190	X-106;		
N200	Y-11;		
N210	X106;		
N220	Y-11;		
N230	X-106;		
N240	Y-11;		
N250	X106;		
N260	Y-11;		
N270	X-106;		
N280	Y-10;		
N290	X106;		
N300	G90 G00 Z100 ;	至换刀高度	
N310	X-50 Y-50;	换 3 号刀，ϕ6mm 铣刀，执行工步 3	
N320	T03 M06;	对准起到位置，建立刀具半径补偿 D03	
N330	G00 G41 X-47.68 Y-15 D03 S1600;	至 P1 点，建立刀具长度补偿 H03	
N340	G44 Z1 H03;	下刀至腔底	
N350	G01 Z-5 F300;	切向切入	
N360	G03 X-65 Y-5 R20;	加工内壁	
N370	G01 X-125;		
N380	Y-95;		
N390	X-5;		
N400	Y-5;		
N410	X-65;	切向切出	
N420	G03 X-82.32 Y-15 R20	抬刀取消长度补偿	
N430	G49 G00 Z100;	取消半径补偿，回起刀点	
N440	G40 X0 Y0 Z100	主轴停，程序结束	
N450	M05 M02		
N460			

8.3 拓展训练

铣削六角形板零件。

1．训练目标

（1）能编制零件加工工艺文件及程序。

（2）会根据零件特点合理选择刀具。

（3）能使用刀具半径补偿功能对内、外轮廓进行编程和铣削。

（4）能使用刀具长度补偿功能实现加工过程中的自动换刀

（5）能通过调整刀具半径补偿参数完成零件的粗、精加工。

2．训练内容

铣削六角形板零件，要求在一块 100mm×70mm×20mm 的精毛坯上铣削六角形凸台零件，零件样图如图 8-14 所示，毛坯材料为 45 号钢调制，编制数控加工程序完成零件加工。

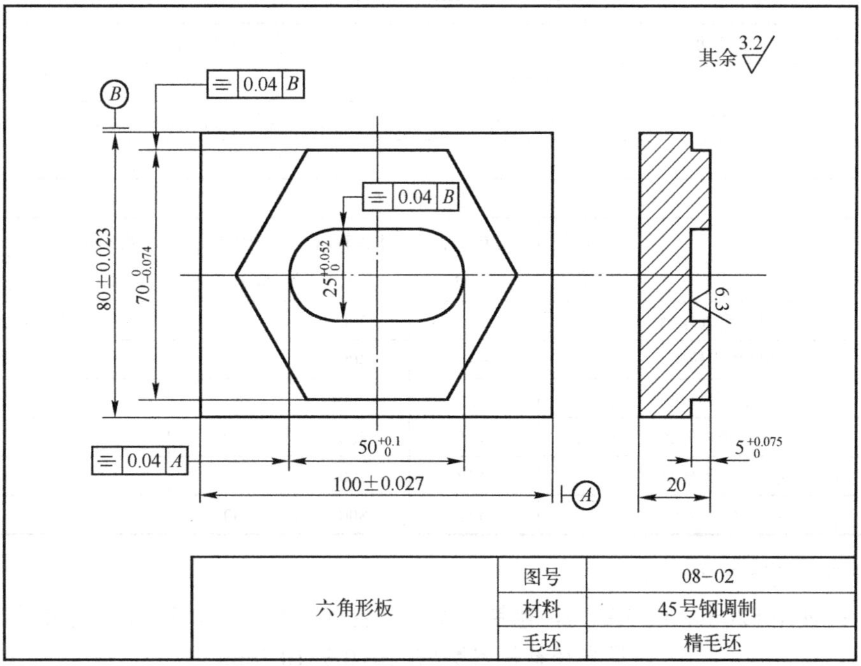

图 8-14　六角形板样图

3．工艺分析

1）毛坯说明

毛坯尺寸为 100mm×70mm×20mm，长度方向侧面对宽度方向侧面和底面的垂直度公差为 0.05mm。材料为 45 号钢调制。

2）刀具选择说明

本零件加工主要进行六角形凸台和凸台上的长圆槽两部分的轮廓铣削，选择高速钢立式铣刀，根据图纸，为了减少走刀次数，考虑到六角形凸台加工面积较大，应选择直径较大的立铣刀，而长圆槽加工面积较小，则刀具直径应略大于槽宽的一半，同时长圆槽是封闭区域，在没有预钻孔前提下需要采用键槽铣刀。

六角形凸台：选择两把ϕ20mm 立铣刀作为粗、精加工刀具。

长圆槽：粗加工选择ϕ16mm 键槽铣刀，精加工选择ϕ16mm 立铣刀。

本次使用加工中心完成零件加工，因此，可以利用加工中心自动换刀功能完成四把刀具的自动更换，注意长度补偿的使用。

3）工序说明

本加工内容都要有一定的尺寸精度和形状精度，因此，工艺方案采用粗加工、半精加工、精加工，由于凸台和槽都都较浅（*z* 向高度只有 5mm），则采用一层直接加工到位，工序卡如表8-5所示。粗加工、半精加工和精加工可以使用同一程序，只需要调整刀具半径补偿参数分三次调用相同程序即可。

表8-5 数控工序卡片 编号：08-02

零件名称	六角形板	零件图号		08-02		加工内容	凸台、槽	
零件材料	45号钢调制	材料硬度				使用设备	立式铣床	
使用夹具	平口钳	装夹方法		平口钳装夹，伸出8mm左右，百分表找正				
程序文件		日 期		年 月 日			工艺员	
工 步 描 述								
工步编号	工 步 内 容	刀具编号	刀具规格（mm）	主轴转速（r/min）	进给速度（mm/min）	*z*吃刀量（mm）	备 注	
1	粗铣凸台外轮廓	1	$\phi 20$	300	100	5	留0.5mm余量	
2	粗铣槽内轮廓	2	$\phi 16$	400	100	5	键槽铣刀	
3	半精铣凸台外轮廓	1	$\phi 20$	700	60		留0.1mm余量	
4	半精铣槽内轮廓	2	$\phi 16$	800	60		立铣刀	
5	精铣凸台外轮廓	1	$\phi 20$	700	60			
6	精铣槽内轮廓	2	$\phi 16$	800	60			

零件铣削工艺分析如下。

工步1：使用ϕ20mm粗立铣刀，粗铣六角形凸台外轮廓，留0.5mm单边余量。

刀具半径补偿参数值=10+0.5=10.5mm

工步2：自动更换ϕ16mm键槽铣刀，粗铣长圆槽，留0.5mm单边余量。

刀具半径补偿参数值=8+0.5=8.5mm

工步3：自动更换ϕ20mm精立铣刀，半精铣六角形凸台外轮廓，留0.1mm单边余量。

刀具半径补偿参数值=10+0.1=6.1mm

工步4：自动更换ϕ16mm精立铣刀，半精铣长圆槽，留0.1mm单边余量。

刀具半径补偿参数值=8+0.1=8.1mm

工步5：实测工件尺寸，调整刀具参数，换ϕ20mm精立铣刀，精铣六角形凸台外轮廓至要求尺寸。

工步6：实测工件尺寸，调整刀具参数，换ϕ16mm精立铣刀，精铣长圆槽至要求尺寸。

4. 参考程序

该项目加工在加工中心上完成，粗加工、半精加工和精加工可以使用同一程序，加工前调整刀具半径补偿，分三次调用相同程序。所使用四把刀具均可实现自动换刀，注意长度补偿功能的使用。凸模程序清单如表8-6所示。

表 8-6　凸模程序清单　　编号：08-02

程序名称	O 0702	工艺卡编号	08-02
序号	指令码	注释	
N10	G54 G90 G17 G21 G94 G49 G40	建立工件坐标系；	
N20	T01 M06	换 1 号刀，粗铣凸台外轮廓	
N30	G00 Z50 S300 M03 M08		
N40	G43 G00 X60 H01		
N50	Z1		
N60	G41 G00 X60 Y-35 D1		
N70	G01 Z-2.5 F30		
N80	X-41 F100		
N90	Y35		
N100	X4l		
N110	Y-35		
N120	Z1		
N130	G40 G00 X60		
N140	G4l GOO X60 Y-35 Dl		
N150	G0l Z-5 F30		
N160	X-41 F100		
N170	Y35		
N180	X41		
N190	Y-35		
N200	Z1		
N210	G40 G00 X60		
N220	G41 G01 X20.205 Y-35 D1 F200		
N230	G01 Z-2.5 F30		
N240	X-20.205 F100		
N250	X-40.4l Y0		
N260	X-20.205 Y35		
N270	X20.205		
N280	X40.41 Y0		
N290	X20.205 Y-35		
N300	Zl F200		
N310	G40 G00 X60		
N320	G4l G01 X20.205 Y-35 D1 F300		
N330	G01 Z-5 F30		
N340	X-20.205 F100		
N350	X-40.4l YO		
N360	X-20.205 Y35		
N370	X20.205		
N380	X40.41 Y0		
N390	X20.205 Y-35		
N400	Zl F300		

续表

程序名称	O 0702	工艺卡编号	08-02
序号	指令码	注释	
N410 G40 G00 X60			
G49 G00 Z100 M05 M09			
N10 T02 M06		换2号刀，铣削长圆槽	
N20 G43 G00 Z50 H02 S350 M03			
N30 G00 X60			
N40 Zl			
N50 G00 G42 X12.5 Y-12.5 D2			
N60 G01 Z-2.5 F30			
N70 X-l2.5 F100			
N80 G02 X-l2.5 Y12.25 R12.5			
N90 G0l X12.5			
N100 G02 X12.5 Y-12.5 R12.5			
N110 G0l Z1 F300			
N120 G00 G40 X30			
N130 G00 G42 X12.5 Y-12.5 D1			
N140 G0l Z-5 F30			
N150 X-12.5 F100			
N160 G02 X12.5 Y12.25 Rl2.5			
N170 G01 X12.5			
N180 G02 Xl2.5 Y-12.5 R12.5			
N190 G00 Z50			
N200 G40 G49 X60 M05		取消刀具半径补偿	
N210 M30		抬刀	
		程序结束	

8.4 项目总结

1. 长度补偿指令的使用

- 刀具长度补偿的建立（G43/G44）或取消（G49）都必须由一条 z 向直线移动类指令引导。
- 建立刀具长度补偿必须在接近工件（开始切削）之前完成；取消刀具长度补偿必须在离开工件（切削完成）之后进行。
- 换刀指令往往都伴随有刀具长度补偿指令。
- 刀具长度补偿值由操作面板输入。
- 若在程序中不知道刀具长度时，可以都使用正补偿 G43，可以通过补偿值的正负实现正向或负向补偿。

2. 型腔加工的注意事项

- 型腔加工需要进行分层加工。

- 若毛坯为实体时，要先预钻工艺孔，以便下刀。
- 根据不同的加工要求，选择好型腔加工的走刀路线。
- 内壁加工时，尽量采用切向切入切出。
- 刀具的选择要符合工艺要求。
- 内壁加工要注意刀具半径补偿。

思考与练习 8

毛坯为 70mm×70mm×18mm 板材，外部六个面已粗加工过，要求数控铣出如图 8-15 所示的槽，工件材料为 45 号钢。

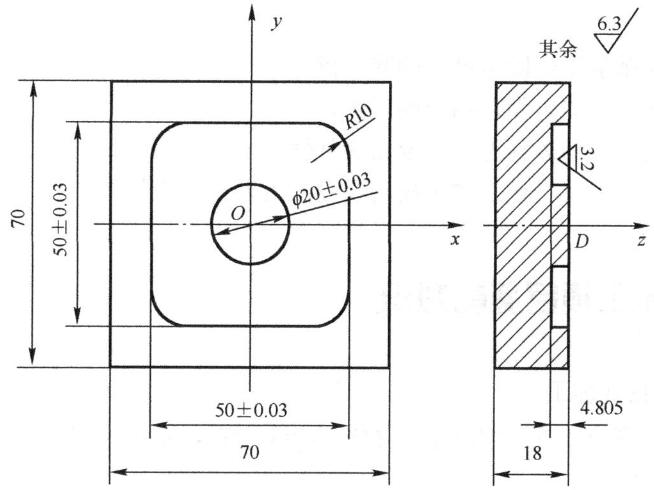

图 8-15

第9章　固定循环指令及其应用

孔加工是铣削加工中重要的加工内容，在第 3 章中已经学过，常见的孔加工包括钻削加工、镗削加工、内孔螺纹加工、锪孔以及铰削加工等。本章以三个孔加工实例为基础，讲解数控加工中各种孔加工的方法及常用孔加工指令的应用等。

【学习目标】

（1）掌握数控铣削加工中固定循环的基本概念。
（2）掌握各种孔加工固定循环指令的应用。
（3）巩固多刀具加工的编程方法以及刀具补偿功能。
（4）掌握孔系加工技巧、螺纹加工技巧及孔加工刀具的选择。

9.1　钻孔加工项目准备知识

【项目内容】　钻孔加工

钻孔循环加工如图 9-1 所示的零件，材料为 45 号钢，零件所有表面已经加工完毕，要求编程加工 4 个ϕ12 mm 孔。

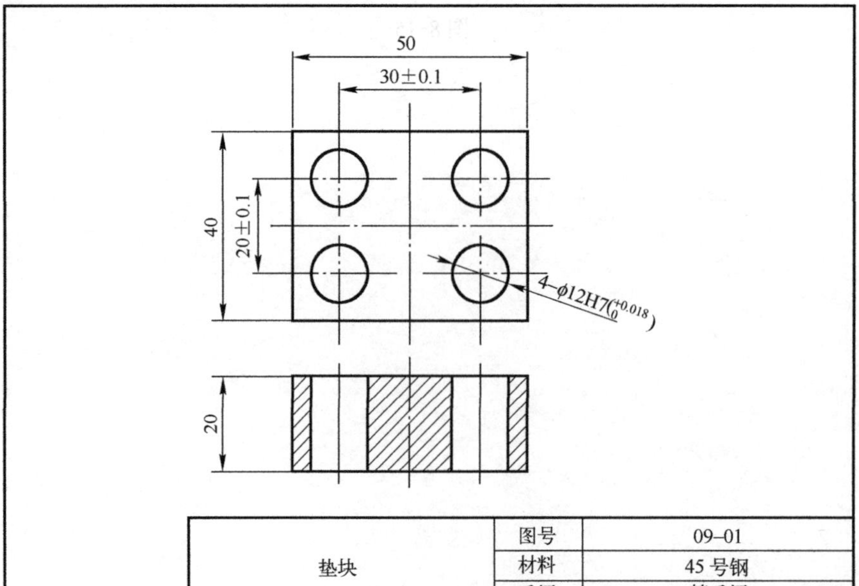

图 9-1　钻孔加工零件样图

9.1.1 固定循环的概念

通过分析一个孔的加工过程，可以看出，无论哪种孔加工方法，一般都由以下五个动作组成，如图 9-2 所示。

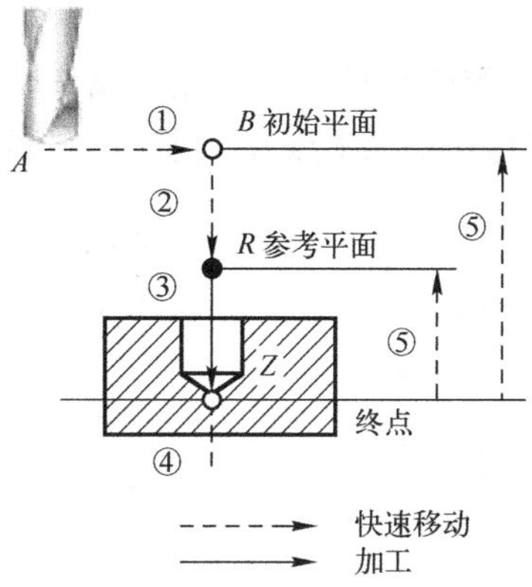

图 9-2 孔加工固定循环指令的五个动作

① 操作 1：快速定心。如 *A*→*B*，刀具快速定位到孔中心 *B*（*x*,*y*）。

② 操作 2：快速接近工件。如 *B*→*R*，刀具沿 *z* 方向快速运动到参考平面 *R*。在此将刀具快速接近工件并准备开始加工过程的平面称为参考平面。

③ 操作 3：孔加工。如 *R*→*Z* 点，孔加工过程（钻孔、镗孔、攻螺纹等）。

④ 操作 4：孔底动作。如 *Z* 点，孔底动作（进给暂停、主轴停止、主轴准停、刀具偏移等）。

⑤ 操作 5：刀具快速退回。根据需要可以有以下两种退回方式。

- 返回参考平面：如 *Z*→*R*，刀具快速退回到参考平面 *R*。
- 返回初始平面：如 *Z*→*B*，刀具快速退回到初始平面 *B*。

在进行孔加工编程时可以使用多条 G00、G01 等指令完成这一过程，但通常情况下所加工的孔系、孔数较多，这样做较为烦琐。因此，针对于类似的典型的加工工序，如钻孔、镗孔、攻螺纹、深孔钻削等，数控系统提供了简化程序的编制手段——固定循环指令。这种 G 功能指令可以用一个程序段完成用多个程序段指令的加工操作，即用一条固定循环指令可以完成多步固定动作。例如，以上描述的钻孔动作就可以使用一条钻孔循环指令完成。

特别指出，不同数控系统其固定循环指令的格式和使用方法不尽相同，因此使用时要参考数控系统的编程手册。本章实例都以 FANUC 系统为例，介绍最常用的 G73、G74、G76、G80、G81、G82、G83、G84、G86、G87 指令。

【说明】

- 孔加工循环一般由以上五个动作组成。
- 孔加工循环指令为模态指令，当连续执行同一孔加工方式时，无须对每一程序段都加以指定。
- 在固定循环中，需要选择定位平面。定位平面的选择由指令 G17、G18、G19 决定。

默认情况为 xy 平面。

- 采用绝对坐标（G90）和采用相对坐标（G91）编程时，孔加工循环指令中的数值有所不同，编程时建议尽量采用绝对坐标编程（G90）。

9.1.2 返回点平面的选择

根据前面对固定循环钻孔过程的分析，在孔加工循环结束后刀具的返回方式有两种：返回初始平面（*B* 点）和返回参考平面（*R* 点），如图 9-3 所示。

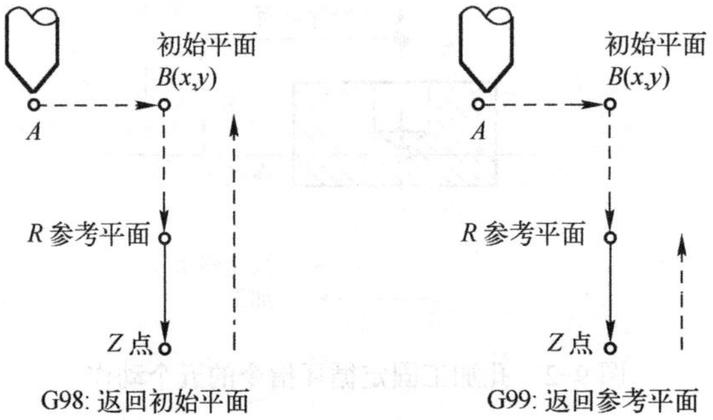

图 9-3 返回点平面的两种方式

返回参考平面方式：参考平面一般都选择在接近工件上表面的位置，在相同表面多孔加工时，前一孔的返回方式尽量使用返回参考平面方式，可以降低抬刀高度，节约加工时间。

返回初始平面方式：初始平面是刀具在钻孔循环指令执行时所处的平面。这种方式通常用于多孔系加工中，最后一个孔的返回方式。

FANUC 系统使用 G98 和 G99 两个模态指令控制返回点平面的选择，一般该指令要在固定循环指令开始执行前指明。

G98——返回初始平面（*B*），为默认方式。

G99——返回参考平面（*R*）。

9.1.3 钻孔循环指令 G81

按如图 9-3 所示方式钻孔，主轴正转，刀具以进给速度向下运动钻孔，到达孔底位置后，快速退回（无孔底动作）。

钻孔循环指令 G81 的格式为：

G81 X____Y____Z____F____R____K____;

【说明】

- X____Y____为孔的位置，可以放在 G81 指令后面，也可以放在 G81 指令的前面。
- Z____为孔底位置。
- F____为进给速度（mm/min）。
- R____为参考平面位置高度。

- K____为重复次数，仅在需要重复时才指定，K 的数据不能保存，没有指定 K 时，可认为 K=1。
- 有 G98 和 G99 两种返回方式。

9.1.4　取消循环指令 G80

由于孔加工循环指令为模态指令，一旦某个孔加工循环指令有效，在其他的孔加工方式指定前，或者在能够取消孔加工循环的 G 代码（G80、G01 等）被指定前均有效。取消循环有以下两种方法。

方法一：采用 G80 指令。G80 指令被执行以后，固定循环（G73、G74、G76、G81～G89）被该指令取消，*R* 点和 *Z* 点的参数以及除 F 外的所有孔加工参数均被取消。

方法二：01 组的 G 代码也会起到取消固定循环的作用，例如 G01/G02/G03 等。

9.1.5　钻孔循环指令 G82

按如图 9-4 所示方式钻孔，与 G81 格式类似，唯一的区别是：G82 在孔底加入暂停动作，即当钻头加工到孔底位置时，刀具不做进给运动，并保持旋转状态（暂停时间由 P 代码指定），使孔的表面更光滑，在加工盲孔时提高了孔深的精度。

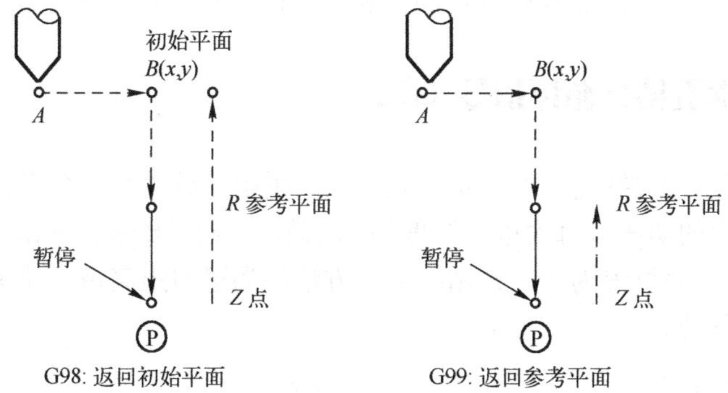

图 9-4　钻孔循环指令 G82

钻孔循环指令 G82 的格式为：

G82 X____Y____Z____F____R____P____;

【说明】

- P____为在孔底位置的暂停时间，单位为 ms。
- 该指令一般用于扩孔和沉孔的加工。
- 该指令同样有 G98 和 G99 两种返回方式。其他参数和 G81 指令相同。

9.1.6　深孔钻孔循环指令 G83

按如图 9-5 所示方式钻孔，G83 指令与 G81 的主要区别是：由于是深孔加工，采用间歇进给（分多次进给），有利于排屑。每次进给深度为 q，直到孔底位置为止，该指令因钻孔时有多次提刀动作，钻孔效率较低，通过设置系统内部参数 d 控制退刀过程。

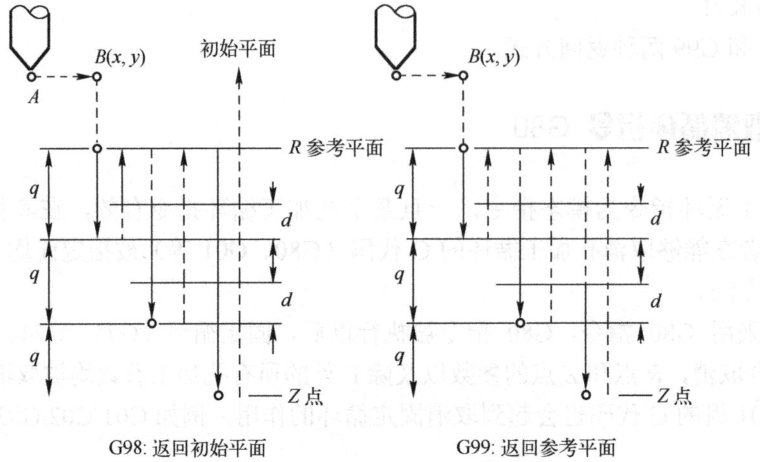

图 9-5　深孔钻孔循环指令 G83

深孔钻孔循环指令 G83 的格式为：

G83 X____Z____F____R____Q____;

【说明】

- Q____为每次进给深度，始终用正值且增量值指令设置。
- 该指令同样有 G98 和 G99 两种返回方式。其他参数和 G81 指令相同。

9.1.7　高速深孔钻孔循环指令 G73

按如图 9-6 所示方式钻孔，由于是深孔加工，采用间歇进给（分多次进给），可以较容易地排出深孔加工中的切屑，每次进给深度为 q，最后一次进给深度≤q，退刀量为 d（由系统内部设定），直到孔底位置为止。该钻孔加工方法因为退刀距离短，比 G83 钻孔速度快，退刀采用快速进给移动。

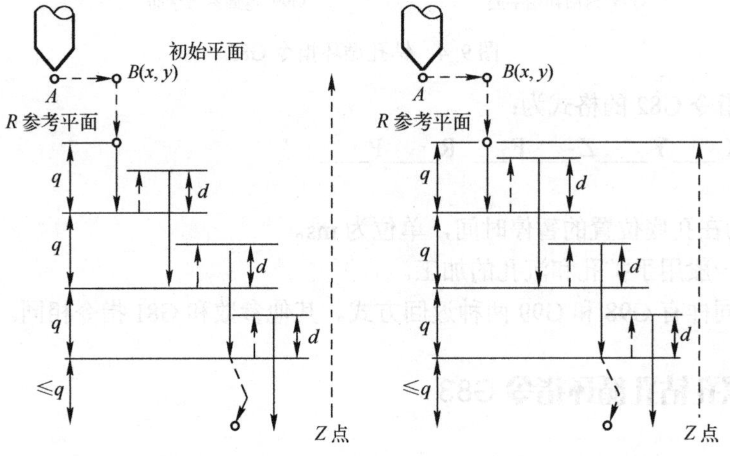

图 9-6　高速深孔钻孔循环指令 G73

高速深孔钻孔循环指令 G73 的格式为：

G73　X____Y____Z____F____R____Q____；

【说明】

该指令同样有 G98 和 G99 两种返回方式。其他参数和 G81 指令相同。

9.2　钻孔加工项目分析与实施

1．工艺说明

1）毛坯说明

毛坯材料为 45 号钢，在本钻孔工序之前，毛坯所有外表面已经加工完毕。

2）工序说明

孔尺寸及位置精度要求较高的工件，为防止钻头钻孔引偏，在钻孔前应增加钻中心孔（导向孔）工序，另外为达到较高的尺寸精度，钻孔时适当留一定的加工余量，并采用铰刀进行铰孔。

加工方案为钻中心导向孔→钻孔→铰孔，按下面步骤进行。

① 钻中心导向孔，导向孔的深度为 3 mm。

② 钻孔。由于为通孔，钻削深度要留刀具导出量，导出量要大于钻头刀尖长度，一般为 5 mm 左右，因此钻孔深度为 25 mm。

③ 铰孔。为孔进行精加工，要保证铰孔深度超过孔深。

3）刀具选择说明

该工件材料为 45 号钢，切削性能较好，采用普通的加工刀具即可。

刀具选择ϕ4 mm 中心钻、ϕ11.5 mm 钻头、ϕ12 mm 机用铰刀，如表 9-1 所示。

表 9-1　数控加工刀具卡

零件名称		垫块	零件图号	09−01	工序卡编号	09−01
工步编号	刀具编号	刀具规格、名称	刀具补偿号	加工内容		备注
1	T01	ϕ4 mm 中心钻	H01	钻中心导向孔		
2	T02	ϕ11.5 mm 钻头	H02	钻底孔		
3	T03	ϕ12 mm 机用铰刀	H03	精加工（铰孔）		

4）切削用量的选择

影响切削用量的因素很多，机床的刚性、工件的材料和硬度、加工精度要求、工件在机床夹具上的稳定性、刀具的材料和耐用度、是否使用切削液等都直接影响到切削用量的大小。在数控程序中，决定切削用量的参数为主轴转速和进给速度，其选取与普通机床上加工时的值相似，可通过计算或查金属切削工艺手册得到，也可根据经验数据给定。

采用头部直径为ϕ4 mm 的中心钻，设为 T01 号刀位，中心钻因刚性好，头部直径小，可以使用高转速和较快的进给速度，设定为 S1200、F150。

ϕ11.5 mm 的钻头设为 T02 号刀位，设定加工参数为 S800、F100。（转速和进给速度的选取必须考虑零件的材料、机床刚性等因素的影响）。

ϕ12 mm 机用铰刀设为 T03 号刀位，因其切削刃较多，转速不宜太快，根据经验设定为 S250、F80。

5）装夹、定位说明

因工件形状简单、规则，可直接在机床上的台钳校平并夹紧，同时在毛坯底面的适当位置处放置等高垫铁防止钻削通孔时刀具碰坏垫铁或台钳。

该钻孔加工的工序卡如表 9-2 所示。

表 9-2　数控加工工序卡　　编号：09−01

零件名称	垫块	零件图号	09−01	工序名称	钻孔
零件材料	45 号钢	材料硬度		使用设备	
使用夹具	平口钳	装夹方法			
程 序 号	O0500	日　期	年　月　日	工艺员	
工 步 描 述					

工步编号	工 步 内 容	刀具编号	刀具规格（mm）	主轴转速（r/min）	进给速度（mm/min）	吃刀量（mm）	备　注
1	钻中心导向孔	T01	ϕ4	1200	150		
2	钻底孔	T02	ϕ11.5	800	100		
3	铰孔	T03	ϕ12	250	80		

2．编程说明

1）编程原点的选择

设定工件坐标原点为工件中心。工件的 z 轴坐标原点设在上表面，按要求测量每把刀具的刀具长度并补偿到刀具补偿参数中（对应刀具补偿号码为 H01、H02、H03）。

2）加工轨迹

孔加工轨迹按照表 9-3 中 $A \rightarrow B \rightarrow C \rightarrow D$ 的轨迹完成，由于钻中心孔、钻孔、铰孔三个工步都是典型孔加工方法，加工时刀具的动作形式完全相同，因此采用固定循环指令可以降低编程烦琐程度。

3）数学处理

由于零件简单，各个刀位点的位置可以直接从零件样图中读取。

表 9-3 数控加工走刀路线图

零件名称	垫块	零件图号	09-01	工序卡编号	09-01	
加工内容	钻孔			程序号		

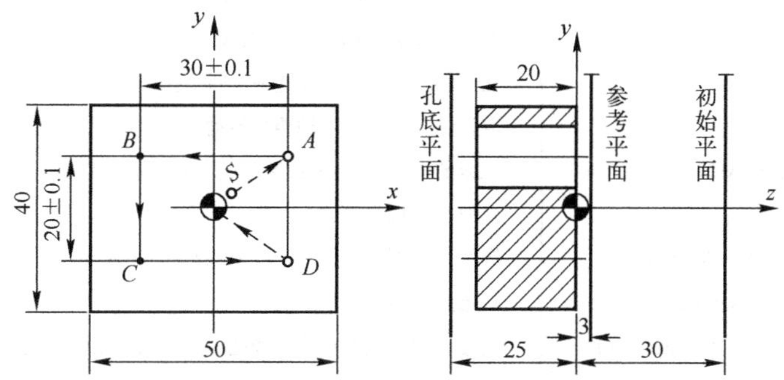

符号	⊙	⊗	◐	o——→	——→	- - -→	
含义	抬刀	下刀	编程原点	起刀点	走刀方向	移块	

3．加工程序的编制

因顶平面很平，固定循环可选取指令 G99 返回 *R* 参考平面，这样能节省加工时间，取 *R* 为 3.0。编制的程序如表 9-4 所示。

表 9-4 数控加工程序清单

零件名称	垫块	工序卡编号	09−01
序号	指令码	注释	
	O0500	程序号	
N10	T01 M06(D4);	换取 1 号刀具（D4 中心钻）	
N20	G54 G90 G00 X15.0 Y10.0;	刀具快速定位到钻孔开始点（15.0,10.0）位置	
N30	G43 H01 Z30.0 S1200 M03;	执行 1 号刀具长度补偿，主轴正转，转速为 1200 r/min，刀具快速定位到初始平面 Z30.0 位置处	
N40	G99 G81 Z−3.0 R3.0 F150 M08;	钻孔循环采用返回 *R* 参考平面方式，进给速度为 150 mm/min，钻孔坐标点（15.0,10.0）省略，孔深为 3 mm，参考高度为 3 mm，开启冷却液	
N50	X−15.0;	在（−15.0,10.0）位置钻第二个孔，与第一孔方式相同	
N60	Y−10.0;	在（−15.0, −10.0）位置钻第三个孔，与第一孔方式相同	
N70	X15.0;	在（15.0, −10.0）位置钻第四个孔，与第一孔方式相同	
N80	G80 M05;	取消钻孔循环，主轴停止转动	
N90	G91 G28 Y0 Z0 M09;	机床的 *y*、*z* 轴同时回参考点，关冷却液	
N100	T02 M06(D11.5);	换取 2 号刀具（D11.5 钻头）	
N110	G54 G90 G00 X15.0 Y10.0;	刀具快速定位到钻孔开始点（15.0,10.0）位置	
N120	G43 Z30.0 H02 S800 M03;	执行 2 号刀具长度补偿，主轴正转，转速为 800 r/min，刀具快速定位到初始平面 Z30.0 位置处	

续表

序号	指令码	注释
N130	G99 G81 Z−25.0 R3.0 F100 M08;	钻孔循环采用返回 R 参考平面方式，进给速度为 100 mm/min，钻孔坐标点（15.0,10.0）省略，钻深 25.0 mm（为使钻头能钻穿工件，钻孔深度应大于工件厚度），参考高度为 3 mm，开启冷却液
N140	X−15.0;	在（−15.0,10.0）位置钻第二个孔，与第一孔方式相同
N150	Y−10.0;	在（−15.0, −10.0）位置钻第三个孔
N160	X15.0;	在（15.0, −10.0）位置钻第四个孔
N170	G80 M05;	取消钻孔循环，主轴停止转动
N180	G91 G28 Y0 Z0 M09;	机床的 y、z 轴同时回参考点，关冷却液
N190	T03 M06（D12）;	换取 3 号机用铰刀
N200	G54 G90 G00 X15.0 Y10.0;	铰孔余量不能太大，一般留 0.2～0.5 mm
N210	G43 H01 Z30.0 S250 M03;	注意主轴转速不能太快
N220	G99 G81 Z−21.0 R3.0 F80 M08;	为使铰刀能完整铰孔，铰孔深度应大于工件厚度
N230	X−15.0;	
N240	Y−10.0;	
N250	X15.0;	
N260	G80 M05;	一个单段中不能同时指令两个 M 代码
N270	G91 G28 X0 Y0 Z0 M09;	机床三轴同时回参考点，关冷却液
N280	M30;	程序结束并返回起始状态

9.3 内孔螺纹加工项目准备知识

【项目内容】 内孔螺纹加工

如图 9-7 所示为一小型模具型芯配件，材料为 45 号钢，外形尺寸已经加工完毕，要求加工其中各孔及攻螺纹。

9.3.1 右旋攻螺纹循环指令 G84

如图 9-8 所示，该固定循环非常简单，执行过程如下：x、y 定位→z 向快速到 R 参考平面→以指令 F 给定的速度进给到 Z 点→主轴反转以指令 F 给定的速度返回 R 参考平面（如果在 G98 模态下，返回 R 参考平面后再快速返回初始平面）。攻螺纹进给时主轴正转，退出时主轴反转，G84 指令的攻螺纹操作中，进给速度倍率调节无效，即使压下进给保持按钮，也必须在返回操作结束后机床才能停止。

右旋攻螺纹循环指令 G84 的格式为：

G84 X____Y____Z____F____R____;

【说明】

- X____Y____为孔的位置，可以放在 G84 指令的后面，也可以放在 G84 指令的前面。
- Z____为攻螺纹 z 向终点坐标。

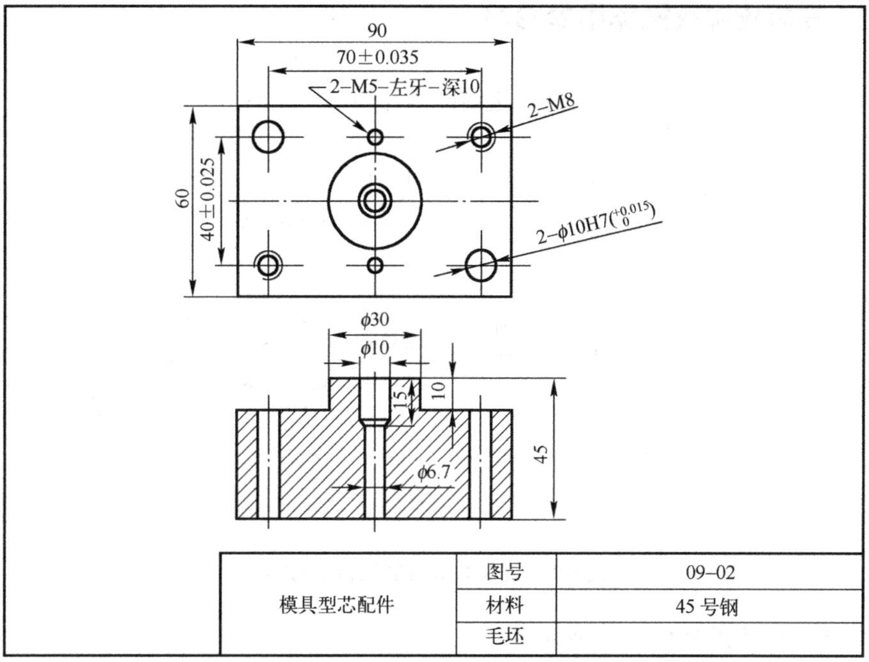

图 9-7　内孔螺纹加工零件样图

- F____为进给速度（mm/min）。
- R____为参考平面的位置高度。

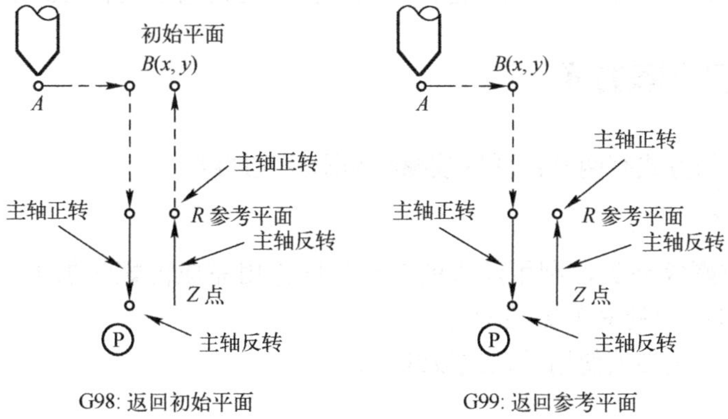

图 9-8　右旋攻螺纹循环指令 G84

注意

- 与钻孔加工不同的是攻螺纹结束后的返回过程不是快速运动，而是以进给速度反转退出。
- 在加工过程中可根据材料等实际条件的不同，调整计算得到的进给速度数值。
- 该指令执行前，甚至可以不启动主轴，但必须执行主轴转速指令 S。当执行该指令时，数控系统将自动启动主轴正转。
- 该指令同样有 G98 和 G99 两种返回方式。其他参数和 G81 指令相同。

9.3.2 左旋攻螺纹循环指令 G74

如图 9-9 所示，与 G84 的区别是：进给时为反转，退出时为正转。

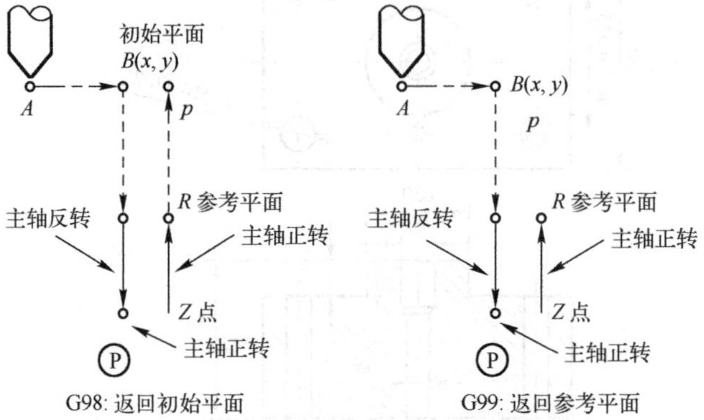

图 9-9　左旋攻螺纹循环指令 G74

左旋攻螺纹循环指令 G74 的格式为：

G74　X____Y____Z____F____R____;

【说明】

- 该指令即使攻螺纹前为正转，当执行攻螺纹时会自动改变为反转。
- 该指令同样有 G98 和 G99 两种返回方式。指令的其他参数和 G84 指令相同。

9.3.3 刚性攻螺纹方式

内孔螺纹加工的方式有两种：弹性攻螺纹和刚性攻螺纹。

1）弹性攻螺纹

使用浮动式攻螺纹夹头，利用丝锥的自身导向作用完成内螺纹加工。若采用此种方式时，指令 G84 与 G74 中的 F 值无须特别计算。

这种方式的前提是必须使用浮动式攻螺纹夹头。

2）刚性攻螺纹

使用刚性攻螺纹夹套，此时利用数控系统插补实现螺纹加工，因此，刚性攻螺纹必须严格保证主轴转速和刀具进给速度的比例关系。

进给速度=主轴转速×螺纹螺距

大多数的数控系统都提供刚性攻螺纹指令。在 FANUC 数控系统中，在右旋攻螺纹循环指令 G84 或左旋攻螺纹循环指令 G74 的前面，加一程序段指令 M29，则机床进入刚性攻螺纹模态。

刚性攻螺纹指令 M29 的格式为：

M29　S____;

【说明】

- S____指明刚性攻螺纹时主轴的转速。
- 该指令只说明系统进入刚性攻螺纹模式，攻螺纹循环还要使用指令 G84 或 G74。
- G74 或 G84 中指令的 F 值与 M29 程序段中指令的 S 值的比值即为螺纹孔的螺距值。
- 使用 G80 和 01 组 G 代码（G01/G02/G03 等）都可以解除刚性攻螺纹模态。
- 在 M29 指令和固定循环的 G 指令之间不能有 S 指令或任何坐标运动指令。
- 不能在取消刚性攻螺纹模态后的第一个程序段中执行 S 指令。

9.4 内孔螺纹加工项目分析与实施

1. 工艺说明

1）毛坯说明

本例采用精毛坯，材料为 45 号钢，外形尺寸已经加工完毕。

2）工序说明

如图 9-7 所示零件样图中的 2 个ϕ10 mm 定位孔由于形位公差要求较高，加工时可采用钻中心孔、钻孔、铰孔的方法来完成。其余孔的加工为防止钻头钻孔引偏，在钻孔前应增加钻中心孔（导向孔）工序。

零件孔加工方案一般按照钻中心孔→钻较大的孔→粗镗孔→精镗孔→铰孔→钻小孔→攻螺纹的顺序进行加工，因为大孔加工过程中切削力比较大，容易造成工件的移位，安排在前工序加工可保证后工序加工的孔位置精度不受影响。

加工方案为：钻所有的中心孔→钻 2 个ϕ10 mm 定位孔的预钻孔→钻 2 个 M8 mm 底孔及ϕ6.7 mm 孔→钻 2 个 M5 mm 底孔→铰 2 个ϕ10 mm 定位孔→M8 mm 孔攻螺纹→M5 mm 孔左旋攻螺纹。

3）切削用量的选择

综合分析工件材料、加工精度要求、刀具材料等因素的影响，根据加工经验，本例的刀具选取及加工顺序安排如表 9-5 所示。

表 9-5 数控加工工序卡 编号：09-02

零件名称	模具型芯配件	零件图号	09-02	工序名称	孔加工		
零件材料	45 号钢	材料硬度		使用设备			
使用夹具	平口钳	装夹方法					
程序文件		日 期	年 月 日	工艺员			
工 步 描 述							
工步编号	工 步 内 容	刀具编号	刀具规格（mm）	主轴转速（r/min）	进给速度（mm/min）	吃刀量（mm）	备 注
1	钻中心孔	T01	ϕ4 中心钻	1200	120		
2	钻 2 个ϕ10 mm 定位孔的预钻孔	T02	ϕ9.8 钻头	750	100		

续表

工步编号	工 步 内 容	刀具编号	刀具规格（mm）	主轴转速（r/min）	进给速度（mm/min）	吃刀量（mm）	备 注
3	2个M8 mm底孔及ϕ6.7 mm孔的加工	T03	ϕ6.7钻头	850	80		
4	钻2个M5 mm底孔	T04	ϕ4.2钻头	1000	60		
5	铰2个ϕ10 mm定位孔	T05	ϕ10铰刀	250	80		
6	攻螺纹	T06	M8机用丝锥	140	175		
7	左旋攻螺纹	T07	M5机用左旋丝锥	200	160		

4）刀具选择说明

根据加工工序分析，刀具选择安排如下：ϕ4 mm中心钻→ϕ9.8 mm钻头→ϕ6.7 mm钻头→ϕ4.2 mm钻头→ϕ10 mm铰刀→M8 mm丝锥→M5 mm左旋丝锥，如表9-6所示。

表9-6 数控加工刀具卡

零件名称	模具型芯配件		零件图号	09-02	工序卡编号	09-02
工步编号	刀具编号	刀具规格（mm）	刀具补偿号	加工内容		备注
1	T01	ϕ4中心钻	H01	钻中心孔		
2	T02	ϕ9.8钻头	H02	钻2个ϕ10 mm定位孔的预钻孔		
3	T03	ϕ6.7钻头	H03	2个M8 mm底孔及ϕ6.7 mm孔的加工		
4	T04	ϕ4.2钻头	H04	钻2个M5 mm底孔		
5	T05	ϕ10铰刀	H05	铰2个ϕ10 mm定位孔		
6	T06	M8丝锥	H06	M8 mm孔攻螺纹		
7	T07	M5机用左旋丝锥	H07	M5 mm孔左旋攻螺纹		

5）装夹、定位说明

零件的装夹不仅决定于形状，还要考虑其加工批量，大批量工件加工应设计专用夹具，中小批量可使用简易的夹具，单件生产使用平口钳或简易夹具夹持比较合适。

由于所有孔都为通孔，工件可用两块等高垫铁垫于适当位置高度并校正，避免钻头钻到工作台或垫铁。工件可用平口钳夹紧。

2．编程说明

编程原点的选择：分析图9-7中各尺寸，确定加工基准为零件四个面平分得到的中心点，z轴零点可取上表面，将对刀得到的坐标设定到G54坐标系中，并将各刀具的长度值补偿到刀具长度设定画面中。

3．加工程序的编制

孔加工程序的编制主要应考虑切入点、切削终点，并考虑提刀高度，防止刀具与工件发生干涉。编制的程序如表9-7所示。

表 9-7　数控程序清单

零件名称	模具型芯配件	工序卡编号	09-02
序号	指令码	注　释	
	O0510	程序号	
N10	T01 M06;	换取 1 号刀具（D4 中心钻）	
N20	G54 G90 G00 X−35.0 Y20.0;	刀具快速定位到钻孔开始点（−35.0,20.0）位置	
N30	G43 H01 S1200 M03 Z50.0;	执行 1 号刀具长度补偿，主轴正转，转速为 1200 r/min，刀具快速定位到初始平面 Z50.0 位置处	
N40	G98 G81 Z−13.0 R−7.0 F120 M08;	钻孔循环采用返回初始平面的方式（G98），进给速度为 120 mm/min，钻孔开始位置 Z−7.0，结束位置 Z−13.0，开启冷却液	
N50	X0;	在（0,20.0）位置钻孔，方式不变	
N60	X35.0;	在（35.0,20.0）位置钻孔，方式不变	
N70	Y−20.0;	在（35.0, −20.0）位置钻孔，方式不变	
N80	X0;	在（0, −20.0）位置钻孔，方式不变	
N90	X−35.0;	在（−35.0, −20.0）位置钻孔	
N100	X0 Y0 R3.0 Z−3.0;	在（0,0）位置钻孔，钻孔开始位置 Z3.0，结束位置 Z−3.0	
N110	G80 M05;	取消钻孔循环，主轴停止转动	
N120	G91 G28 Z0 Y0 M09;	机床 *z*、*y* 轴同时回参考点，关闭冷却液	
N130	T02 M06;	换取 2 号刀具（ϕ9.8 mm 钻头）	
N140	G54 G90 G00 X−35.0 Y20.0;	刀具快速定位到钻孔开始平面（−35.0,20.0）位置	
N150	G43 H02 Z30.0 S750 M03;	执行 2 号刀具长度补偿，主轴正转，转速为 750 r/min，刀具快速定位到初始平面 Z30.0 位置处	
N160	G98 G73 Z−53.0 R−7.0 F90 Q10.0 M08;	由于孔位较深，为便于断屑，采用高速深孔钻孔循环，钻孔开始位置 Z−7.0，结束位置 Z−53.0，每钻深 10 mm，执行一次排屑动作	
N170	X35.0 Y−20.0;	在（35.0, −20.0）位置钻孔，方式不变	
N180	X0 Y0 R3.0 Z−15.0;	在（0,0）位置钻孔，钻孔开始位置 Z3.0，结束位置 Z−15.0，其他钻孔参数与上一孔相同	
N190	G80 M05;	取消钻孔循环，主轴停止转动	
N200	G91 G28 Y0 Z0 M09;	机床 *z*、*y* 轴同时回参考点，关闭冷却液	
N210	T03 M06;	换取 3 号刀具（ϕ6.7 mm 钻头）	
N220	G54 G90 G00 X35.0 Y20.0;	刀具快速定位到钻孔初始平面（35.0,20.0）位置	
N230	G43 H03 Z10.0 S850 M03;	执行 3 号刀具长度补偿，主轴正转，转速为 850 r/min，刀具快速定位到初始平面 Z10.0 位置处	
N240	G98 G73 Z−53.0 R−7.0 F80;	由于孔位较深，为便于排屑，采用高速深孔钻孔循环，钻孔开始位置 Z−7.0，结束位置 Z−53.0，每钻深 10 mm，执行一次排屑动作	
N250	X−35.0 Y−20.0;	在（−35.0, −20.0）位置钻孔，钻孔方式与上一孔相同	
N260	X0 Y0 R−12.0 Z−53.0;	在（0,0）位置钻孔，钻孔开始位置 Z−12.0，结束位置 Z−53.0，其他方式与上一孔相同	
N270	G80 M05;	取消钻孔循环，主轴停止转动	
N280	G91 G28 Y0 Z0 M09;	机床 *z*、*y* 轴同时回参考点，关闭冷却液	

续表

序号	指令码	注　释
N290	T04 M06;	换取4号刀具（ϕ4.2 mm钻头）
N300	G54 G90 G00 X0 Y20.0;	刀具快速定位到钻孔开始平面（0,20.0）位置
N310	G43 H04 Z10.0 S1000 M03;	执行4号刀具长度补偿，主轴正转，转速为1 000 r/min，刀具快速定位到初始平面Z10.0位置处
N320	G98 G83 Z−53.0 R−7.0 F50 M08 Q8.0;	由于孔位较深，钻头直径较小，为便于排屑，采用深孔钻孔循环，钻孔开始位置Z−7.0，结束位置Z−53.0，每钻深8 mm，执行一次排屑动作，注意动作与G73有所不同，钻孔循环采用返回初始平面方式
N330	X20.0 Y−20.0;	在（20.0, −20.0）位置扩孔，钻孔方式与上一孔相同
N340	G80 M05;	取消钻孔循环，主轴停止转动
N350	G91 G28 Z0 Y0 M09;	机床z、y轴同时回参考点，关闭冷却液
N360	T05 M06;	换取5号刀具（ϕ10 mm铰刀）
N370	G54 G90 G00 X−35.0 Y20.0;	
N380	G43 H05 S350 M03 Z10.0;	铰孔转速不能太快
N390	G98 G82 Z−51.0 R−7.0 F80 M08 P1000;	程序单段中各指令前后顺序没有要求，铰孔刀具孔底暂停1 s（1 000 ms），注意下刀点位置为Z−7.0
N400	X35.0 Y−20.0;	
N410	X0 Y0 R3.0 Z−10.0;	中心孔铰孔深Z−10.0，下刀点位置为Z3.0
N420	G80 M05;	
N430	G91 G28 Z0 Y0 M09;	
N440	T06 M06;	换取6号刀具（M8 mm丝锥）
N450	G54 G90 G00 X35.0 Y20.0 S140 M03;	刀具快速定位，主轴转速为S140
N460	G43 H05 Z10.0 M08;	
N470	G98 G84 Z−50.0 R−7.0 F175;	执行右旋攻螺纹循环指令G84，注意攻螺纹时主轴转速与刀具进给速度成比例关系，攻螺纹时主轴转速根据工件材料而定，不能太快，否则丝锥容易折断
N480	X−35.0 Y−20.0;	
N490	G80 M05;	
N500	G91 G28 Z0 Y0 M09;	
N510	T07 M06;	换取6号刀具（M5 mm左旋丝锥）
N520	G54 G90 G00 X0 Y20.0;	编程时程序的指令可以灵活运用，刀具只要能完成所预定的动作要求就可以
N530	G43 H07 Z10.0 S200 M03;	
N540	G98 G74 Z−10.0 R−7.0 F160 M08;	采用左旋攻螺纹循环指令G74，进给速度=转速×螺距，即F为200×0.8=160（mm/min）
N550	Y−20.0;	
N560	G80 M05;	
N570	G91 G28 Z0 Y0 X0 M09;	机床三轴回参考点，关闭冷却液
N580	M30;	程序结束，回到起始状态

9.5 镗孔加工项目准备知识

【项目内容】 镗孔加工

如图9-10所示为一固定套零件，材料为45号钢，所有表面已经加工完毕，要求加工所有的孔。

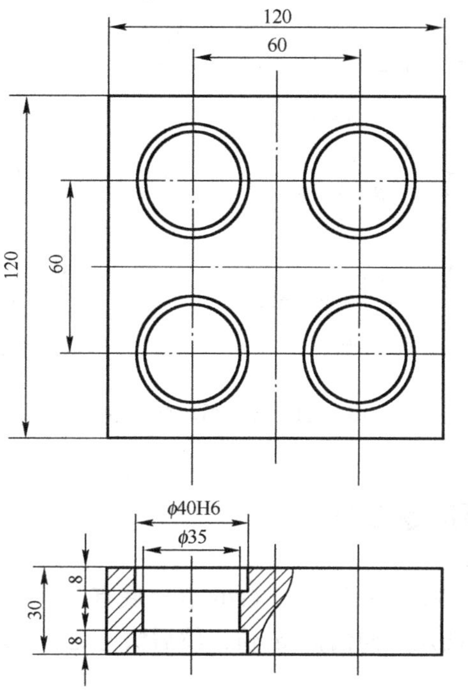

固定套	图号	09–03
	材料	45 号钢
	毛坯	

图 9-10　镗孔加工零件样图

9.5.1　镗孔循环指令 G86

如图 9-11 所示，与 G81 的区别是：G86 在到达孔底位置后，主轴停止转动，并快速退出。

镗孔循环指令 G86 的格式为：

G86　X____Y____Z____F____R____;

【说明】

- X____Y____为孔的位置，可以放在 G86 指令的后面，也可以放在 G86 指令的前面。
- Z____为攻螺纹 z 向终点坐标。
- F____为进给速度（mm/min）。
- R____为参考平面位置高度。
- 该指令同样有 G98 和 G99 两种返回方式。

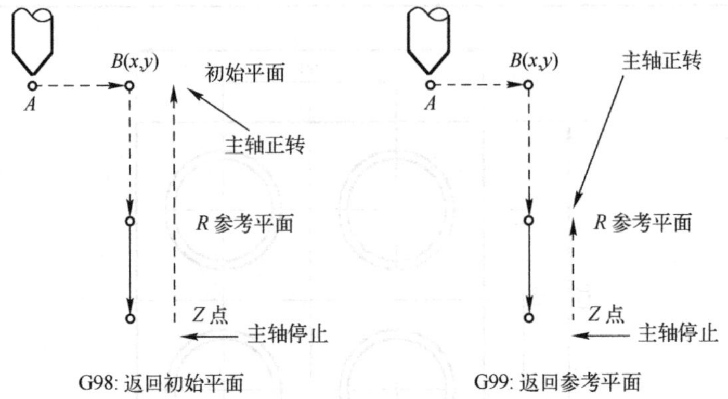

图 9-11　镗孔循环指令 G86

9.5.2 精镗孔循环指令 G76

如图 9-12 所示，与 G86 的区别是：G76 在孔底有三个动作，即进给暂停、主轴准停（定向停止）、刀具沿刀尖的反方向偏移 q 值，然后快速退出，这样保证刀具不划伤孔的表面。主要操作步骤如下。

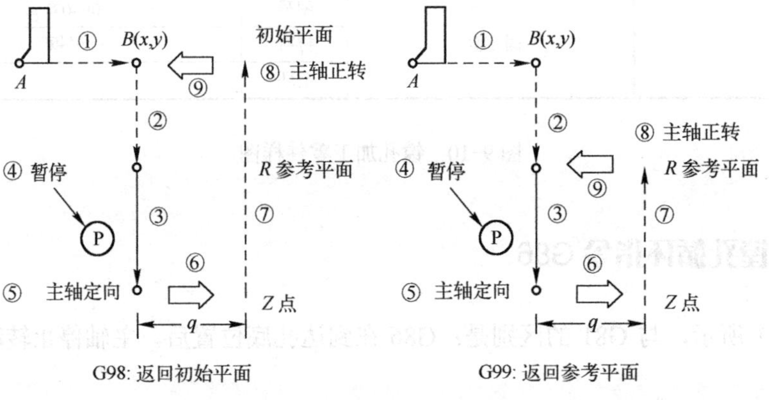

图 9-12　精镗孔循环指令 G76

① $A \rightarrow B$，刀具快速定位到孔加工循环初始平面点 B（x,y）。

② $B \rightarrow R$，刀具沿 z 方向快速运动到参考平面 R。

③ $R \rightarrow Z$ 点，为镗孔加工过程。

④ Z 点，进给暂停。

⑤ Z 点，主轴准停。

⑥ Z 点，刀具偏移 q。

⑦ $Z \rightarrow B$，刀具快速退回到初始平面 B；或 $Z \rightarrow R$，刀具快速退回到参考平面 R。

⑧ 主轴正转。

⑨ 刀具反向偏移 q。

精堂孔循环指令 G76 的格式为：

G76　X____Y____Z____F____R____P____Q____;

【说明】

- X____Y____为孔的位置，可以放在 G76 指令的后面，也可以放在 G76 指令的前面。
- Z____为攻螺纹 z 向终点坐标。
- F____为进给速度（mm/min）。
- R____为参考平面位置高度。
- Q____为刀具在孔底的偏移值。
- P____用于孔底动作有暂停的固定循环中指定暂停时间，单位为 s。
- 该指令同样有 G98 和 G99 两种返回方式。

【警告】

每次使用该固定循环或者更换使用该固定循环的刀具时，应注意检查主轴定向后刀尖的方向与要求是否相符。如果在加工过程中出现刀尖方向不正确的情况，将会损坏工件、刀具，甚至机床！

9.5.3　背镗孔循环指令 G87

如图 9-13 所示，刀具运动到初始平面点 B（x,y）后，主轴准停，刀具沿刀尖的反方向偏移 q 值，然后快速运动到孔底位置，接着沿刀尖正方向偏移回 Z 点，主轴正转，刀具向上进给运动，到 R 参考平面，再主轴准停，刀具沿刀尖的反方向偏移 q 值，快退，接着沿刀尖正方向偏移到初始平面 B，主轴正转，本加工循环结束，继续执行下一段程序。

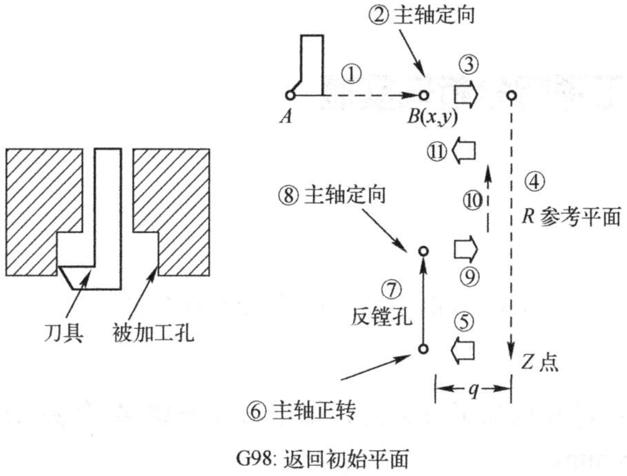

图 9-13　背镗孔循环指令 G87

执行背镗孔循环指令加工孔时，一定要注意刀尖沿反方向偏移 q 值后刀杆是否会与已加工好的孔发生干涉，一般背镗孔常用于孔位同心度要求较高或工件不方便反面加工的情况。主要操作步骤如下。

① $A \to B$，刀具快速定位到孔加工循环初始平面点 B（x,y）。
② B 点，主轴定向。
③ 刀具沿刀尖的反方向偏移 q 值。
④ 刀具沿 z 方向快速运动孔底位置。
⑤ 沿刀尖正方向偏移回 Z 点。
⑥ 主轴正转。
⑦ $Z \to R$，沿 z 轴正方向进给，镗孔加工（背镗）。
⑧ 主轴定向。
⑨ 刀具沿刀尖的反方向偏移 q 值。
⑩ 刀具快速退回到初始平面。
⑪ 刀具沿刀尖的正方向偏移回 B 点。

背镗孔循环指令 G87 的格式为：

G87 X____Y____Z____F____R____P____Q____;

【说明】

- X____Y____为孔的位置，可以放在 G87 指令的后面，也可以放在 G87 指令的前面。
- Z____为攻螺纹 z 向的终点坐标。
- F____为进给速度（mm/min）。
- R____为参考平面的位置高度。
- Q____为刀具在孔底的偏移值。
- P____用于孔底动作有暂停的固定循环中指定暂停时间，单位为 s。
- 该指令只有 G98 返回方式。

9.6 镗孔加工项目分析与实施

1. 工艺说明

1）毛坯说明

本例采用精毛坯，材料为 45 号钢，外形尺寸已经加工完毕。

2）工序说明

分析零件样图后可以知道加工方案为：钻中心孔→钻 4 个 ϕ34.5 mm 通孔→镗 4 个 ϕ40 mm 孔，孔深为 8 mm。

3）切削用量的选择

综合分析工件材料、加工精度要求、刀具材料等因素的影响，根据加工经验，本例的刀具选取及加工顺序安排如表 9-8 所示。

表 9-8　数控加工工序卡　　编号：09−03

零件名称	固定套	零件图号	09−03	工序名称	镗孔		
零件材料	45 号钢	材料硬度		使用设备			
使用夹具	平口钳	装夹方法					
程序文件		日　期	年　月　日		工艺员		
工　步　描　述							
工步编号	工　步　内　容	刀具编号	刀具规格（mm）	主轴转速（r/min）	进给速度（mm/min）	吃刀量（mm）	备　注
1	钻中心孔	T01		1200	120		
2	钻 4 个 ϕ34.5 mm 通孔	T02		120	60		
3	镗 4 个 ϕ40 mm 孔，孔深 8 mm	T03		600	80		
4	背镗 4 个 ϕ40 mm 孔，孔深 8 mm	T04		500	80		
5	精镗 4 个 ϕ35 mm 孔	T05		800	85		

4）刀具选择说明

根据图纸要求选用中心钻、ϕ34.5 mm 钻头、ϕ40 mm 镗刀、ϕ40 mm 反镗刀、ϕ35 mm 精镗刀并将刀具装在合适的刀柄上，将所有刀柄按刀具号顺序安装在机床的刀具库中。刀具加工顺序为钻中心孔→钻 4 个 ϕ34.5 mm 通孔→镗 4 个 ϕ40 mm 孔，孔深 8 mm→背镗 4 个 ϕ40 mm 孔，孔深 8 mm→精镗 4 个 ϕ35 mm 孔。刀具卡片如表 9-9 所示。

表 9-9　数控加工刀具卡

零件名称		固定套	零件图号	09−03	工序卡编号	09−03
工步编号	刀具编号	刀具规格（mm）	刀具补偿号	加工内容		备注
1	T01	ϕ4 中心钻	H01	钻中心孔		
2	T02	ϕ34.5 钻头	H02	钻 4 个 ϕ34.5 mm 通孔		
3	T03	ϕ40 镗刀	H03	镗 4 个 ϕ40 mm 孔，孔深 8 mm		
4	T04	ϕ40 反镗刀	H04	背镗 4 个 ϕ40 mm 孔，孔深 8 mm		
5	T05	ϕ35 精镗刀	H05	精镗 4 个 ϕ35 mm 孔		

5）装夹与定位说明

预先在机床上装好平口钳并校平（垂直和水平），将工件夹持在平口钳上，底面用等高垫铁垫高，注意垫铁应避开孔加工位置，以便于刀具在孔加工到达底面时不碰伤平口钳和垫铁。

2. 编程说明

1）编程原点的选择

将工件原点设在零件毛坯 x、y 方向的中心点，工件的顶面作为 z 轴的零点。因为该毛坯的六个面均已加工好，可以用底面和侧面作为定位与测量的基准。

2）加工轨迹

进刀/退刀方式：为了保证加工安全及加工效率，孔加工时，切入点一般选择离待加工表面 3～5 mm 位置处。切入点在工件上方的可采用 G99 返回 R 参考平面方式退刀，切入点在工件表面以下的（包括反镗孔）应采用 G98 返回安全高度（初始平面）方式退刀。

3. 加工程序的编制

编制的程序如表 9-10 所示。

表 9-10 数控加工程序清单

零件名称	固定套	工序卡编号	09-03

序号	指令码	注释
	O053;	程序号
N10	T01;	选取 1 号刀具（中心钻）
N20	M06;	换刀
N30	G90 G54 G00 X－30.0 Y－30.0;	快速定位到孔加工位置
N40	G43 H01 S1200 M03 Z50.0;	执行刀具长度补偿，刀具定位到初始位置（Z50.0），启动主轴，转速为 1 200 r/min
N50	G99 G81 Z－3.0 R3.0 F120;	钻定位孔，注意钻孔深度
N60	X30.0;	钻第二孔
N70	Y30.0;	钻第三孔
N80	X－30.0;	钻第四孔
N90	G80 M05;	取消固定循环
N100	G91 G28 Y0 Z0;	刀具回 y、z 轴参考点处
N110	T02;	选取 2 号刀具（ϕ34.5 mm 钻头）
N120	M06;	换刀
N130	G90 G54 G00 X－30.0 Y－30.0;	快速定位到孔加工位置
N140	G43 H02 Z50.0 S120 M03;	执行刀具长度补偿，刀具定位到初始位置（Z50.0），启动主轴，转速为 120 r/min，注意直径较大的钻头转速一定不能太快，否则钻头会烧坏
N150	G99 G73 Z－38.0 R3.0 Q8.0 F60;	采用高速深孔钻孔循环，注意钻孔深度，每钻深 8.0 mm，执行一次排屑动作
N160	X30.0;	钻第二孔
N170	Y30.0;	钻第三孔
N180	X－30.0;	钻第四孔
N190	G80 M05;	取消固定循环
N200	G91 G28 Y0 Z0;	刀具回 y、z 轴参考点处
N210	T03;	选取 3 号刀具（ϕ35 mm 精镗刀）
N220	M06;	换刀
N230	G54 G90 G00 X－30.0 Y－30.0;	快速定位到孔加工位置
N240	G43 Z50.0 H01 S600 M03;	执行刀具长度补偿，刀具定位到初始位置（Z50.0），启动主轴，转速为 600 r/min。镗孔时转速可适当加快
N250	G99 G86 Z－8.0 R3.0 F80;	采用普通镗孔循环，注意镗孔深度
N260	X30.0;	镗第二孔
N270	Y30.0;	镗第三孔
N280	X－30.0;	镗第四孔
N290	G80 M05;	取消固定循环
N300	G91 G28 Y0 Z0;	刀具回 y、z 轴参考点处
N310	T04;	选取 4 号刀具（ϕ40 mm 反镗刀）
N320	M06;	换刀
N330	G54 G90 G00 X－30.0 Y－30.0;	快速定位到孔加工位置
N340	G43 H04 Z50.0 S500 M03;	执行刀具长度补偿，刀具定位到初始位置（Z50.0），启动主轴，转速为 500 r/min
N350	G98 G87 Z－22.0 R－32.0 F80 Q3.0;	采用反镗孔循环，注意镗孔深度。切入点为 Z－32.0，加工终点为 Z－22.0，反镗刀准停并偏移 3.0 mm，以便反镗刀能快速下到孔底进行加工。本例中反镗孔偏移量 q 值设置应大于 (40－34.5)/2=2.75（mm）
N360	X30.0;	反镗第二孔，与第一孔方式相同
N370	Y30.0;	反镗第三孔，与第一孔方式相同
N380	X－30.0;	反镗第四孔，与第一孔方式相同
N390	G80 M05;	取消固定循环
N400	G91 G28 Y0 Z0;	刀具回 y、z 轴参考点处
N410	T05;	选取 5 号刀具（ϕ35 mm 精镗刀）
N420	M06;	换刀
N430	G54 G90 G00 X－30.0 Y－30.0;	快速定位到孔加工位置
N440	G43 H05 Z50.0 S800 M03;	为了能得到较好的孔表面光洁度，精镗孔时应取较高的主轴转速
N450	G98 G76 Z－23.0 R－5.0 F85 Q0.1;	采用精镗孔循环，注意镗孔深度及下刀点位置，切入点为 Z－5.0，刀具在孔底准停，刀尖反向偏移 0.1 mm，以避免刀尖划伤内孔
N460	X30.0;	精镗第二孔，与第一孔方式相同
N470	Y30.0;	精镗第三孔，与第一孔方式相同
N480	X－30.0;	精镗第四孔，与第一孔方式相同
N490	G80 M05;	取消孔加工固定循环
N500	G91 G28 X0 Y0 Z0;	刀具回 x、y、z 轴参考点处
N510	M30;	程序结束并回到起始位置

9.7　项目总结

1. 孔加工方式

（1）G73 高速深孔钻孔循环指令：根据 z 轴方向的间歇进给，可以较容易地排出深孔加工中的切屑。退刀量设为微小量可进行高速深孔钻削加工。

（2）G74 左旋攻螺纹循环指令：用 G74 进行左旋攻螺纹，进给速度倍率调节无效，若压下进给保持按钮，要等返回操作结束后机床才会停止。

（3）G76 精镗孔循环指令：刀具在孔底做主轴定向停止，刀尖向反方向偏移后退刀，保证刀尖不会划伤孔的表面。

（4）G81 钻孔循环指令：用于普通钻孔。

（5）G82 钻孔、阶梯镗孔固定循环指令：用于扩孔、沉孔、阶梯孔的加工，刀具在孔底执行暂停动作，但主轴仍转动，保证孔底表面的光洁度。

（6）G83 深孔钻孔循环指令：用于排屑困难的孔加工。

（7）G84 右旋攻螺纹循环指令：用于右旋螺纹加工。

（8）G85 镗削循环指令：较少使用。

（9）G86 镗孔循环指令：用于粗镗孔或精度要求不高的孔加工。

（10）G87 背镗孔循环指令：从下往上进行镗孔加工。

（11）G88 镗削循环指令：较少使用。

（12）G89 镗削循环指令：较少使用。

（13）G80 取消循环指令：取消孔加工循环动作。

对 FANUC 系统的固定循环指令说明如表 9-11 所示。

表 9-11　FANUC 系统固定循环动作说明表

G 代码	钻孔操作（−z 方向）	在孔底位置的操作	退刀操作（+z 方向）	固定循环用途
G73	间歇进给		快速进给	高速深孔钻孔循环
G74	切削进给	暂停→主轴正转	切削进给	左旋攻螺纹循环
G76	切削进给	主轴定向停止	快速进给	精镗孔循环
G80				取消循环
G81	切削进给		快速进给	钻孔循环
G82	切削进给	暂停	快速进给	钻孔、镗阶梯孔循环
G83	间歇进给		快速进给	深孔钻孔循环
G84	切削进给	暂停→主轴反转	切削进给	右旋攻螺纹循环
G85	切削进给		切削进给	镗削循环
G86	切削进给	主轴停止	快速进给	镗削循环
G87	切削进给	主轴正转	快速进给	背镗孔循环
G88	切削进给	暂停→主轴停止	手动	镗削循环
G89	切削进给	暂停	切削进给	镗削循环

2. 使用孔加工固定循环指令的注意事项

（1）编程时必须注意在固定循环指令之前，必须先使用 S 和 M 代码指令主轴旋转。

（2）在固定循环模态下，包含X、Y、Z、A、R的程序段将执行固定循环。如果一个程序段不包含前面的任何一个地址，则在该程序段中将不执行固定循环，G04 中的地址 X 除外。另外，G04中的地址P不会改变孔加工参数中的P值。

（3）孔加工参数Q、P必须在固定循环被执行的程序段中被指定，否则指令的Q、P值无效。

（4）在执行含有主轴控制的固定循环（G74、G76、G84 等）过程中，刀具开始切削进给时，主轴有可能还没有达到指令转速。在这种情况下，需要在孔加工操作之间加入 G04 暂停指令。

（5）前面已经讲过，01 组的 G 代码也起到取消固定循环的作用，所以请不要将固定循环指令和01组的G代码写在同一程序段中。

（6）如果执行固定循环的程序段中指令了一个 M 代码，M 代码将在固定循环执行定位时被同时执行，M 指令执行完毕的信号在 *z* 轴返回参考平面或初始平面后被发出。使用 K 参数指令重复执行固定循环时，同一程序段中的M代码在首次执行固定循环时被执行。

（7）在固定循环模态下，刀具偏置指令G45～G48将被忽略（不执行）。

（8）单程序段开关置上位时，固定循环执行完 *x*、*y* 轴定位、快速进给到 *R* 参考平面及从孔底返回（到 *R* 参考平面或 *B* 初始平面）后，都会停止。也就是说需要按循环起动按钮三次才能完成一个孔的加工。在三次停止中，前面的两次是处于进给保持状态，后面的一次是处于停止状态。

（9）执行 G74 和 G84 循环指令时，*z* 轴从 *R* 参考平面到 *Z* 点和 *Z* 点到 *R* 参考平面两步操作之间，如果按下进给保持按钮，进给保持指示灯立即会亮，但机床的动作却不会立即停止，直到 *z* 轴返回 *R* 参考平面后才进入进给保持状态。另外 G74 和 G84 循环中，进给倍率开关无效，进给倍率被固定在100%。

9.8 SIEMENS 数控系统的固定循环功能

9.8.1 SIEMENS 数控系统固定循环概述

虽然固定循环的功能一样，但是 SIEMENS 数控系统固定循环的使用方法与 FANUC 数控系统则完全不同，可以看出上一节中 FANUC 数控系统的固定循环通过 G 功能代码来实现，而在 SIEMENS 数控系统中，固定循环需要在编程环境中编写参数。数控系统在程序编辑环境中也专门提供插入固定循环的功能。常用的固定循环包括以下几方面。

LCYC82——钻削，沉孔加工。

LCYC83——深孔钻削。

LCYC840——带补偿夹具的螺纹切削。

LCYC84——不带补偿夹具的螺纹切削。

LCYC85——镗孔。

LCYC60——线性孔排列。

LCYC61——圆弧孔排列。

LCYC75——矩形槽、键槽、圆形凹槽铣削。

注意

① 循环中所使用的参数为 R100～R149。

② 调用一个循环之前该循环中的传递参数必须已经赋值，不需要的参数置为空格或零。

③ 循环结束以后传递参数的值保持不变。

9.8.2　钻削循环

钻削循环的命令格式为：LCYC82。

功能：刀具以编程的主轴转速和进给速度钻孔，到达最后钻深后，可实现孔底停留，退刀时以快速退刀。循环过程如图 9-14 所示，其中的参数如表 9-12 所示。

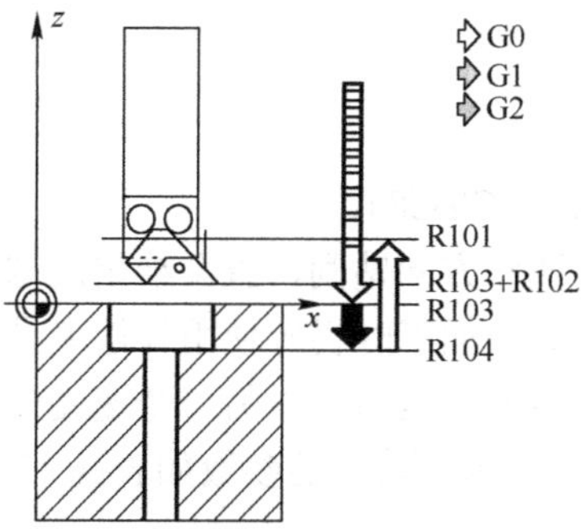

图 9-14　钻削循环过程

表 9-12　钻削循环过程中的参数含义

参　数	含　义
R101	初始平面
R102	安全高度
R103	参考平面
R104	最后钻深（绝对值）
R105	钻底停留时间

【说明】

- R101：初始平面确定循环结束之后钻削轴的抬刀位置。
- R102：安全高度为相对参考平面刀具的抬刀安全距离，其方向由循环自动确定。
- R103：参考平面就是图纸中所标明的钻削起始位置。
- R104：确定钻削深度，它取决于工件零点。
- R105：刀具在最后钻削深度的停留时间（s）。

例如，用钻削循环 LCYC82 加工如图 9-15 所示孔，孔底停留时间为 2 s，安全高度为 4 mm，试编制程序如下。

```
N10 G0 G17 G90 F100 T2 D2 S500 M3;
N20 X24 Y15;
```

```
N30 R101=110 R102=4 R103=102 R104=75 R105=2;
N40 LCYC82;
N50 M2;
```

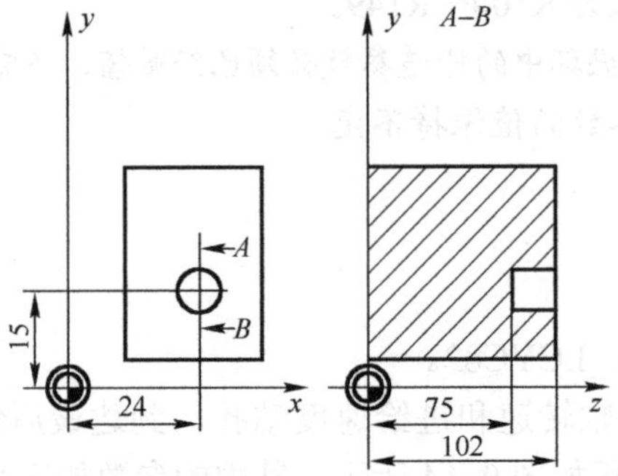

图 9-15 钻削循环实例

9.8.3 螺纹切削循环

螺纹切削循环的命令格式为：LCYC84。

功能：刀具以设置的主轴转速和方向钻削，直至给定的螺纹深度。与 LCYC840 相比此循环运行更快、更精确。尽管如此，加工时仍应使用补偿夹具。钻削轴的进给速度由主轴转速导出。在循环中旋转方向自动转换，退刀可以另一个速度进行。

螺纹切削循环过程如图 9-16 所示，其中的参数如表 9-13 所示。

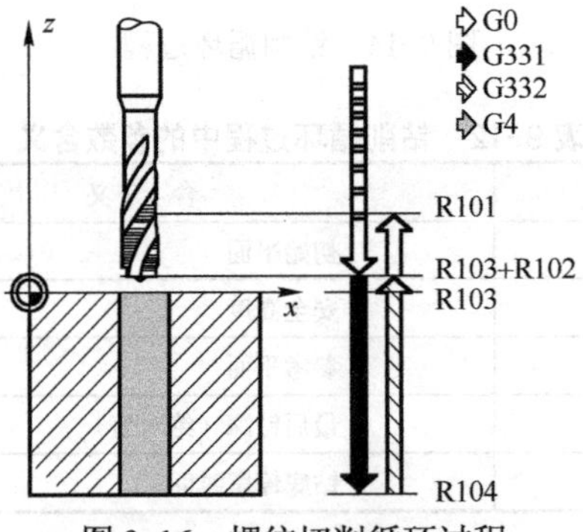

图 9-16 螺纹切削循环过程

表 9-13 螺纹切削循环过程中的参数含义

参 数	含 义
R101	初始平面（绝对坐标）
R102	安全高度
R103	参考平面（绝对坐标）
R104	最后钻深（绝对坐标）
R105	在螺纹终点处的停留时间
R106	螺纹导程，范围：0.001～2000.000 mm，−0.001～−2000.000 mm
R112	攻螺纹速度
R113	退刀速度

① 用 G0 回到参考平面加安全高度处。

② 在 0 度时主轴停止，主轴转换为坐标轴运行。

③ 用 G331 指令和 R112 下所设置的转速加工螺纹，旋转方向由螺距（*R*106）的符号确定。

④ 用 G332 指令和 R113 下所设置的转速退刀至参考平面处。

⑤ 用 G0 退回到初始平面，取消主轴与坐标轴运行。

【说明】

- 参数 R101～R105 的含义与 LCYC82 指令相同。
- R106 用此数值设定螺纹间的距离，数值前的符号表示加工螺纹时主轴的旋转方向。正号表示右转（同 M3），负号表示左转（同 M4）。
- R112 规定攻螺纹时的主轴转速。
- R113 在此参数下可以设置退刀时的主轴转速。如果此值设为零，则刀具以 R112 下所设置的主轴转速退刀。

例如，在 *xy* 平面的 X30Y35 处攻螺纹，钻削轴为 *z* 轴。没有设置停留时间。负螺距编程，即主轴左转，编制的程序如下。

```
N10 G0 G90 G17 T4 D4 ;                              规定一些参数值
N20 X30 Y35 Z40 ;                                   回到钻孔位
N30 R101=40 R102=2 R103=36 R104=6 R105=0 ;          设定参数
N40 R106=−0.5 R112=100 R113=500 ;                   设定参数
N50 LCYC84 ;                                        调用循环
N60 M2 ;                                            程序结束
```

9.8.4　镗削循环

镗削循环的命令格式为：LCYC85。

功能：刀具以编程的主轴转速和进给速度镗孔，到达最后镗孔深度后，可实现孔底停留，进刀及退刀时分别以参数指定速度退刀。镗削循环过程如图 9-17 所示，其中的参数如表 9-14 所示。

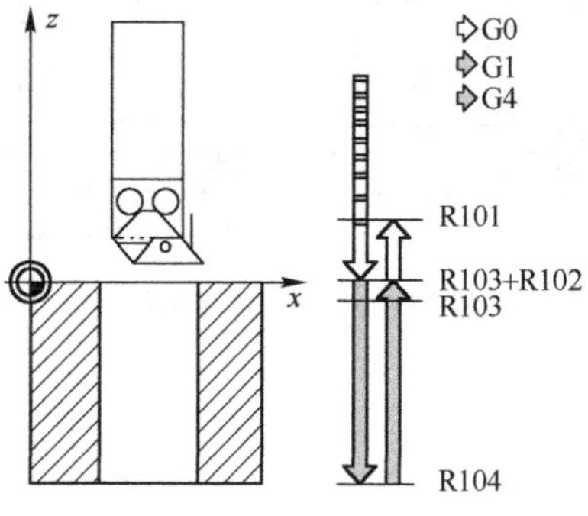

图 9-17　镗削循环过程

① 用 G0 回到参考平面加安全高度处。

② 用 G1 以 R107 参数设置的进给速度加工到最终镗孔深度。

③ 执行最终深度的停留时间。

④ 用G1以R107参数设置的退刀进给速度返回到参考平面加安全距离处。

表9-14 镗削循环过程中的参数含义

参 数	含 义
R101	初始平面（绝对坐标）
R102	安全高度
R103	参考平面（绝对坐标）
R104	最后钻深（绝对值）
R105	在此钻削深度处的停留时间
R107	钻削进给速度
R108	退刀时进给速度

【说明】

- 参数 R101～R105 的含义与 LCYC82 指令相同。
- R107 确定镗孔时的进给速度大小。
- R108 确定退刀时的进给速度大小。

例如，用镗削循环 LCYC85 加工如图 9-18 所示孔，无孔底停留时间，安全高度为 2 mm，试编写程序如下。

```
N10 G0 G18 G90 F1000 T2 D2 S500 M3;
N20 X50 Y105 Z70;
N30 R101=105 R102=2 R103=102 R104=77 R105=0 R107=200 R108=100;
N40 LCYC85;
N50 M2;
```

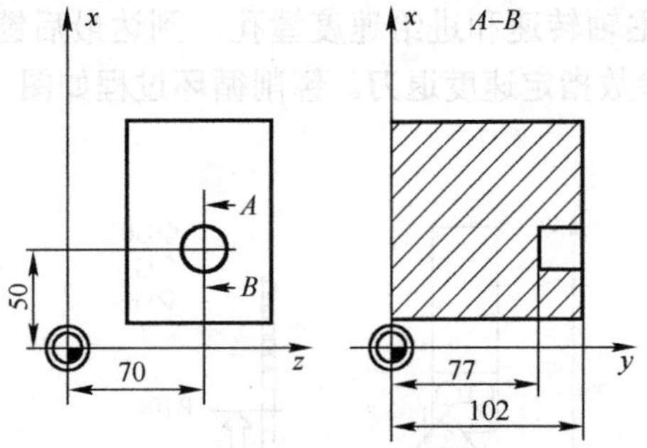

图9-18 镗削循环实例

思考与练习9

1. 简述钻孔加工循环指令的六个动作。
2. 使用钻孔加工循环指令编制如图9-19和图9-20所示的孔系程序，刀具自定。

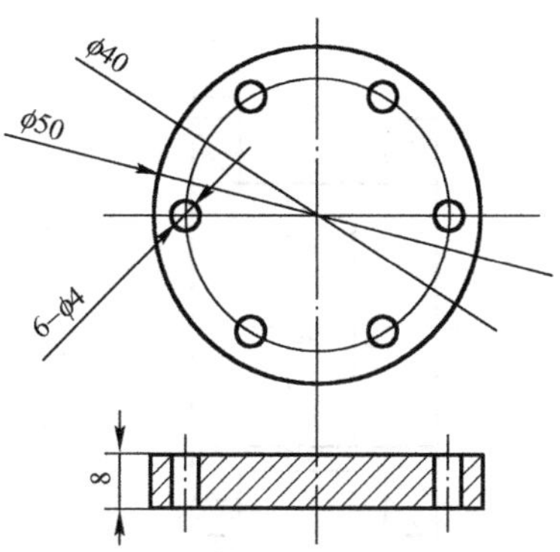

图 9-19

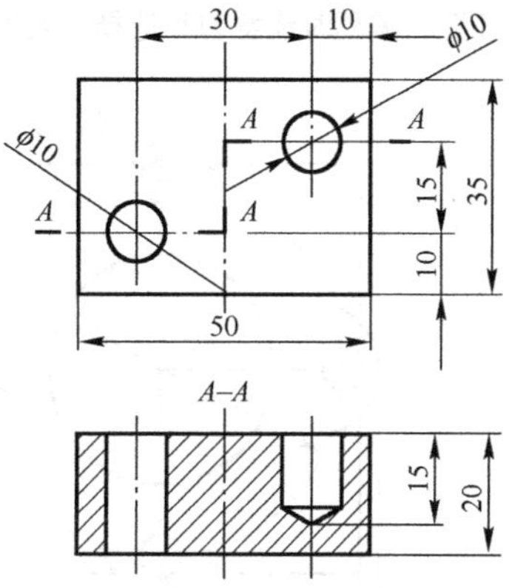

图 9-20

3．使用钻孔加工循环指令编制如图 9-21 所示的孔系程序，刀具自定。注意换刀问题。

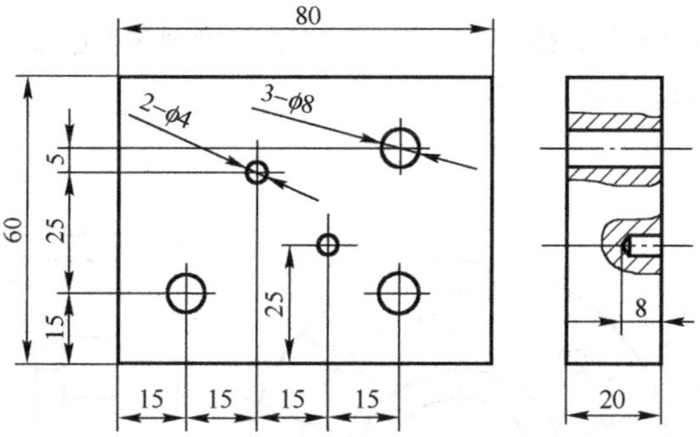

图 9-21

4．使用钻孔加工循环指令加工如图 9-22 所示的孔系，并完成螺纹加工，刀具自定。注意工序问题，钻孔时刀具要选择合适，为攻螺纹留出余量。

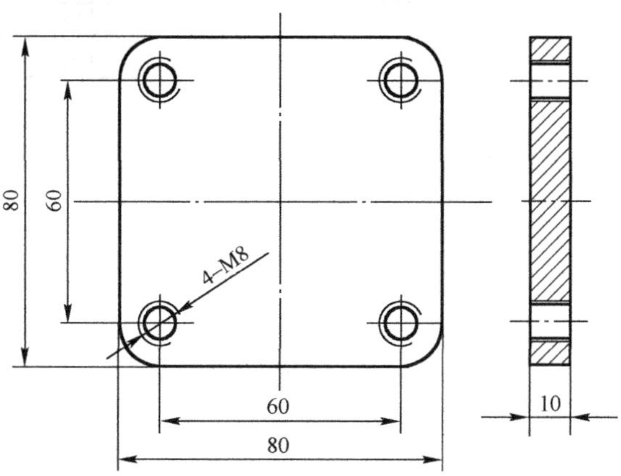

图 9-22

5．编程实现如图 9-23 所示ϕ10 mm 和ϕ56 mm 孔的加工，零件上下表面已加工完好，毛坯上预锻出

ϕ56 mm 孔的毛坯孔。编程时注意刀具选择和换刀问题。

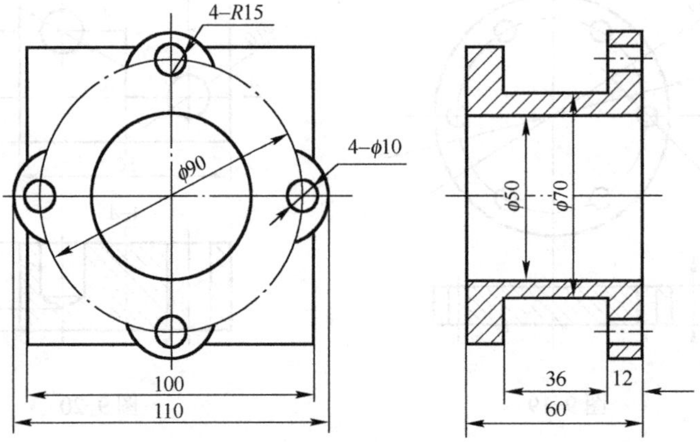

图 9-23

6．实现如图 9-24 所示中心孔、螺纹孔、沉孔的加工，零件外表面已加工到位，毛坯上预锻出中心毛坯孔。试编制孔加工工序卡和零件加工程序。

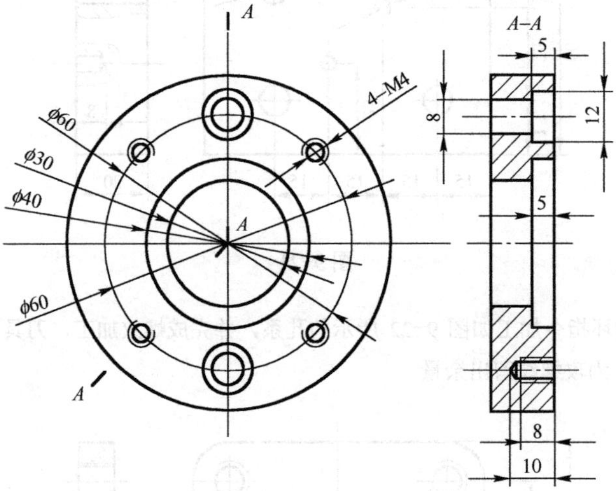

图 9-24

第 10 章　子程序的应用

在实际生产过程中，常常遇到重复性的加工操作或重复形状的加工动作，此时可以将这部分重复操作编写成子程序存储在存储器中，根据需要进行调用，这样不仅大大简化编程过程，同时可以使复杂的加工过程分解成不同模块，使编程更加灵活。本章利用一个型腔加工实例，讲述子程序在数控铣削中的应用。同时学习一个型腔加工的典型编程方法和加工过程。

【学习目标】

（1）掌握数控铣削子程序的基本概念。
（2）掌握子程序简化编制的方法。
（3）掌握型腔加工的典型编程方法和加工工艺。

【项目内容】

盖板加工。已知盖板零件样图如图 10-1 所示，材料为铝件，零件毛坯尺寸为 85mm×85mm×40mm，要求粗、精铣除底面以外所有要求尺寸。

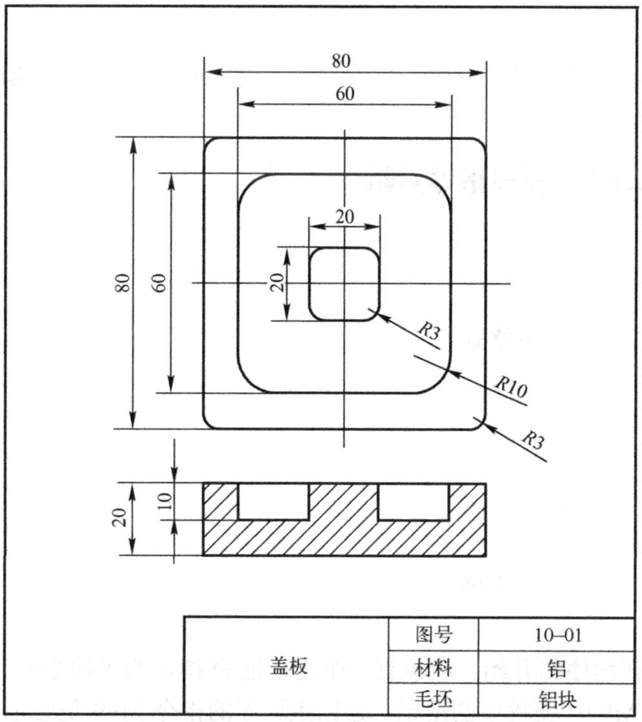

图 10-1　盖板零件样图

10.1 项目准备知识

10.1.1 子程序的概念

子程序编程是计算机程序设计语言中的基本功能，现代CNC系统一般都提供调用子程序功能。但子程序调用不是数控系统的标准功能，不同的数控系统所用的指令和格式有所不同。

程序可分为主程序和子程序，机床一般按主程序的指示操作，如果主程序中有调用子程序的指令，则程序转入子程序的指令操作，直到出现返回主程序的指令。

在一个加工程序中，若有几个一连串的程序段完全相同（即一个零件中有几处形状相同，或刀具运动轨迹相同），为了缩短程序，可把重复的程序段单独抽出，编成子程序，存储在CNC系统内，反复调用；如图10-2所示。调用子程序的程序称为主程序。另外，被调用的子程序还可以调用其他子程序，这种调用过程称为嵌套调用，如图10-3所示。

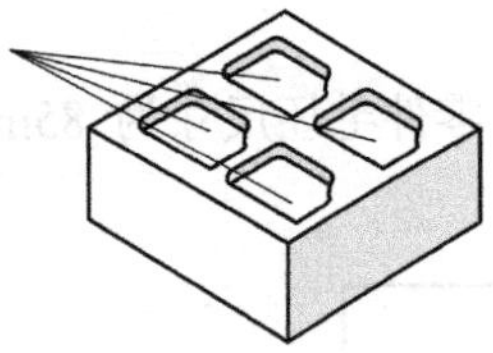

图10-2 在一个工件加工中四次调用子程序

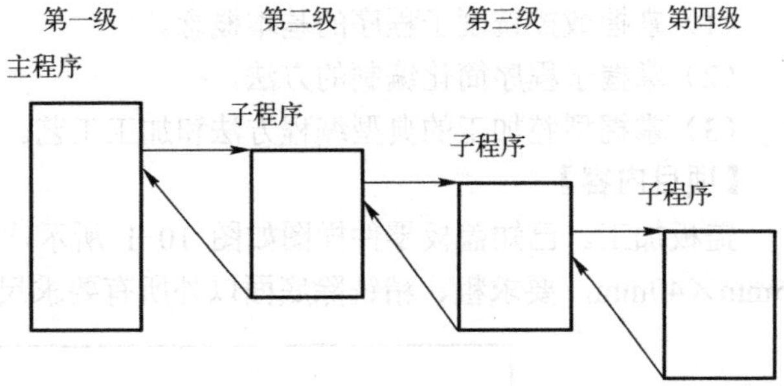

图10-3 子程序的嵌套调用

10.1.2 FANUC子程序指令分析

1. 子程序结构

一个子程序应该具有如下格式：

O××××;　　子程序号
…;
…;
…;　　子程序内容
…;
M99;　　返回主程序

【说明】

- 子程序号：在程序的开始，应该有一个由地址O指定的子程序号。
- 返回主程序M99：在程序的结尾，返回主程序的指令M99是必不可少的。M99可以不必出现在一个单独的程序段中，作为子程序的结尾。例如程序段

G90 G00 X0 Y100. M99;

2. 子程序的调用

在主程序中，调用子程序的程序段格式如下所示。

【指令格式】

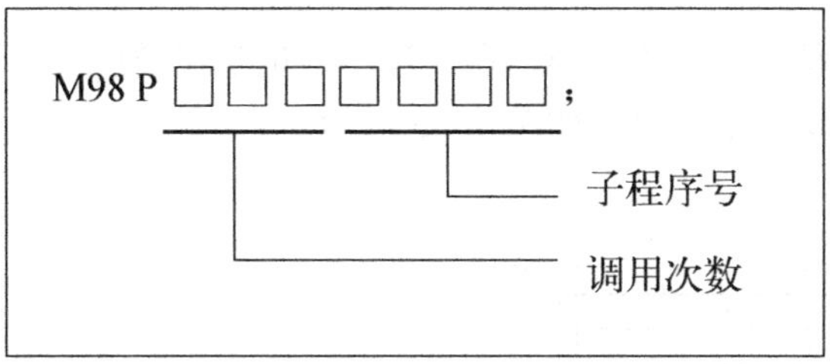

【说明】

- 地址 P 后面所跟的数字中，后面的四位用于指定被调用的子程序的程序号，前面的三位用于指定调用的重复次数。

  例如：M98 P51002；　调用 1002 号子程序，重复 5 次。

  M98 P1002；　调用 1002 号子程序，重复 1 次。

  M98 P50004；　调用 4 号子程序，重复 5 次。

- 子程序调用指令可以和运动指令出现在同一程序段中。

  例如：G90 G00 X−75. Y50. Z53. M98 P40035；

该程序段指令 X、Y、Z 三轴以快速定位进给速度运动到指令位置，然后调用执行 4 次 35 号子程序。

注意

- 子程序编制时，在子程序的开头 O 的后面编制子程序号，子程序的结尾一定要有返回主程序的辅助指令 M99。
- 一旦省略了重复次数，重复调出次数为 1 次。
- 从子程序中调出子程序时，与从主程序中调出子程序时相同，如图 10-4 所示。

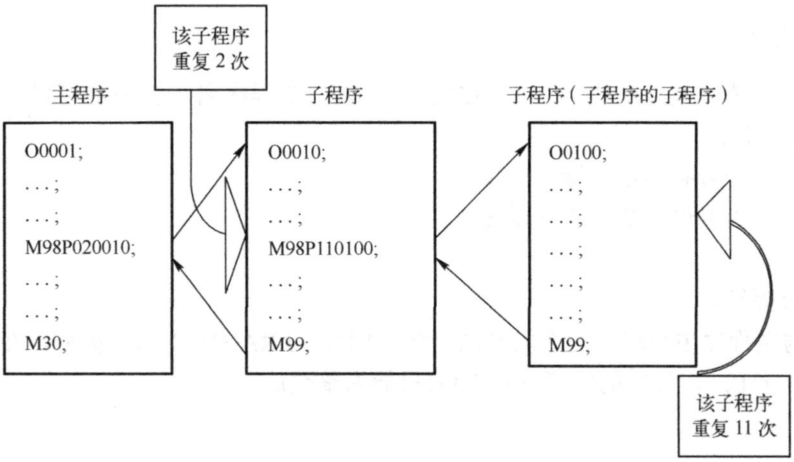

图 10-4　子程序的调用与执行顺序

10.1.3 SIEMENS 系统子程序指令分析

1. 结构

子程序的结构与主程序的结构一样，在子程序中也是在最后一个程序段中用 M2 结束程序运行。子程序结束后返回主程序，如图 10-5 所示。

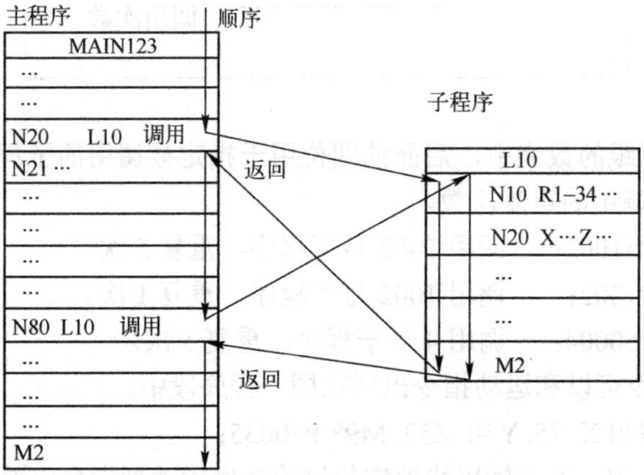

图 10-5 两次调用子程序

2. 子程序结束

除了用 M2 指令外，还可以用 RET 指令结束子程序。

RET 要求占用一个独立的程序段。

用 RET 指令结束子程序、返回主程序时不会中断 G64 连续路径运行方式。用 M2 指令则会中断 G64 运行方式，并进入停止状态。

3. 子程序名

为了方便地选择某一子程序，必须给子程序取一个程序名。程序名可以自由选取，但必须符合以下规定:

- 开始两个符号必须是字母。
- 其他符号为字母、数字或下画线。
- 最多 8 个字符。
- 没有分隔符。

其方法与主程序中程序名的选取方法一样。例如，LRAHMEN 7。另外，在子程序中还可以使用地址字 L...，其后的值可以有 7 位(只能为整数)。

注意

地址字 L 之后的每个零均有意义，不可省略。

例如，L128 并非 L0128 或 L00128!
以上表示三个不同的子程序。

4．子程序调用

在一个程序中(主程序或子程序)可以直接用程序名调用子程序，子程序调用要求占用一个独立的程序段。

例如:

```
N10 L785          ;调用子程序 L785
N20 LRAHMEN7  ;调用子程序 LRAHMEN7
```

5．程序重复调用次数

如果要求多次连续地执行某一子程序，则在设置时必须在所调用子程序的程序名后地址 P 下写入调用次数，最大次数可以为 9999(P1～P9999)。

例如:

```
N10 L785 P3       ;调用子程序 L785，运行 3 次
```

10.2　项目分析与实施

1．工艺说明

1）毛坯说明

零件毛坯尺寸为 85mm×85mm×40mm，材料为铝件。

2）工序说明

本实例的加工内容为除底面以外的所有加工表面，因此加工部位包括顶平面、外侧面、内槽侧壁、内槽底面。通过分析零件样图 10-1 可知，只要刀具半径选择合理，可以采用一把立式铣刀完成所有加工表面。

工步划分：采用按加工表面、先粗后精的划分原则。

加工方案：铣顶平面→粗铣外侧面→精铣外侧面→粗铣内槽侧壁、底面→精铣内槽侧壁、底面。加工工序卡如表 10-1 所示。

注意

- 铣顶平面：由于不需要进行轮廓铣削，因此不需要采用刀具半径补偿方法进行加工。
- 外侧面和内侧面的铣削都需要使用半径补偿，但为了使用同一段程序完成粗、精加工，采用同一把刀具不同刀具半径补偿值的方法实现。侧面精加工余量为 0.15 mm。

表 10-1　数控加工工序卡片　　　　编号：10—01

零件名称	盖板	零件图号	10—01	工序名称	铣削表面		
零件材料	铝	材料硬度		使用设备			
使用夹具	平口钳	装夹方法					
程序文件		日　期	年　月　日	工艺员			
工　步　描　述							
工步编号	工 步 内 容	刀具编号	刀具规格(mm)	主轴转速(r/min)	进给速度(mm/min)	吃刀量(mm)	备　注
1	铣顶平面	T01	ϕ16 立铣刀	S1200	F1000		无刀具半径补偿
2	粗铣外侧面	T01	ϕ16 立铣刀	S1200	F1000		刀具半径补偿量为 *R*8.15 侧面预留 0.15 mm 余量
3	精铣外侧面	T01	ϕ16 立铣刀	S1000	F500		刀具半径补偿量为 *R*8
4	粗铣内槽侧壁、底面	T01	ϕ16 立铣刀	S1200	F1000		刀具半径补偿量为 *R*8.15 侧面预留 0.15 mm 精加工余量 底面预留 0.5 mm 精加工余量
5	精铣内槽侧壁、底面	T01	ϕ16 立铣刀	S1000	F500		刀具半径补偿量为 *R*8

3）刀具选择说明

鉴于要铣削内槽，考虑内槽的过渡半径为 *R*10，选择半径≤*R*10 的铣刀即可，在此选择 ϕ16mm 立铣刀。根据前面的工序分析可以知道，为了明确本项目的目的，此加工都采用一把立式铣刀，不涉及换刀，如表 10-2 所示。

- 粗加工侧壁（内、外）时刀具半径补偿为：

粗加工刀具半径补偿＝精加工余量＋刀具半径值＝0.15+8＝8.15mm

- 精加工侧壁（内、外）时刀具半径补偿为：

粗加工刀具半径补偿＝刀具半径值＝8mm

表 10-2　数控加工刀具卡片　　　　编号：10—01

零件名称		盖板	零件图号	10—01	工序卡号	10—01
工步号	刀具号	刀具规格名称	刀补号	加工表面		备注
1	T01	ϕ16mm 立铣刀	H01	铣顶平面		无刀具半径补偿
2、4			D30	粗铣侧面、底面		*R*8.15
3、5			D31	精铣侧面、底面		*R*8

4）装夹、定位说明

工件外形规则，可以采用平口虎钳夹持，底面用等高垫铁垫平。

另外，由于本项目要铣削零件外侧壁，因此在虎钳装夹时，要保证装夹平面要低于加工部分。

2. 编程说明

1）编程原点的选择

由于本零件外形规则，选择零件上表面中心作为编程原点。由于毛坯上表面需要进行加工，因此对刀点要低于毛坯表面。如图 10-6 所示，将对刀点选在毛坯上表面以下 2.5mm 处。

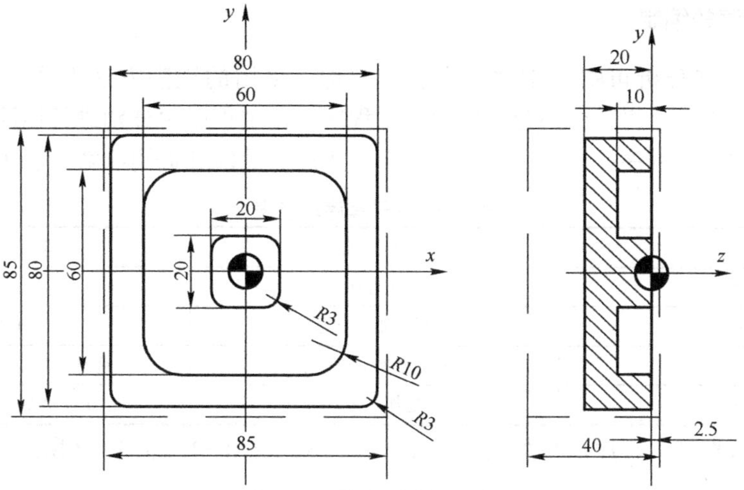

图 10-6　编程原点的选择

2）加工轨迹

本实例三个部分加工轨迹不同。

- 铣上表面：由于毛坯尺寸为 85mm×85mm，因此考虑使用刀具为ϕ16mm 的立铣刀，为保证铣削质量，采用行切法进行平面铣削，行距为 14mm。如表 10-3 所示为加工上表面的走刀路线图。

表 10-3　数控加工走刀路线图　　　　**编号：10—01**

零件名称	盖板	零件图号	10—01	工艺卡编号	10—01
加工内容	铣上表面			程序号	

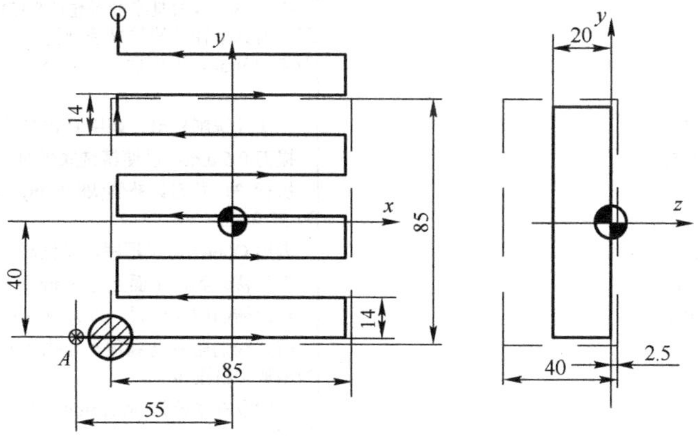

符号	⊙	⊗	⊕	○——→	——→	- - - →	
含义	抬刀	下刀	编程原点	起刀点	走刀方向	快移	

- 铣外侧壁：由于外侧壁余量为 5mm，可以使用立式铣刀侧刃一次铣削完毕，刀具从外侧进刀，轨迹为环切。注意刀具半径补偿。
- 铣内槽侧壁和底面：内槽包括一个中间岛屿，因此铣削时注意内壁和岛屿外壁刀补方向。同时由于深槽加工，因此不能一次铣削，必须采用分层铣削，同时采用环切轨迹。

3. 加工程序的编制

根据零件工艺分析可知，零件三个加工部位，采用的铣削方法不同，同时还要进行粗、精加工，编程时，将三个部分分别编成子程序，在主程序中分别进行调用即可。

本实例分成四个程序：一个主程序、三个子程序。功能和调用次数如表 10-4 所示。

表 10-4 子程序功能表

程 序 名	功 能	调 用 次 数
O 0660;	主程序	1 次
O 0661;	顶平面加工子程序	4 次
O 0662;	外侧壁加工子程序	粗加工 1 次、精加工 1 次
O 0663;	内槽加工子程序	粗加工 10 次、精加工 10 次

该项目的数控加工程序清单如表 10-5、表 10-6、表 10-7、表 10-8 所示。

表 10-5 主程序清单 编号：10－01

零件名称	盖板	工序卡编号	10－01
序号	指令码	注释	
	O 0660;	主程序号	
N10	T01 M06;	换取 01 号刀具（D16 立铣刀）	
N20	G90G54G00X-55.0Y-40.0;	刀具定位到安全下刀位置，准备铣顶平面	
N30	G43H01S1200M03Z50.0;	执行刀具长度补偿，启动主轴	
N40	Z5.0;	刀具快速移动到下刀点位置	
N50	G01 Z0 F1000;	用直线切削移动到顶平面执行加工	
N60	G91 X15.0;	刀具补位加工，以便执行子程序的平面加工	
N70	M98 P30661;	调用子程序（O 0661 号）4 次	
N80	G00 Z5.0 G90;	具快速提刀到顶平面上方 5mm 处	
N90	X55.0Y-55.0;	快速移动到安全下刀位置，准备分层粗铣外形	
N100	G01Z-20;	用直线切削移动到顶平面以下 20mm 处执行加工	
N110	D30;	执行 30 号刀具半径补偿(R8.15)，粗铣侧面，注意，可以利用刀具半径补偿量来控制精铣的加工量，如本例取补偿值为 *R*8.15mm，即侧面预留 0.15 mm 进行精加工	
N120	M98P10662;	一次性铣削外壁，调用 O 0662 号子程序 1 次	
N130	G91G01Z0.5;	提刀 0.5 mm，以便精铣底平面，精铣量为 0.5 mm	
N140	D31;	执行 31 号刀具补偿(*R*8.0mm)，精铣侧面，本例取补偿值为 *R*8.0mm	
N150	M98P0662;	调用 O0662 号子程序，精铣侧面	
N160	G90G00Z5.0;	刀具移动到顶平面上方 5mm 处，准备分层粗铣内槽	
N170	X20.0Y-20.0;	到内槽的中间位置，以方便下刀	
N180	G01Z0.5;	用直线切削移动到顶平面执行加工，注意提高 0.5mm 作为精加工铣削用	
N190	D30;	本例取补偿值为 *R*8.15mm，即侧面预留 0.15 mm 进行精加工	
N200	M98P100663;	分层铣深，每刀铣深 1mm，调用 O 0663 号子程序，分 10 次进行铣削	
N210	G91G01Z0.5D31;	提刀 0.5 mm，以便精铣底平面，精铣量为 0.5 mm。同时执行 31 号刀具半径补偿(*R*8.0mm)，精铣侧面，本例取补偿值为 *R*8.0mm	
N220	M98P0663;	调用 O0663 号子程序，精铣底面和侧面	
N230	G90G00Z50.0M05;	提刀到安全点位置，主轴停转	
N240	G91G28Z0Y0;	机床 *y*、*z* 轴同时回机械零点	
N250	M30;	程序结束，程序回到起始位置	

表 10-6　上表面加工子程序清单　　编号：10-01

零件名称	盖板	工序卡编号	10-01
序号	指令码	注释	
	O 0661；	铣平面子程序（本编程在铣大平面时很实用）	
N10	G91G01X80.0；	用相对值移动指令进行编程	
N20	Y14.0；		
N30	X-80.0；		
N40	Y14.0；		
N50	M99；	结束子程序	

表 10-7　外壁加工子程序清单　　编号：10—01

零件名称	盖板	工序卡编号	10—01
序号	指令码	注释	
	O　0662；	粗、精铣侧面子程序（对简单形状的分层铣削，该子程序简单方便，因为可以利用半径补偿值修改形状尺寸）	
N10	G90G41X40.0Y-40.0；	转换到绝对值指令编程，执行刀具半径补偿	
N20	X-37.0；		
N30	G02X-40.0Y-37.0R3.0；		
N40	G01Y37.0；		
N50	G02X-37.0Y40.0R3.0；		
N60	G01X37.0；		
N70	G02X40.0Y37.0R3.0；		
N80	G01Y-37.0；		
N90	G02X37.0Y-40.0R3.0；		
N100	G01X28.0；	取消刀具半径补偿前移动距离必须大于刀具半径值 X（37.0-8.15=28.85），本例取 X28.0	
N110	Y-50.0；		
N120	G40；		
N130	G00X55.0Y-55.0；	移回开始下刀点位置	
N140	M99；	结束子程序	

表 10-8　内槽加工程序清单　　编号：10-01

零件名称	盖板	工序卡编号	10-01
序号	指令码	注释	
	O 0663；	粗、精铣内槽子程序（本程序难点在于铣完一层时如何取消刀具半径补偿，稍不注意就会造成刀具过切现象）	
N10	G91G01X-20.0Z-1.0；	采用斜线下刀铣深的方法进行加工。用相对值指令 G91 达到分层铣的目的	
N20	G90G41Y-10.0；	转换成绝对值指令，执行刀具半径补偿，注意补偿号码在主程序中已经设定	
N30	X-7.0；		
N40	G02X-10.0Y-7.0R3.0；		
N50	G01Y7.0；		
N60	G02X-7.0Y10.0R3.0；		
N70	G01X7.0；		
N80	G02X10.0Y7.0R3.0；		
N90	G01Y-7.0；		
N100	G02X7.0Y-10.0R3.0；		
N110	G01X-1.5；	注意取消刀具半径补偿前直线切削的起点到终点的距离应大于刀具半径值，否则程序将出现报警	
N120	G40X-20.0Y-20.0；	取消刀具半径补偿，刀具移动到内槽中间位置。	
N130	G41X0 Y-30.0；	重新执行刀具半径补偿	
N140	X20.0；		
N150	G03X30.0Y-20.0R10.0；		
N160	G01Y20.0；		

续表

零件名称	盖板	工序卡编号	10－01
序号	指令码	注释	
N170	G03X20.0Y30.0R10.0;		
N180	G01X-20.0;		
N190	G03X-30.0Y20.0R10.0;		
N200	G01Y-20.0;		
N210	G03X-20.0Y-30.0R10.0;		
N220	G01X10.0;		
N230	G40X20.0Y-20.0;	刀具移动到切削起始点位置	
N240	M99;	结束子程序，返回主程序	

10.3 拓展训练

加工滑座零件。

1. 训练目标

（1）能编制零件加工工艺文件及程序。

（2）会根据零件特点合理选择刀具。

（3）能使用子程序简化编程。

（4）巩固固定循环指令的使用。

2. 训练内容

滑座件加工。要求在一块 100mm×80mm×50mm 的精毛坯上加工滑座，零件样图如图 10-7 所示，毛坯材料为 45 号钢调制，编制数控加工程序完成零件加工。

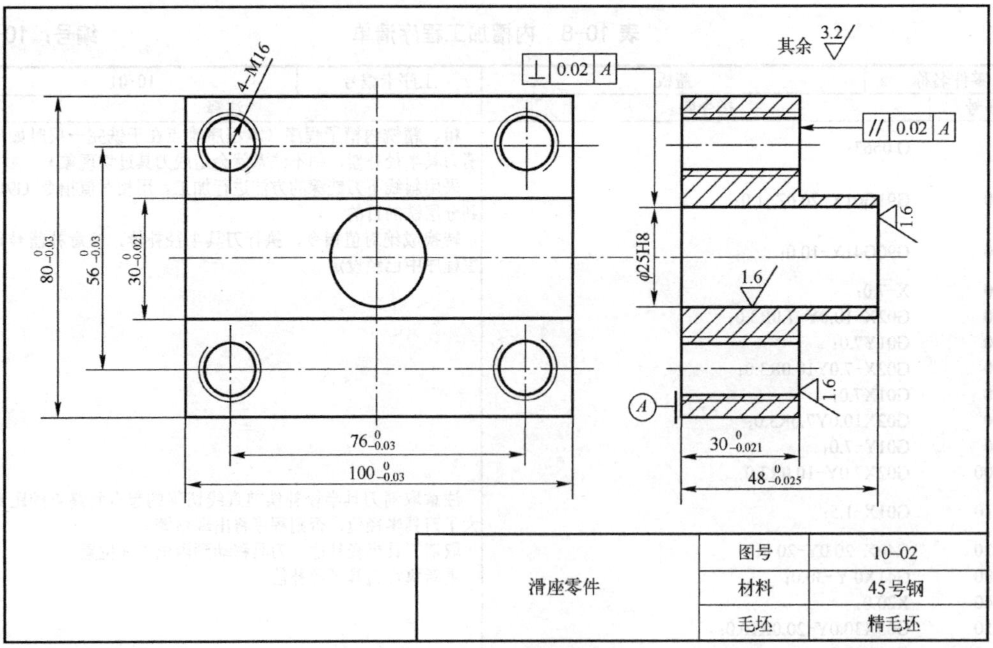

图 10-7 滑座零件样图

3. 工艺分析

1）毛坯说明

毛坯尺寸为 100mm×80mm×50mm，长度方向侧面对宽度方向侧面和底面的垂直度公差为 0.05mm。材料为 45 号钢调制。

2）零件加工精度分析

该零件凸台面的尺寸精度和形状精度都较高。对于尺寸精度要求，主要通过在加工过程中的精确对刀、正确选用刀具及刀具磨损量、正确选用合适的加工工艺等措施来保证。

主要的形位精度有槽底加工表面与底平面的平行度要求；孔的定位精度要求等。对于形位精度要求，主要通过工件在夹具中的正确安装找正等措施来保证。

零件顶面、凸台面和ϕ25 孔的内壁的表面粗糙度要求均为 R_a1.6mm，其余表面的粗糙度要求为 R_a3.2mm。对于表面粗糙度要求，主要通过选用合适的加工方法、选用正确的粗、精加工路线、选用合适的切削用量等措施来保证。

总体而言，该零件顶面和凸台面需要用较精密的铣削加工，而ϕ25 孔的精度要求也较高，因此不能用钻削解决，必须镗削或铰削完成精加工。

3）工序说明

本加工内容主要有顶面、凸台面、ϕ25mm 孔和 4 个螺纹孔，加工部位都要有一定的尺寸精度、形状精度和位置精度，因此，工艺方案均采用先粗加工然后精加工的工艺，工序卡如表 10-9 所示。

- 顶面加工：由于毛坯余量为 2mm，因此，可采用先粗后精的办法，用平面铣削完成。
- 凸台面加工：由于凸台面较深（z 向高度有 18mm），不能一次性铣削完成必须分层加工。粗加工、精加工可以使用同一程序，只需要调整刀具长度补偿参数实现粗、精加工。
- ϕ25mm 孔加工：采用钻孔→扩孔→铰孔工艺或钻孔→粗镗孔→精镗孔工艺完成。
- 螺纹孔加工：必须在凸台面加工完成后，进行钻→扩孔→攻丝工艺。

零件铣削工艺分析如下。

工步 1：使用ϕ20mm 粗立铣刀，粗铣顶面和凸台面，留 0.5mm 精加工余量。

设定长度补偿值=0.5mm，使用 G43 指令。

工步 2：实测工件尺寸，调整刀具长度补偿参数，换ϕ20mm 精立铣刀，精铣顶面和凸台面至要求尺寸。同时适当调整主轴转速和进给量，满足精加工表面质量要求。

工步 3：加工ϕ25mm 孔，先用ϕ14mm 钻头钻底孔，再用镗刀粗镗孔，然后使用镗刀精镗孔。

工步 4：螺纹孔加工，工艺方案为钻孔→扩孔→攻丝。

M16 粗牙螺纹底孔直径的确定：

M16 粗牙螺纹的螺距 P=2mm

钻孔直径 D_0=螺纹公称直径−P=16−2=14mm

表 10-9 数控工序卡片 编号：10-02

零件名称	六角形板	零件图号	10－02	加工内容	凸台、槽
零件材料	45 号钢调制	材料硬度		使用设备	立式铣床
使用夹具	平口钳	装夹方法	平口钳装夹，伸出 20mm 左右，百分表找正		
程序文件		日 期	年 月 日	工艺员	

工 步 描 述

工步编号	工 步 内 容	刀具编号	刀具规格（mm）	主轴转速（r/min）	进给速度（mm/min）	z 吃刀量（mm）	备 注
1	粗铣顶面和凸台面	1	ϕ20 立铣刀	300	200	5	留 0.5mm 余量
2	精铣顶面和凸台面	2	ϕ20 立铣刀	600	100	5	精铣立铣刀
3	钻ϕ25mm 孔、M16 螺纹孔的预钻孔	3	中心钻	500	40		钻定位孔
		4	ϕ14 钻头	500	40		钻底孔
4	镗削ϕ25mm 孔	5	粗镗刀	500	40		留 0.5mm 余量
		6	精镗刀	500	40		
5	加工 M16 螺纹孔	7	M16 丝锥				攻螺纹

4. 参考程序

凸台面加工：

凸台面加工需要分层加工，每层下降 5mm，分 4 层铣削，粗铣留 0.5mm 余量，鉴于选择ϕ20mm 立铣刀加工，则凸台面加工轨迹如图 10-8 所示，加工顺序为 $A\to B\to C\to D\to E\to F\to G\to H$。

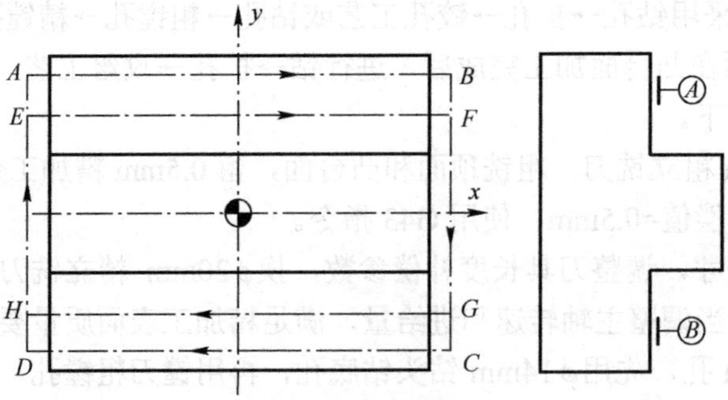

图 10-8 凸台面加工轨迹

各点坐标：

A（−62，35） B（62，35） C（62，−35） D（−62，−35）

E（−62，25） F（62，25） G（62，−25） H（−62，−25）

凸台面主程序如表 10-10 所示。

表 10-10　凸台面主程序　　编号：10-02

程序名称	O 1020	工艺卡编号	10－02
序号	指令码	注释	
	O1020		
	G54 G90 G17 G21 G94 G49 G40；	程序初始化	
	T01 M06；	换 1 号刀，粗铣凸台外轮廓	
	G00 Z50 S300 M03 M08；		
	G43 G00 X-62 Y35 H01；		
	Z2；	快速移动至 *A* 点（*z*=2）	
	M98 P41021；	调用凸台面加工子程序 4 次，程序号 O1021	
	G90 G00 Z50；		
	T02 M06；	换 2 号刀，精铣凸台轮廓	
	G43 G00 Z-13 H02；		
	M98 P1021；	调用凸台面加工子程序 1 次，加工到位	
	G90 G40 G00 Z100；	取消长度补偿，回到原点上方 100mm	
	X0 Y0；		
	M05 M09；		
	M30；		

凸台面子程序如表 10-11 所示。

表 10-11　凸台面子程序　　编号：10-02

程序名称	O 1021	工艺卡编号	10－02
序号	指令码	注释	
	O1021	用相对坐标编程	
	G91 G00 Z-5；	层下刀深度-5mm	
	G01 X124 F200；	由 *A* 点加工到 *B* 点	
	G00 Y-70；	快速定位至 *C* 点	
	G01 X-124；	由 *C* 点加工到 *D* 点	
	G00 Y-60；	快速定位至 *E* 点	
	G01 X124；	由 *E* 点加工到 *F* 点	
	G00 Y-50；	快速定位至 *G* 点	
	G01 X-124；	由 *G* 点加工到 *H* 点	
	G00 Y60；	快速返回至 *A* 点	
	M99；	子程序返回	

顶面加工和孔加工程序，请学生自行编写。

思考与练习 10

1．使用子程序编制如图 10-9 所示的深槽，要求分粗精加工，并实现分层加工。

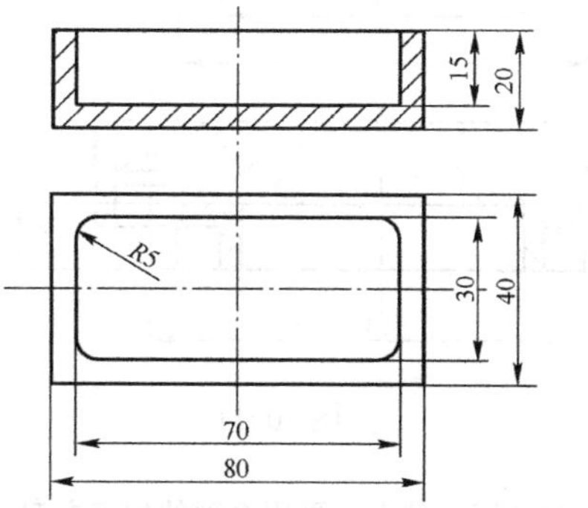

图 10-9

2．使用子程序编制如图 10-10 所示的深槽。

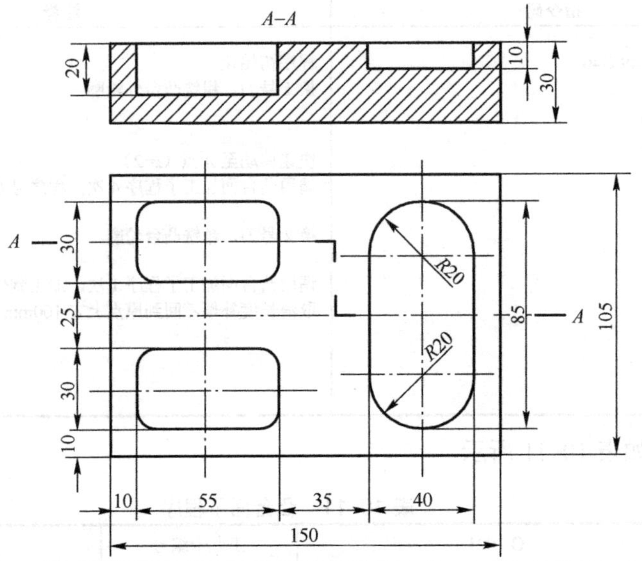

图 10-10

3．制定如图 10-11 所示零件的加工工艺卡，采用合理的加工方案，编制零件程序。

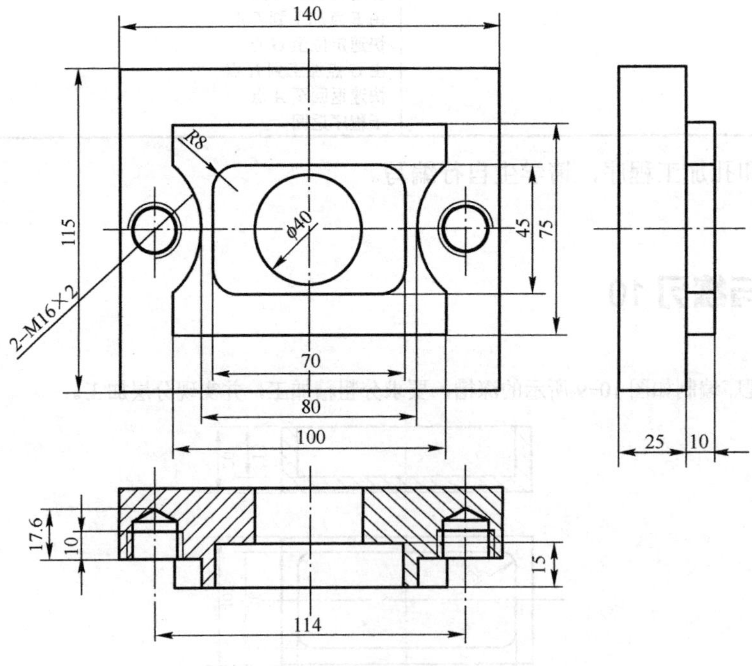

图 10-11

4．制定如图 10-12 所示零件的加工工艺卡，采用合理的加工方案，编制零件程序。

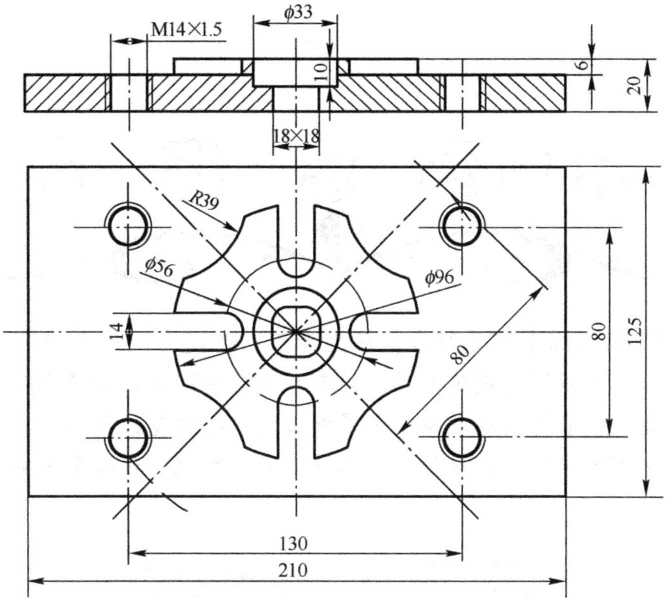

图 10-12

第11章 宏指令

我们在前面所使用的指令都是数控机床生产厂家开发的，作为使用者只能按规定进行编程，所有的参数坐标都是事先规定好的。但有时候这些固定格式的指令满足不了用户灵活的需求，例如，如图 11−1 所示的孔系，如果加工时孔的数量、行列数、孔间距等需要随时依据情况变化，使用固定坐标的程序显然就不够灵活。因此，数控系统提供了用户宏程序，使编程更具有灵活性。

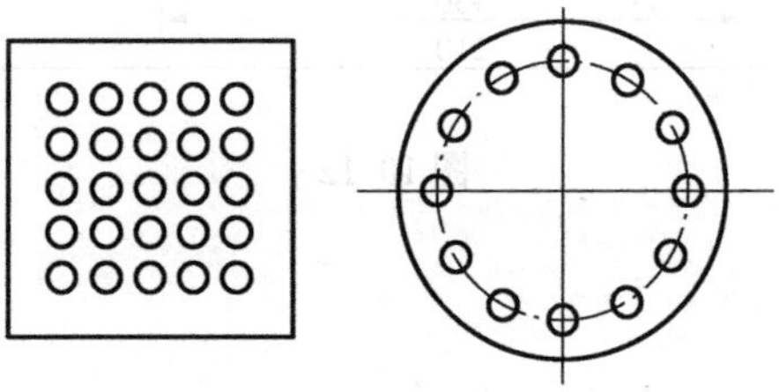

图 11−1　孔系

【学习目标】

（1）了解数控系统用户宏程序的概念。
（2）掌握基本宏程序的编制方法与调用指令。
（3）掌握宏程序在编程与加工过程中的用法。

11.1　宏程序的概述

1. 概念

用户把实现某种功能的一组指令像子程序一样预先存入存储器中，用一个指令代表这个存储程序的功能，在程序中只要指定该指令就能实现这个功能。把这一组指令称为用户宏程序本体，简称宏程序；把代表指令称为用户宏程序调用指令，简称宏指令，如图 11-2 所示。

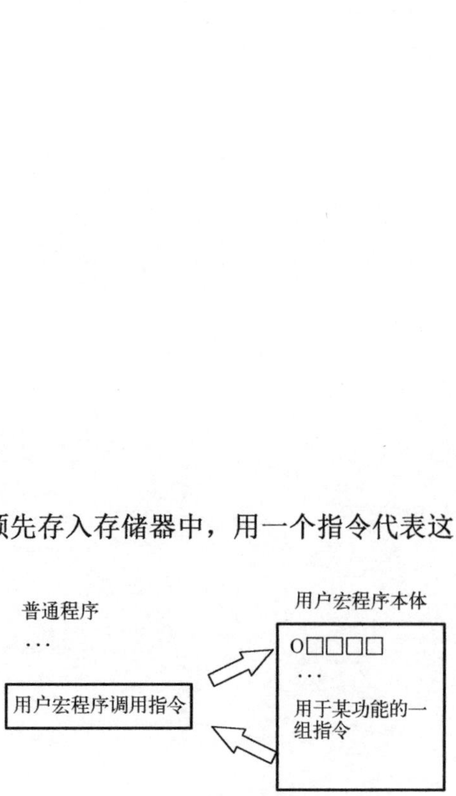

图 11-2　用户宏程序的调用

2. 宏程序与普通程序的区别

在用户宏程序本体中，能够使用变量，可以

给变量赋值，变量之间可以进行运算，程序的执行顺序可以跳转。而普通程序只能使用常量，常量之间不能进行运算，程序只能顺序地执行，不能跳转，因此功能是固定的，不能变化。下面就以 FANUC 系统的 B 类宏程序指令为例，讲解其使用方法。

11.2　宏程序的调用

1. 调用方式

宏程序的调用方式有以下几种：

- G65 码宏程序调用。
- G66、G67 码宏程序调用。
- M 码宏程序调用。
- G 码子程序调用。
- M 码子程序调用。

2. 宏调用和子程序调用之间的区别

- 用 G65 码可以指定一个自变量（传递给宏程序的数据），而 M98 没有这个功能。
- 当 M98 段含有另一个 NC 语句时（如 G01 X100.0　M98 P××××），则执行指令之后调用子程序，而指令 G65 无条件地调用一个宏程序。
- 当 M98 段含有另一个 NC 语句时（如 G01 X100.0　M98 P××××），在单程序段方式下机床停止，而使用指令 G65 时机床不停止。

3. 宏程序的简单调用格式

宏程序的简单调用是指在主程序中，宏程序可以被单个程序段单次调用。其指令格式为：

G65　P（宏程序号）　L（重复次数）（变量分配）

【说明】

- G65 为宏程序调用指令。
- P（宏程序号）指定被调用的宏程序号。
- L（重复次数）指定宏程序重复运行的次数，重复次数为 1 时，可省略不写。变量分配则为宏程序中使用的变量赋值。
- 宏程序与子程序的相同点是，一个宏程序可被另一个宏程序调用，最多可嵌套调用 4 个层次。

11.3　宏程序本体

宏程序的编写格式与子程序相同。其格式为：

O□□□□;　　　　宏程序号（0001~8999）

```
N10  …;          指令
…;
…;
…;
N□□ M99;         宏程序结束
```

在上述宏程序内容中，除通常使用的编程指令外，还可使用变量、算术运算指令及其他控制指令。变量值在宏程序调用指令中赋给。

11.4 宏变量

一个普通的零件加工程序指定 G 指令码并直接用数字值表示移动的距离，例如，G100 X100.0。而利用用户宏程序，既可以直接使用数字值也可以使用变量号。当使用变量号时，变量值既可以由程序改变，也可以通过 MDI 面板改变。例如：

#1=#2+100

G01 X#1 F300

1．变量书写规格

当指定一个变量时，在#后指定变量号。个人计算机允许命名给变量，宏程序没有此功能。例如：#1。

也可以用表达式指定变量号，这时表达式要用方括号括起来。例如：#[#1+#2−12]。

2．变量值的种类

根据变量号将变量分为四类，如表 11-1 所示。

表 11-1 变量的分类

变 量 号	变 量 类 型	功 能
#0	“空”	这个变量总是空的，不能赋值
#1～#33	局部变量	局部变量只能在宏程序中使用，以保持操作的结果。关闭电源时，局部变量被初始化成“空”。宏程序调用时，自变量分配给局部变量
#100～#149（#199） #500～#531（#999）	公共变量	公共变量可在不同的宏程序间共享。关闭电源时变量#100~#149 被初始化成“空”，而变量#500~#531 保持数据
#1000～	系统变量	系统变量用于读写各种 NC 数据项，如当前位置、刀具补偿值等

3．引用变量

- 指令码当用表达式指定一个变量时，必须用方括号括起来。例如：G01 X[#1+#2] F#3。
- 引用的变量值根据地址的最小输入增量自动进行四舍五入。例如：G00 X#1。

其中#1 值为 12.3456，CNC 最小输入增量为 1/1000 mm，则实际命令为 G00 X12.346。

- 为了将引用的变量值的符号取反，只需要在#号前加−号。例如：G00 X−#1。

当引用一个未定义的变量时，系统将忽略变量及引用变量的地址。

例如：#1=0 ，#2= “空”，则 G00 X#1 Y#2 的执行结果是 G00 X0。

注意

程序号、顺序号、任选段跳跃号不能使用变量。例如，变量不能用于下列方法：

```
O#1;
/#2  G00 X100.0;
N#3 Y200.0;
```

11.5　宏程序的操作

11.5.1　算术和逻辑操作

在表 11-2 中列出的操作可以用变量进行。操作符右边的表达式，可以含有常数和（或）由一个功能块或操作符组成的变量。表达式中的变量#*j* 和#*k* 可以用常数替换。左边的变量也可以用表达式替换。

表 11-2　算术和逻辑操作

功　能	格　式	注　释
赋值	#i=#j	
加	#i=#j+#k	
减	#i=#j—#k	
乘	#i=#j*#k	
除	#i=#j/#k	
正弦	#i=SIN[#j]	角度以°为单位，如：90° 30′ 表示成 90.5°
余弦	#i=COS[#j]	
正切	#i=TAN[#j]	
反正切	#i=ATAN[#j]	
平方根	#i=SQRT[#j]	
绝对值	#i=ABS[#j]	
进位	#i=ROUND[#j]	
下进位	#i=FIX[#j]	
上进位	#i=FUP[#j]	
OR（或）	#i=#jOR#k	用二进制数按位进行逻辑操作
XOR（异或）	#i=#jXOR#k	
AND（与）	#i=#jAND#k	
将 BCD 码转换成 BIN 码	#i=BIN[#j]	用于与 PMC 间信号的交换
将 BIN 码转换成 BCD 码	#i=BCD[#j]	

【说明】

- 角度单位：在 SIN、COS、TAN、ATAN 中所用的角度单位是°。
- ATAN 功能：在 ATAN 之后的两个变量用“/”分开，结果在 0° 和 360° 之间。

例如，当#1=ATAN[1]/[−1]时，#1=135.0。

- ROUND 功能：ROUND 功能包含在算术或逻辑操作、IF 语句、WHILE 语句中时，将保留小数点后一位，其余位进行四舍五入。例如，#1=ROUND[#2]；其中#2=1.2345，则#1=1.0。

当 ROUND 出现在程序语句地址中时，进位功能根据地址的最小输入增量四舍五入到指定的值。

例如，编写一个程序，要根据变量#1、#2 的值进行切削，然后返回到初始点。假定增量系统是 1/1000 mm，#1=1.2345，#2=2.3456，则：

G00 G91 X−#1;	移动 1.235 mm
G00 G91 X−#1;	移动 1.235 mm
G01 X−#2 F300;	移动 2.346 mm
G00 X[#1+#2];	因为 1.2345+2.3456=3.5801 移动 3.580 mm，
G00X[ROUND[#1]+ROUND[#2]]	不能返回到初始位置返回到初始点

例如，若#1=1.2、#2=−1.2，则有：

#3=FUP[#1]，结果为#3=2.0；
#3=FIX[#1]，结果为#3=1.0；
#3=FUP[#2]，结果为#3=−2.0；
#3=FIX[#2]，结果为#3=−1.0。

11.5.2 控制指令

1. 条件转移

条件转移指令的编程格式为：

IF [条件表达式] GOTO n

此程序段的含义为：

① 如果条件表达式的条件得以满足，则转而执行程序段中程序段号为 *n* 的相应操作，程序段号 *n* 可以由变量或表达式替代。

② 如果条件表达式中的条件未满足，则顺序执行下一程序段。

③ 如果程序要进行无条件转移，则“IF [条件表达式]”可以被省略。

④ 表达式可按如下格式书写：

#*j* EQ #*k*	表示=
#*j* NE #*k*	表示≠
#*j* GT #*k*	表示>
#*j* LT #*k*	表示<
#*j* GE #*k*	表示≥
#*j* LE #*k*	表示≤

2. 重复执行

重复执行指令的编程格式为：

```
WHILE [条件表达式] DO m （m=1,2,3）
  …
END m
```

上述“WHILE…END m”程序的含义为：

① 当条件表达式得到满足时，程序段“DO m … END m”重复执行。

② 当条件表达式中的条件不满足时，程序转到 END m 后的程序段执行。

③ 如果“WHILE　[条件表达式]”被省略，则程序段“DO m … END m”将一直重复执行。

注意

① “WHILE　DO m”和“END m”必须成对使用。

② DO 语句允许有三层嵌套，即：

```
┌ DO  1
│ …
│   ┌ DO  2
│   │ …
│   │   ┌ DO  3
│   │   │ …
│   │   └ END  3
│   │     …
│   └ END  2
│     …
└ END  1
```

③ DO 语句的范围不允许交叉，例如下面的语句是错误的：

```
┌ DO  1
│ …
│ DO  2        ┐
│ …            │
└ END  1       │
  …            │
  END  2       ┘
```

④ 无限循环是指定了 DO m 语句，而没有指定 WHILE 语句，循环将在“DO m … END m”之间无限期地执行下去。

⑤ 未定义的变量如果使用在 EQ 或 NE 条件表达式中，空值和零的使用结果是不同的；而使用其他操作符的条件表达式将空值也看成零。

以上仅介绍了用户宏程序应用的基本问题，有关详细的应用说明，请查阅 FANUC 0i 系统的使用说明书。

11.6　应用举例

如图 11-3 所示的圆环点阵孔群中各孔的加工，前面曾经用子程序解决过类似问题，下面再使用 B 类宏程序方法来解决孔的加工问题。

宏程序中将用到下列变量：

#1—— 第一个孔的起始角度 *A*，在主程序中用对应的文字 A 赋值；

#3——孔加工固定循环中 *R* 参考平面值 *C*，在主程序中用对应的文字 C 赋值；

#9—— 孔加工的进给量值 *F*，在主程序中用对应的文字 F 赋值；

#11—— 要加工孔的孔数 *H*，在主程序中用对应的文字 H 赋值；

#18—— 加工孔所处的圆环半径值 *R*，在主程序中用对应的文字 R 赋值；

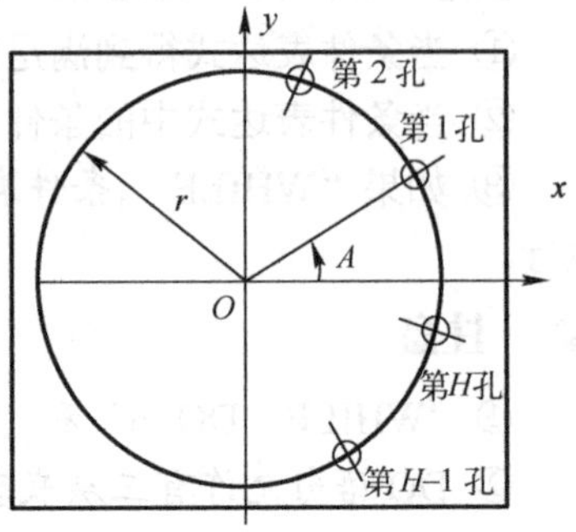

图 11-3 圆环点阵孔群的加工

#26—— 孔深坐标值 *z*，在主程序中用对应的文字 Z 赋值；

#30—— 基准点，即圆环形中心的 *x* 坐标值 x_0；

#31—— 基准点，即圆环形中心的 *y* 坐标值 y_0；

#32—— 当前加工孔的序号 *i*；

#33—— 当前加工第 *i* 孔的角度；

#100—— 已加工孔的数量；

#101—— 当前加工孔的 *x* 坐标值，初值设置为圆环形中心的 *x* 坐标值 x_0；

#102—— 当前加工孔的 *y* 坐标值，初值设置为圆环形中心的 *y* 坐标值 y_0。

用户宏程序编写如下：

```
      O8000
N10   #30=#101;                                  基准点保存
N20   #31=#102;                                  基准点保存
N30   #32=1;                                     计数值置 1
N40   WHILE [#32 LE ABS[#11]] DO1;               进入孔加工循环体
N50   #33=#1+360×[#32−1]/ #11;                   计算第 i 孔的角度
N60   #101=#30+#18×COS[#33];                     计算第 i 孔的 x 坐标值
N70   #102=#31+#18×SIN[#33];                     计算第 i 孔的 y 坐标值
N80   G90 G81 G98 X#101 Y#102 Z#26 R#3 F#9;      钻削第 i 孔
N90   #32=#32+1;                                 计数器对孔序号 i 计数累加
N100  #100=#100+1;                               计算已加工孔数
N110  END1;                                      孔加工循环体结束
N120  #101=#30;                                  返回 x 坐标初值 x0
N130  #102=#31;                                  返回 y 坐标初值 y0
N140  M99;                                       宏程序结束
```

在主程序中调用上述宏程序的调用格式为：

G65 P8000 A____ C____ F____ H____ R____ Z____;

上述程序段中各文字变量后的值均应按零件样图中的给定值来赋值。

第 12 章　数控铣床/加工中心考证训练

本章主要以数控铣床/加工中心中级考证训练样题为例，训练学生加工工艺编制能力和数控编程能力，并使学生基本达到数控铣削中级工的技能操作水平。

【训练目标】

（1）掌握数控铣削编程基本指令的编程要点，掌握中等复杂零件的手工编程。
（2）掌握数控铣削工艺，掌握粗、精加工刀具路径的规划方法。
（3）掌握数控程序校验、调试及数控机床操作，达到中级工的技能操作水平。

12.1　数控铣床/加工中心技能鉴定的基本要求

1. 基本要求

1）职业道德

（1）爱岗敬业，忠于职守。
（2）努力钻研业务，刻苦学习，勤于思考，善于观察。
（3）工作认真负责，严于律己，吃苦耐劳。
（4）遵守操作规程，坚持安全生产。
（5）团结同志，互相帮助，主动配合。
（6）着装整洁，爱护设备，保持工作环境的清洁有序，做到文明生产。

2）基础知识

（1）数控应用技术基础。
① 数控机床工作原理（组成结构、插补原理、控制原理、伺服系统）。
② 编程方法（常用指令代码、程序格式、子程序、固定循环）。
（2）安全卫生、文明生产。
① 安全操作规程。
② 事故防范、应变措施及记录。
③ 环境保护（车间粉尘、噪音、强光、有害气体的防范）。

2. 中级技能等级要求

中级铣削/加工中心技能要求如表12-1所示。

表12-1　中级铣削/加工中心技能要求

职业功能	工作内容	技能要求	相关知识
一、工艺准备	（一）读图	1. 能够读懂机械制图中的各种线型和标注尺寸 2. 能够读懂标准件和常用件的表示法 3. 能够读懂一般零件的三视图、局部视图和剖视图 4. 能够读懂零件的材料、加工部位、尺寸公差及技术要求	1. 机械制图国家标准 2. 标准件和常用件的规定画法 3. 零件三视图、局部视图和剖视图的表达方法 4. 公差配合的基本概念 5. 形状、位置公差与表面粗糙度的基本概念 6. 金属材料的性质
	（二）编制简单加工工艺	1. 能够制定简单的加工工艺 2. 能够合理选择切削用量	1. 加工工艺的基本概念 2. 钻、铣、扩、铰、镗、攻丝等工艺特点 3. 切削用量的选择原则 4. 加工余量的选择方法
	（三）工件的定位和装夹	1. 能够正确使用台钳、压板等通用夹具 2. 能够正确选择工件的定位基准 3. 能够用量表找正工件 4. 能够正确夹紧工件	1. 定位夹紧原理 2. 台钳、压板等通用夹具的调整及使用方法 3. 量表的使用方法
	（四）刀具准备	1. 能够依据加工工艺卡选取刀具 2. 能够在主轴或刀库上正确装卸刀具 3. 能够用刀具预调仪或在机内测量刀具的半径及长度 4. 能够准确输入刀具有关参数	1. 刀具的种类及用途 2. 刀具系统的种类及结构 3. 刀具预调仪的使用方法 4. 自动换刀装置及刀库的使用方法 5. 刀具长度补偿值、半径补偿值及刀号等参数的输入方法
二、编制程序	（一）编制孔类加工程序	1. 能够手工编制钻、扩、铰(镗)等孔类加工程序 2. 能够使用固定循环及子程序	1. 常用数控指令(G代码、M代码)的含义 2. S指令、T指令和F指令的含义 3. 数控指令的结构与格式 4. 固定循环指令的含义 5. 子程序的嵌套
	（二）编制二维轮廓程序	1. 能够手工编制平面铣削程序 2. 能够手工编制含直线插补、圆弧插补二维轮廓的加工程序	1. 几何图形中直线与直线、直线与圆弧、圆弧与圆弧交点的计算方法 2. 刀具半径补偿的作用
三、基本操作及日常维护	（一）日常维护	1. 能够进行加工前电、气、液、开关等的常规检查 2. 能够在加工完毕后，清理机床及周围环境	1. 加工中心操作规程 2. 日常保养的内容
	（二）基本操作	1. 能够按照操作规程启动及停止机床 2. 正确使用操作面板上的各种功能健 3. 能够通过操作面板手动输入加工程序及有关参数 4. 能够通过纸带阅读机、磁带机及计算机等输入加工程序 5. 能够进行程序的编辑、修改 6. 能够设定工件坐标系 7. 能够正确调入和调出所选刀具 8. 能够正确进行机内对刀 9. 能够进行程序单步运行、空运行 10. 能够进行加工程序试切削并做出正确判断 11. 能够正确使用交换工作台	1. 加工中心机床操作手册 2. 操作面板的使用方法 3. 各种输入装置的使用方法 4. 机床坐标系与工件坐标系的含义及其关系 5. 相对坐标系、绝对坐标的含义 6. 找正器（寻边器）的使用方法 7. 机内对刀方法 8. 程序试运行的操作方法

续表

职业功能	工作内容	技能要求	相关知识
四、工件加工	（一）孔加工	能够对单孔进行钻、扩、铰切削加工	麻花钻、扩孔钻及铰刀的功用
	（二）平面铣削	能够铣削平面、垂直面、斜面、阶梯面等，尺寸公差等级达 IT9，表面粗糙度达 R_a6.3μm	1．铣刀的种类及功用 2．加工精度的影响因素 3．常用金属材料的切削性能
	（三）平面内、外轮廓铣削	能够铣削二维直线、圆弧轮廓的工件，且尺寸公差等级达 IT9，表面粗糙度达 R_a6.3μm	
	（四）运行给定程序	能够检查及运行给定的三维加工程序	1．三维坐标的概念 2．程序检查方法
五、精度检验	（一）内、外径检验	1．能够使用游标卡尺测量工件内、外径 2．能够使用内径百（千）分表测量工件内径 3．能够使用外径千分尺测量工件外径	1．游标卡尺的使用方法 2．内径百（千）分表的使用方法 3．外径千分尺的使用方法
	（二）长度检验	1．能够使用游标卡尺测量工件长度 2．能够使用外径千分尺测量工件长度	
	（三）深（高）度检验	能够使用游标卡尺或深（高）度尺测量深（高）度	1．深度尺的使用方法 2．高度尺的使用方法
	（四）角度检验	能够使用角度尺检验工件角度	角度尺的使用方法
	（五）机内检测	能够利用机床的位置显示功能自检工件的有关尺寸	机床坐标的位置显示功能

12.2　数控铣削中级工样题 1

1．训练内容

要求在一块 100mm×80mm×25mm 的毛坯上铣削异形凸台零件，零件样图如图 12-1 所示，毛坯材料为 45 号钢调制，六个面已加工，编制数控加工程序完成零件加工。

2．加工准备与加工要求

1）加工准备

- 选用夹具：精密平口钳。
- 使用毛坯：100mm×80mm×25mm 精毛坯，六个面已加工，45 号钢调制。
- 刀具、量具与工具，如表 12-2 所示。

表 12-2　工具、量具、刀具及材料清单

序号	名称	规格	数量	备注
1	游标卡尺	0～1 50 精度 0.02	1	
2	万能量角器	0～320° 2′	1	
3	千分尺	0～25，25～50，50～75 精度 0.01	各 1	
4	内径量表	18～35 精度 0.01	1	
5	内径千分尺	25～50 精度 0.01	1	
6	止通规	ϕ10H8	1	

续表

序 号	名 称	规 格	数 量	备 注
7	深度游标卡尺	0.02	1	
8	深度千分尺	0～25 精度 0.01	1	
9	百分表、磁性表座	0～10 精度 0.01	各 1	
10	R 规	*R*15～*R* 25	各 1	
11	塞尺	0.02～1	1 副	
12	钻头	中心钻，ϕ9.8、ϕ20 等	1	
13	机铰刀	ϕ10H8	各 1	
14	立铣刀	ϕ12，ϕ14，ϕ16	各 1	
15	面铣刀	ϕ60(R 型面铣刀片)	1	
16	刀柄、夹头	以上刀具相关刀柄、钻夹头、弹簧夹	若干	
17	夹具	精密平口钳及垫铁	各 1	
18	材料	120mm×100mm×25mm 的 45 号钢	1	
19	其他	常用加工中心机床辅具	若干	

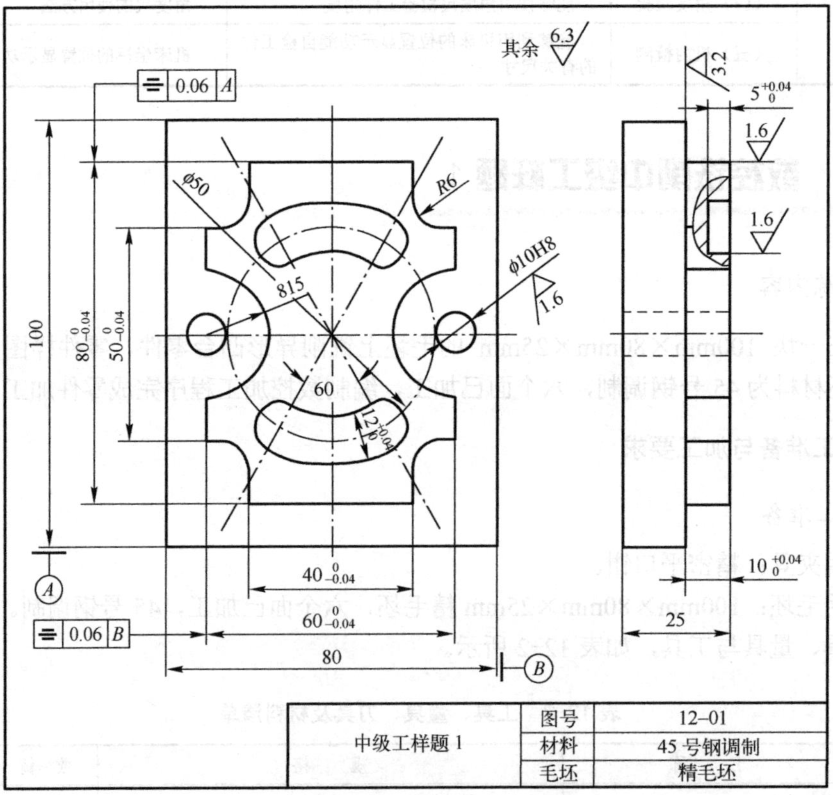

图 12-1 中级工样题 1 零件样图

2）考核评分表

本课题要求工时定额（包括编程与程序手动输入）为 4 小时，其加工要求如表 12-3 所示。

表 12-3　中级工样题 1 考核评分表

工件编号				总得分			
项目与配分		序号	技术要求	配分	评分标准	检测记录	得分
工件加工评分（80%）	外形轮廓	1	$80_{-0.04}^{0}$	5	超差全扣		
		2	$60_{-0.04}^{0}$	5	超差全扣		
		3	$50_{-0.04}^{0}$	5	超差全扣		
		4	$40_{-0.04}^{0}$	5	超差全扣		
		5	对称度 0.06	5	超差全扣		
		6	$10_{0}^{+0.04}$	5	超差全扣		
		7	侧面 R_a1．6	3	每错一处扣 1 分		
		8	底面 R_a1．6	3	每错一处扣 1 分		
		9	$R6$、$R15$	4	每错一处扣 1 分		
	腰形槽与孔	10	$12_{0}^{+0.04}$	5	超差全扣		
		11	孔距 $60_{-0.04}^{0}$	5	超差全扣		
		12	孔径ϕ10H8	2×3	每错一处扣 3 分		
		13	平行度 0.04	5	超差全扣		
		14	$5_{0}^{-0.04}$	5	超差全扣		
		15	$R6$、60°	3	每错一处扣 2 分		
		16	侧面 R_a1.6	3	每错一处扣 1 分		
		17	底面 R_a3.2	2	每错一处扣 1 分		
	其他	18	工件按时完成	3	未按时完成全扣		
		19	工件无缺陷	3	缺陷一处扣 3 分		
程序与工艺（10%）		20	程序正确合理	5	每错一处扣 2 分		
		21	加工工序卡	5	不合理每处扣 2 分		
机床操作（10%）		22	机床操作规范	5	出错一次扣 2 分		
		23	工件、刀具装夹	5	出错一次扣 2 分		
安全文明生产（倒扣分）		24	安全操作	倒扣	安全事故停止操作		
		25	机床整理	倒扣	或酌扣 5～30 分		

3．工艺分析

1）零件精度分析

本课题中，精度要求较高的尺寸主要有：外形尺寸$80_{-0.04}^{0}$、$60_{-0.04}^{0}$、$50_{-0.04}^{0}$、$40_{-0.04}^{0}$；腰形槽尺寸$12_{0}^{+0.04}$；深度尺寸$10_{0}^{+0.04}$、$5_{0}^{-0.04}$；孔径尺寸ϕ10H8 等。对于尺寸精度要求，主要通过在加工过程中的精确对刀、正确选用刀具及刀具磨损量、正确选用合适的加工工艺等措施来保证。

本课题主要的形位精度有：尺寸$60_{-0.04}^{0}$相对于外形轮廓的对称度要求；加工表面与底平面的平行度要求；孔的定位精度要求等。对于形位精度要求，主要通过工件在夹具中的正确安装找正等措施来保证。所有轮廓铣削的侧面表面粗糙度要求均为R_a1.6mm，底面的粗糙度要求为R_a3.2mm。对于表面粗糙度要求，主要通过选用合适的加工方法、选用正确的粗、精加工路线、选用合适的切削用量等措施来保证。

2）工序说明

本加工内容都要有一定的尺寸精度和形状精度，因此，工艺方案采用先粗加工、后精加工的加工方法，由于凸台和槽都都较浅，则采用一层直接加工到位，工序卡如表 12-4 所示。粗加工和精加工可以使用同一程序，只需要调整刀具半径补偿参数，分多次调用相同程序即可。

表 12-4　数控工序卡片　　编号：12-01

零件名称	中级工 1	零件图号	12-01		加工内容	凸台、槽	
零件材料	45 号钢调制	材料硬度			使用设备	立式铣床	
使用夹具	平口钳	装夹方法	平口钳装夹，伸出 8mm 左右，百分表找正				
程序文件		日　期	年　月　日			工艺员	
工 步 描 述							
工步编号	工步内容	刀具编号	刀具规格（mm）	主轴转速（r/min）	进给速度（mm/min）	z 吃刀量（mm）	备　注
1	粗铣凸台外轮廓	1	ϕ12 立铣刀	600	100	9.8	留 0.2mm 余量
2	粗铣腰形槽	2	ϕ12 键槽刀	600	100	4.8	留 0.2mm 余量
3	精铣凸台外轮廓及精铣腰形槽	3	ϕ12 立铣刀	1000	80		
4	钻ϕ10 孔的预钻孔	4	中心钻	600	20		切深 3mm
5	钻ϕ10 孔的底孔	5	ϕ9.8 钻头	600	20		留 0.2mm 余量
6	铰孔	6	ϕ10 铰刀	400	20		

由于腰形槽精度要求较高，因此不能用铣刀沿槽中心线直接铣削过去，即使铣刀的直径与槽宽要求相符合也不行，这样铣刀在加工过程中会影响位置公差。因此在加工位置精度要求高的槽时，一定要用直径小些的刀粗铣一遍，然后按照插补的方法走一个完整的轮廓，这样才能保证位置精度要求。

此项目ϕ10mm 的孔内壁表面质量较高，达到 R_a 1.6mm，因此，孔加工时要采用：定位→钻底孔→扩孔→铰孔的工序，最终达到要求，铰孔需要留余量，在 0.1～0.2mm 之间。

4．参考程序

粗加工、半精加工和精加工可以使用同一程序，加工前调整刀具半径补偿。

参考程序如表 12-5、表 12-6、表 12-7 所示。

表 12-5　凸台外轮廓参考程序　　编号：12-1-1

程 序 名 称	O 1210	工艺卡编号	12-02
序　号	指 令 码	注　释	
N10	G90 G94 G21 G40 G54 F100;		
N20	G91 G28 Z0;	z 向回参考点	
N30	M03S600;	主轴正转，600r / min	
N40	G90 G00 X-60.0 Y-60.0;	快速定位至起刀点	
N50	Z30.0 M08;		
N60	G01 Z-10.0;	背吃刀量为 10mm	
N70	G41 G01 X-30.0 Y-60.0 D01;	延长线上建立刀补	

续表

程序名称	O 1210	工艺卡编号	12-02
序号	指令码	注释	
N80	Y-1 5.0;		
N90	G03 Y1 5.0 R1 5.0;		
N100	G01 Y25.0;		
N110	X-26.0;		
N120	G03 X-20.0 Y3 1.0 R6.0;		
N130	G01 Y40.0;		
N140	N10　X20.0; .		
N150	Y3 1.0;		
N160	G03 X2 6.0 Y25.0 R6.0;		
N170	G01 X30.0;		
N180	Y1 5.0;		
N190	G03 Y-1 5.0 R1 5.0;		
N200	G01 Y-25.0;		
N210	X26.0;		
N220	G03 X20.0 Y-31.0 R6.0;		
N230	G01 Y-40.0;		
N240	X-20.0;		
N250	Y-3 1.0;		
N260	G03 X-2 6.0 Y-25.0 R6.0;		
N270	G01 X-30.0;		
N280	G40 G01 X-60.0 Y-60.0 M09;	取消刀补	
N290	G91 G28 Z0;	返回 z 向参考点	
N300	M30;	程序结束	

表 12-6　腰形槽铣削加工参考程序　　编号：12-1-1

程序名称	O 1211	工艺卡编号	12-01
序号	指令码	注释	
N10	G90 G94 G21 G40 G54 F100;	建立刀具半径补偿	
N20	G9 1 G28 Z0;	过渡圆弧切入	
N30	M03S600;		
N40	G90 G00 X-1 2.5 Y-2 1.651;		
N50	Z5.0;		
N60	G01 Z-5.0 F50.0;		
N70	G41G01 X-6.981 Y-24.005 D01 F100;	腰形槽加工	
N80	G03 X-15.5 Y-26.847 R-6.0;		
N90	X15.5 R31.0;		
N100	X9.5 Y-16.455 R6.0;		
N110	G02 X-9.5 R19.0;		
N120	G40 G01 X-12.5 Y-21.651;		
N130	G00 Z10.0		
N140	X-12.5 Y21.651;		
N150	G01 Z-5.0 F50.0;		
N160	G41 G01 X-6.981 Y24.005 D01 F100;		
N170	G03 X-1 5.5 Y16.45 5 R-6.0;		
N180	G02 X9.5 R19.0;		
N190	G03 X15.5 Y26.847 R6.0;		
N200	X-15.5 R3 1.0;		
N210	G40 G01 X-12.5 Y21.651;	程序结束部分	
N220	G91 G28 Z0;		
N230	M30;		

表 12-7 铰孔加工参考程序 编号：12-1-1

程序名称	O 1213	工艺卡编号	12—01
序号	指令码	注释	
N10	G90 G94 G21 G40 G54 F50；	程序开始部分	
N20	G91 G28 Z0；		
N30	M03S200；		
N40	G90 G00 Z50.0；		
N50	G85 X-30.0 Y0 Z.30.0 R-5.0 F50.0；	铰第一个孔	
N60	X30.0 Y0；	铰第二个孔	
N70	G80；	取消孔加工固定循环	
N80	G91 G28 Z0；	程序结束部分	
N90	M30；		

注：中心钻定位及扩孔程序与铰孔程序相类似，请自行编制。

5．补充知识：零件精度的分析

1）尺寸精度的影响因素

铣削加工过程中产生尺寸精度降低的原因很多，在实际加工过程中，造成尺寸精度下降的原因如表 12-8 所示。

表 12-8 数控铣削尺寸精度降低原因分析

影响因素	序号	产生原因
装夹与校正	1	工件装夹不牢固，加工过程中产生松动与振动
	2	工件校正不正确
刀具	3	刀具尺寸不正确或产生磨损
	4	对刀不正确，工件的位置尺寸产生误差
	5	刀具刚性差，刀具加工过程中产生振动
加工	6	切削深度过大，导致刀具发生弹性变形，加工面呈锥形
	7	刀具补偿参数设置不正确
	8	精加工余量选择过大或过小
	9	切削用量选择不当，导致切削力、切削热过大，从而产生热变形和内应力
工艺系统	10	机床原理误差
	11	机床几何误差
	12	工件定位不正确或夹具与定位元件制造误差

2）形位精度的影响因素

本例工件主要的形位精度有各加工表面与基准面的对称度等。在外轮廓的加工过程中，造成形位精度降低的可能原因如表 12-9 所示。

表 12-9 数控铣削形位精度降低原因分析

影响因素	序号	产生原因
装夹与校正	1	工件装夹不牢固，加工过程中产生松动与振动
	2	夹紧力过大，产生弹性变形，切削完成后变形恢复
	3	工件校正不正确，造成加工面与基准面不平行或不垂直

续表

影响因素	序号	产生原因
刀具	4	刀具刚性差，刀具加工过程中产生振动
	5	对刀不正确，产生位置精度误差
加工	6	切削深度过大，导致刀具发生弹性变形，加工面呈锥形
	7	切削用量选择不当，导致切削力过大而产生工件变形
工艺系统	8	夹具装夹找正不正确(如本任务中钳口找正不正确)
	9	机床几何误差
	10	工件定位不正确或夹具与定位元件制造误差

12.3　数控铣削中级工样题 2

1．训练内容

要求在一块 75mm×75mm×20mm 的精毛坯上铣削异形槽零件，零件样图如图 12-2 所示，毛坯材料为 45 号钢调制，六个面已加工，编制数控加工程序完成零件加工。

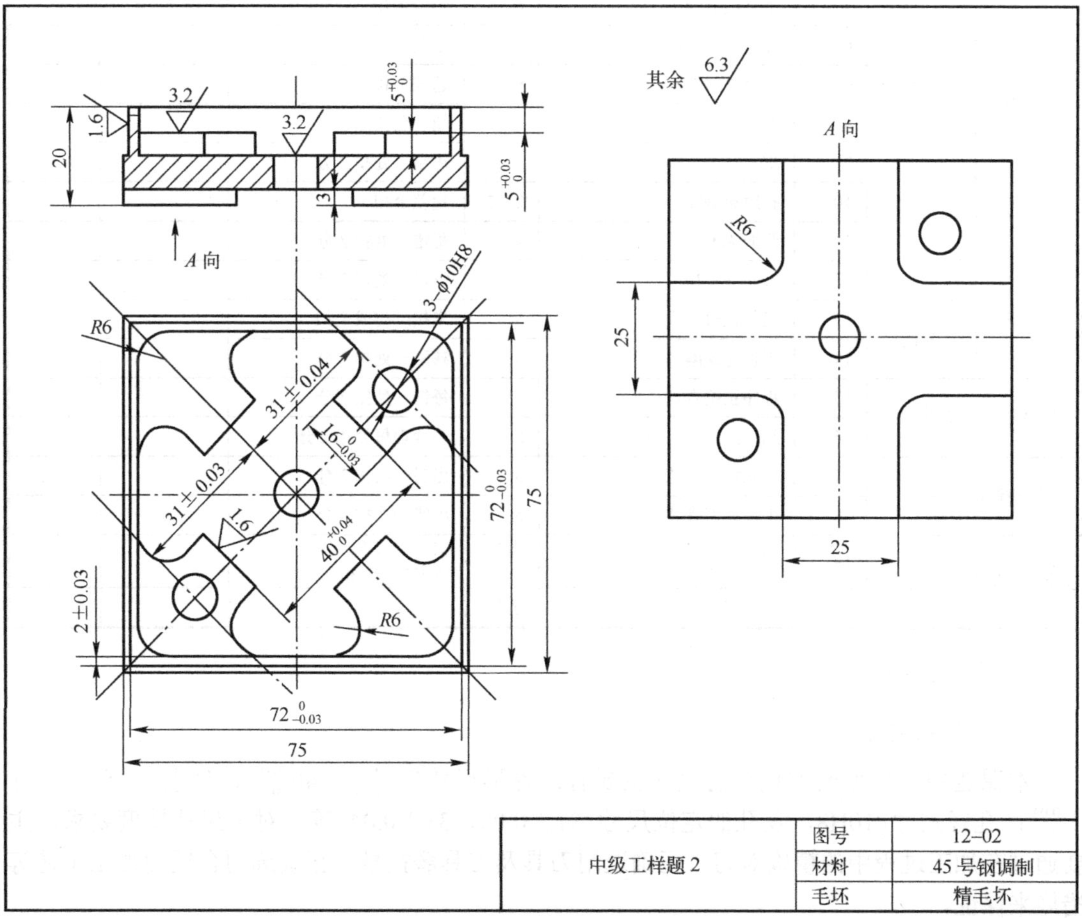

图 12-2　中级工样题 2 零件样图

2. 加工准备与加工要求

1）加工准备

- 选用夹具：精密平口钳。
- 使用毛坯：75mm×75mm×20mm 精毛坯，六个面已加工，45号钢调制。
- 刀具、量具与工具，如表12-2所示。

2）考核评分表

本课题要求工时定额（包括编程与程序手动输入）为4小时，其加工要求如表12-10所示。

表12-10 中级工样题2考核评分表

工件编号				总得分			
项目与配分		序号	技术要求	配分	评分标准	检测记录	得分
工件加工评分（80%）	轮廓与孔	1	$72_{-0.03}^{0}$	8	超差全扣		
		2	$40_{0}^{+0.04}$	8	超差全扣		
		3	$16_{-0.03}^{0}$	8	超差全扣		
		4	2±0.03	4×2	每错一处扣2分		
		3	平行度0.04	6	超差全扣		
		6	孔距31±0.03	6	超差全扣		
		7	孔距31±0.04	6	超差全扣		
		8	$5_{0}^{+0.03}$	2×3	超差全扣		
		9	*R*6	4	每错一处扣2分		
		10	孔距ϕ10H8	2×3	超差全扣		
		11	侧面R_a1.6	4	每错一处扣2分		
		12	底面R_a3.2	r	每错一处扣2分		
	其他	13	工件按时完成	5	未按时完成全扣		
		14	工件无缺陷	3	缺陷一处扣3分		
程序与工艺（10%）		15	程序正确合理	3	每错一处扣2分		
		16	加工工序卡	5	不合理每处扣2分		
机床操作（10%）		17	机床操作规范	5	出错一次扣2分		
		18	工件、刀具装夹	5	出错一次扣2分		
安全文明生产（倒扣分）		19	安全操作	倒扣	安全事故停止操作或酌扣5～30分		
		20	机床整理	倒扣			

3. 工艺分析

1）零件精度分析

本课题中，精度要求较高的尺寸主要有：外形尺寸$72_{-0.03}^{0}$、$40_{0}^{+0.04}$、$16_{-0.03}^{0}$；槽深尺寸$5_{0}^{+0.03}$；孔径尺寸ϕ10H8，及孔的定位尺寸31±0.03、31±0.04等。对于尺寸精度要求，主要通过在加工过程中的精确对刀、正确选用刀具及刀具磨损量、正确选用合适的加工工艺等措施来保证。

本课题主要的形位精度有：槽底加工表面与底平面的平行度要求；孔的定位精度要求

等。对于形位精度要求，主要通过工件在夹具中的正确安装找正等措施来保证。所有轮廓铣削的侧面表面粗糙度要求均为 R_a 1.6mm，底面的粗糙度要求为 R_a 3.2mm。对于表面粗糙度要求，主要通过选用合适的加工方法、选用正确的粗、精加工路线、选用合适的切削用量等措施来保证。

2）工序说明

本加工内容都要有一定的尺寸精度和形状精度，因此，工艺方案采用先粗加工、后精加工，由于凸台和槽都都较浅，则采用一层直接加工到位，工序卡如表 12-11、表 12-12 所示。同时，本项目加工部位有正面和反面两处，因此必须实现二次装夹，由于正面轮廓侧面表面粗糙度要求均为 R_a 1.6mm，为保证表面质量必须先加工反面，再加工正面，防止二次装夹时损坏表面质量。另外，在二次装夹时要注意找正，可使用百分表进行精密寻边。同时保证三个孔的定位精度，应在加工正面时加工该三个孔。

表 12-11 反面数控加工工序卡片 编号：12-01

零件名称	中级工 2	零件图号	12-01		加工内容		反面加工
零件材料	45 号钢调制	材料硬度			使用设备		立式铣床
使用夹具	平口钳	装夹方法	平口钳装夹，伸出 5mm 左右，百分表找正				
程序文件		日　期	年　月　日			工艺员	
工 步 描 述							
工步编号	工步内容	刀具编号	刀具规格（mm）	主轴转速（r/min）	进给速度（mm/min）	z 吃刀量（mm）	备　注
1	铣反面十字槽	1	ϕ20 立铣刀	600	100		不需要留余量

表 12-12 正面数控加工工序卡片 编号：12-02

零件名称	中级工 2	零件图号	12-02		加工内容		正面加工
零件材料	45 号钢	材料硬度			使用设备		立式铣床
使用夹具	平口钳	装夹方法	平口钳装夹，伸出 5mm 左右，百分表找正				
程序文件		日　期	年　月　日			工艺员	
工 步 描 述							
工步编号	工步内容	刀具编号	刀具规格（mm）	主轴转速（r/min）	进给速度（mm/min）	z 吃刀量 mm	备　注
1	钻定位孔	4	中心钻	1000	50	3	切深 3mm
2	粗加工三孔	5	ϕ9.8 钻头	600	20		
3	粗铣凸台外轮廓	2	ϕ12 立铣刀	600	100	5	分两层铣削
4	粗铣第一层凹轮廓	2	ϕ12 立铣刀	600	100		留 0.2mm 余量
5	粗铣第二层凹轮廓	2	ϕ12 立铣刀	600	100		留 0.2mm 余量
6	精铣凸台外轮廓	3	ϕ12 立铣刀	1000	80		
7	精铣第一层凹轮廓	3	ϕ12 立铣刀	1000	80		
8	精铣第二层凹轮廓	3	ϕ12 立铣刀	1000	80		
9	精加工三孔	6	ϕ10 铰刀	400	20		

工序1：反面加工。

由于反面十字槽无特别精度要求，因此直接一次铣削到位，为了提高效率，尽量选择直径较大的刀具。

工序2：正面加工。

翻面装夹，重新找正工件。

- 粗加工三个孔：中心钻定位，ϕ9.8mm钻头钻底孔。
- 粗铣凸台外轮廓：分两层铣削，每层下刀5mm，周向留0.2mm精加工余量。
- 粗铣第一层凹轮廓：一层铣削，层下刀5mm，周向留0.2mm精加工余量。
- 粗铣第二层凹轮廓：分两层铣削，每层下刀5mm，周向留0.2mm精加工余量。
- 精铣凸台外轮廓：分两层铣削，每层下刀5mm。
- 精铣第一层凹轮廓：一层铣削，层下刀5mm。
- 精铣第二层凹轮廓：一层铣削，层下刀5mm。
- 精加工三孔：ϕ10mm铰刀铰孔

ϕ10mm的孔尺寸精度要求较高，尺寸精度达到H8，因此，孔加工时要采用：定位→钻底孔→扩孔→铰孔的工序，最终达到要求，铰孔需留余量在0.1～0.2mm之间。

4. 参考程序

粗加工、半精加工和精加工可以使用同一程序，加工前调整刀具半径补偿。

参考程序如表12-13、表12-14、表12-15、表12-16、表12-17所示。

表12-13 主程序参考程序 编号：12-2-1

程序名称	O 0100	工艺卡编号	12-02
序号	指令码	注释	
N10	G90 G94 G2 1 G40 G54 F100;	程序初始化	
N20	G91 G28 Z0;		
N30	M03 S600;	主轴正转，600r / min	
N40	G90 G00 X-50.0 Y-50.0;	快速定位至起刀点	
N50	Z30.0 M08;		
N60	G01 Z0.0 F100;		
N70	M98 P101 L2;		
N80	G01 Z10.0;		
N90	G00 X0 Y0;		
N100	G01 Z0.0 F100;	调用子程序	
N110	M98 P102;		
N120	G01 Z10.0;		
N130	G00 X0 Y0;		
N140	G01 Z0.0 F100;		
N150	M98 P103 L2;		
N160	G91 G28 Z0;		
N170	M30;		

表12-14 凸台外轮廓铣削参考程序 编号：12-2-1

程序名称	O 0101	工艺卡编号	12-02
序号	指令码	注释	
N10	G9 1 G01 Z-5.0;	每次切深5mm	
N20	G90 G42 G01 X-50.0 y-36.0 D01;	延长线上建立刀补	
N30	X3 6.0;	凸台轮廓铣削	

续表

程序名称	O 0101	工艺卡编号	12-02
序号	指令码	注释	
N40	Y36.0;		
N50	X-3 6.0;		
N60	Y-50.0;		
N70	G40 G01 X-50.0 Y_50.0;	取消刀具半径补偿	
N80	M99;	返回主程序	

表 12-15　第一层凹轮廓子程序　　编号：12-2-1

程序名称	O 0102	工艺卡编号	12-02
序号	指令码	注释	
N10	G91 G01 Z-5.0;	每次切深 5mm	
N20	G90 G41 G01 X22.0 Y-28.0 D01;		
N30	G03 X34.0 Y-28.0 R6.0;	凹轮廓铣削	
N40	G01 Y28.0;		
N50	G03 X28.0 Y34.0 R6.0;		
N60	G01 X-28.0;		
N70	G03 X-34.0 Y28.0 R6.0;		
N80	G01 Y-28.0;		
N90	G03 X-28.0 Y-34.0 R6.0;	取消刀具半径补偿	
N100	G0 1 X28.0;		
N110	G40 G0 1 X0 Y0;	返回主程序	
N120	M99;		

表 12-16　第二层凹轮廓子程序　　编号：12-2-1

程序名称	O 0103	工艺卡编号	12-02
序号	指令码	注释	
N10	G91 G01 Z-5.0;	每次切深 5mm	
N20	G90 G41 G01 X11.314 Y0 D01;		
N30	G01 X23.757 Y-12.444;		
N40	G03 X34.0 Y-8.201 R6.0;		
N50	G0 1 Y8.201;		
N60	G03 X23.75 7 Y12.444 R6.0;		
N70	G01 X19.80 Y8.485;		
N80	X8.45 8 Y19.80;	内凹轮廓加工	
N90	X12.444 Y23.757;		
N100	G03 X8.201 Y34.0 R6.0;		
N110	G01 X-8.201;		
N120	G03 X-12.444 Y23.75 7 R6.0;		
N130	G0 1 X-8.485 Y19.80;		
N140	X-19.80 Y8.485;		
N150	X-23.757 Y12.444;		
N160	G03 X-34.0 Y8.20 1 R6.0;		
N170	G01 Y-8.201;		
N180	G03 X-23.75 7 Y-12.444 R6.0;		
N190	G01 X-1 9.80 Y-8.485;		
N200	X-8.485 Y-19.80;　。		
N210	X-12.444 Y-23.757;		
N220	G03 X-8.201 Y-34.0 R6.0;		
N230	G0 1 X8.201;		
N240	G03 X1 2.444 Y-23.75 7 R6.0;		
N250	G01 X8.485 Y-19.80;		
N260	X28.28 Y0;		
N270	G40 G01 X0 Y0;	取消刀具半径补偿	
N280	M99;	返回主程序	

表 12-17 铰孔程序 编号：12-2-1

程序名称	O 0102	工艺卡编号	12-02
序号	指令码	注释	
N10	G90 G94 G21 G40 G54 F50；	程序开始部分	
N20	G91 G28 Z0；		
N30	M03 S200；		
N40	G90 G00 Z50.0；		
N50	G85 X-21.920 Y-21.920 Z-25.0 R5.0 F50.0；	铰第一个孔	
N60	X0 Y0；	铰第二个孔	
N70	X2 1.920 Y2 1.920；	铰第三个孔	
N80	G80；	取消孔加工循环	
N90	G91 G28 Z0；		
N100	M30；	程序结束部分	

附录 A　中级铣削/加工中心操作工知识试卷样题 1

一、单项选择题

1. 图样中的轴线用（　　）线绘制。

(A) 粗实　　　　(B) 细点画

(C) 点画　　　　(D) 细实

2. 当切削深度确定后，增大进给量会使切削力增大，表面粗糙度（　　）。

(A) 变细　　　　(B) 变粗

(C) 不变　　　　(D) 精度提高

3. 产生加工误差的因素有（　　）。

(A) 工艺系统的几何误差

(B) 工艺系统的受力、受热变形所引起的误差

(C) 工件内应力所引起的误差

(D) 以上三者都是

4. 支撑钉可限制（　　）。

(A) 一个移动　　　　(B) 一个转动

(C) 两个移动　　　　(D) 两个转动

5. 刃磨刀具时，（　　）。

(A) 不能用力过大，以防打滑伤手

(B) 应在选定位置上刃磨，不要做水平方向的左右移动

(C) 尽可能在砂轮侧面刃磨

(D) 以上三者都是

6. 定位基准的选择原则有（　　）。

(A) 尽量使工件的定位基准与工序基准不重合

(B) 尽量用未加工表面作为定位基准

(C) 应使工件安装稳定，在加工过程中因切削力或夹紧力而引起的变形最大

(D) 采用基准统一原则

7. 对夹紧装置的要求有（　　）。

(A) 夹紧时，不要考虑工件定位时的既定位置

(B) 夹紧力允许工件在加工过程中小范围位置变化及振动

(C) 有良好的结构工艺性和使用性

（D）要有较好的夹紧效果，不需要考虑夹紧力的大小

8. 数控机床的环境相对湿度不超过（　　）。
（A）80%　　（B）50%
（C）70%　　（D）60%

9. 软件可分为系统软件和应用软件，PC-DOS属于（　　）。
（A）系统软件　　（B）应用软件
（C）控制软件包　　（D）高级软件

10. 计算机科技文献中，英文缩写CAD代表（　　）。
（A）计算机辅助制造　　（B）计算机辅助教学
（C）计算机辅助设计　　（D）计算机辅助管理

11. DELETE键用于（　　）已编辑的程序或程序内容。
（A）插入　　（B）更改
（C）删除　　（D）取消

12. M06表示（　　）。
（A）刀具锁紧状态指令
（B）主轴定位指令
（C）换刀指令
（D）刀具交换错误警示灯指令

13. 程序中指定刀具长度补偿值的代码是（　　）。
（A）G　　（B）D
（C） H　　（D）M

14. 偏置 *xy* 平面由（　　）指令执行。
（A）G17　　（B）G18
（C）G19　　（D）G20

15. 执行G53指令时，下列（　　）是错误的。
（A）取消刀具半径补偿　　（B）刀具长度补偿
（C）取消刀具位置偏置　　（D）不取消任何补偿

16. 以下系统中（　　）在目前应用较多。
（A）闭环　　（B）开环
（C）半闭环　　（D）双闭环

17. 顺圆弧插补指令为（　　）。
（A）G04　　（B）G03
（C）G02　　（D）G01

18. 英文缩写“CNC”是指（　　）。
（A）计算机数字控制装置　　（B）可编程控制器
（C）计算机辅助设计　　（D）主轴驱动装置

19. 影响导轨导向精度的因素有（　　）。
① 导轨的结构形式　　② 导轨的制造精度和装配质量
③ 导轨的刚度　　④ 导轨的重量

(A) ①③　　(B) ①②④
(C) ①②③　　(D) ①②③④

20. 滚珠丝杠运动不灵活，可能的故障原因有（　　）。
① 轴向预加载荷太大　　② 丝杠与导轨不平行
③ 丝杠弯曲变形　　④ 丝杠间隙过大
(A) ③　　(B) ②③
(C) ①②③　　(D) ①②③④

21. 计算机中心的数据录到软盘上，称为（　　）。
(A) 写盘　　(B) 读盘
(C) 打印　　(D) 输入

22. 数控机床是计算机在（　　）方面的应用。
(A) 数据处理　　(B) 数值计算
(C) 辅助设计　　(D) 实时控制

23. OUTPUT START 键表示程序的（　　）。
(A) 输出　　(B) 输入
(C) 记忆　　(D) 运行

24. ORIENT 表示（　　）。
(A) 主轴运行指示灯　　(B) 主轴定位指示灯
(C) 刀具夹紧指示灯　　(D) 主轴转动指示灯

25. 在下列的（　　）操作中，不能建立机械坐标系。
(A) 复位　　(B) 原点复归
(C) 手动返回参考点　　(D) G28 指令

26. 位置检测元件装在伺服电动机尾部的是（　　）系统。
(A) 闭环　　(B) 半闭环
(C) 开环　　(D) 三者均不是

27. 下列 G 代码中（　　）指令为模态 G 代码。
(A) G04　　(B) G27
(C) G52　　(D) G92

28. 数控机床的冷却水箱应（　　）检查一次。
(A) 一月　　(B) 一年
(C) 一天　　(D) 一周

29. 加工中心进行单段试切时，必须使快速倍率开关打到（　　）。
(A) 最高挡　　(B) 最低挡
(C) 中挡　　(D) 无所谓

30. 加工中心加工零件之前必须先空运转（　　）以上，使机床达到热平衡状态。
(A) 25 分钟　　(B) 1 小时
(C) 5 分钟　　(D) 15 分钟

31. 为了保证同一规格零件的互换性，对其有关尺寸规格的允许变动的范围叫做尺寸的（　　）。

（A）上偏差　　（B）下偏差
（C）公差　　（D）基本偏差

32．孔和轴各有（　　）个基本偏差。
（A）20　　（B）28
（C）18　　（D）26

33．量块是用不易变形的耐磨材料制成的长方形六面体，它有（　　）工作面。
（A）六个　　（B）四个
（C）二个　　（D）一个

34．淬火的目的是获得（　　）组织。
（A）马氏体　　（B）奥氏体
（C）铁素体　　（D）渗碳体

35．将钢加热到一定温度，保持一定时间，然后随炉冷却的热处理工艺叫（　　）。
（A）退火　　（B）淬火
（C）回火　　（D）正火

36．具有结构简单，定位可靠和能承受较大轴向力的轴向固定形式是（　　）。
（A）轴肩或轴环　　（B）轴套或圆螺母
（C）弹性挡圈　　（D）圆锥销

37．使用滚动轴承，当载荷（　　）时，宜选用滚子轴承。
（A）较小　　（B）较小的径向载荷
（C）较平稳　　（D）大而且有冲击

38．普通平键的应用特点有（　　）
（A）依靠侧面传递扭矩　　（B）一般多用于轻载或辅助性连接
（C）对中性较差装折不方便
（D）不适用于高速、高精度和承受变载冲击场合

39．当麻花钻磨损之后，应修磨其（　　）位置。
（A）前刀面　　（B）主后刀面
（C）副后刀面　　（D）基面

40．当工件材料较软时，刀具可选择（　　）的前角。
（A）较大　　（B）较小
（C）负值　　（D）任意

41．粗加工时为了提高生产率，选用切削用量时，应首先取较大的（　　）。
（A）切削深度　　（B）进给量
（C）切削速度　　（D）切削力

42．在机床移动部件上直接装有位置检测装置的数控机床称为（　　）控制数控机床。
（A）闭环　　（B）半闭环
（C）开环　　（D）半开环

43．通用数控装置简称（　　）数控装置。
（A）NC　　（B）CNC
（C）CRT　　（D）I/0

44. 柔性制造系统简称（　　）

（A）CNC　　（B）CIMS

（C）MC　　（D）FMS

45.（　　）系统只适用于产品定型之后标准化、系列化的设计。

（A）自动型　　（B）检索型

（C）交互型　　（D）以上皆错

46. 主机由中央处理器和（　　）组成。

（A）内部存储器　　（B）外存储器

（C）驱动器　　（D）以上皆错

47. 计算机绘图的（　　）是类似于一种搭积木的方法。

（A）参数化法　　（B）图元拼合法

（C）轮廓线法　　（D）以上皆错

48. 一般的卧式加工中心有（　　）个坐标轴。

（A）1～3　　（B）3～5

（C）5～8　　（D）8～12

49. 复合加工中心上，零件经过一次性装夹后，能完成对（　　）面的加工。

（A）3　　（B）4

（C）5　　（D）6

50. 普通加工中心的分辨率通常为（　　）μm。

（A）1　　（B）0.1

（C）0.01　　（D）0.001

51. 通常情况下，在加工中心上切削直径（　　）mm 的孔都应预制出毛坯孔。

（A）小于 30　　（B）大于或等于 30

（C）大于 50　　（D）大于或等于 50

52. 一般情况下，在（　　）范围内的螺孔可在加工中心上直接完成。

（A）M1～M5　　（B）M6～M10

（C）M6～M20　　（D）M10～M30

53. 长时间闲置的加工中心在加工前必须先（　　）。

（A）暖机　　（B）清洁

（C）维修　　（D）保养

54. 在加工中心中，通常机器应该单独连接到独立的（　　）。

（A）电源开关　　（B）电动机

（C）接地棒　　（D）变压器

55. 不要用（　　）的手去触摸开关，否则会受到电击。

（A）干燥　　（B）潮湿

（C）干净　　（D）戴手套

56. 在加工箱体类零件时，如加工的工位较少，且跨距不大，则可选用（　　）式加工中心。

（A）立　　（B）卧

（C）立、卧两用　　（D）以上均不对

57．当选择加工所用刀具中最长一把刀的长度基准进行对刀时，其他刀具与基准刀的长度之差可通过（　　）指令功能自动进行补偿。

（A）G42　　（B）G49

（C）G44　　（D）G41

58．加工中心与一般数控机床的显著区别是（　　）。

（A）采用CNC数控系统

（B）操作简便

（C）具有对零件进行多工序加工的能力

（D）加工精度高

59．主轴轴线垂直设置的加工中心是（　　），适合加工盘类零件。

（A）卧式加工中心　　（B）立式加工中心

（C）万能加工中心　　（D）镗铣加工中心

60．在机械制造中划线精度要求控制在（　　）mm。

（A）0.025～0.05　　（B）0.05～0.1

（C）0.10～0.25　　（D）0.25～0.5

61．下列形位公差项目中，属于形状公差的是（　　）。

（A）直线度　　（B）全跳动　　（C）对称度　　（D）倾斜度

62．英文缩写“PLC”是指（　　）。

（A）计算机数字控制装置　　（B）可编程控制器

（C）计算机辅助设计　　（D）主轴驱动装置

63．对刀点的选择原则是（　　）。

① 找正容易　　② 编程方便

③ 对刀误差小　　④ 加工时检查方便，可靠

（A）①③　　（B）①③④　　（C）①②③④　　（D）③④

64．当刀具前角增大时，切屑容易从前刀面流出，且变形小，因此（　　）。

（A）增大切削力　　（B）降低切削力

（C）切削力不变　　（D）切削刃不锋利

65．装配图中，表示部件安装在机器上或机器安装在基础上所需要的尺寸，称为（　　）。

（A）定位尺寸　　（B）安装尺寸　　（C）规格尺寸　　（D）装配尺寸

66．（　　）通常速度高，功耗大。

（A）主运动　　（B）进给运动

（C）辅助运动　　（D）进给运动或主运动

67．进给量增大1倍时，切削力增大（　　）。

（A）1倍　　（B）0.95倍　　（C）0.7倍　　（D）2倍

68．切削用量中对切削温度影响最大的是切削速度，影响最小的是（　　）。

（A）走刀量（进给量）　　（B）切削深度

（C）工件材料硬度　　（D）冷却液

69.（　　）是计算机床进给机构强度的依据。

（A）径向力　　（B）轴向力

（C）辅助力　　（D）主切削力

70. 切削过程中，断屑的原因是（　　）。

（A）切屑在流动过程中与障碍物相碰后受到一个弯曲力矩而折断

（B）较快的切削速度和较小的吃刀深度（切削深度）

（C）切屑在流出过程中靠自身的重量折断

（D）适当的切削液

71. 切削液有冷却作用、润滑作用，还有（　　）。

（A）断屑作用　　（B）洗涤与排屑作用

（C）隔热作用　　（D）加压作用

72. 切削脆性材料时形成（　　）切屑。

（A）带状　　（B）挤裂　　（C）崩碎　　（D）节状

73. 当磨钝标准相同时，刀具寿命愈长，表示刀具磨损（　　）。

（A）愈快　　（B）愈慢　　（C）不变　　（D）愈多

74. 支架类零件的主视图常选择（　　）位置。

（A）测量　　（B）工作　　（C）加工　　（D）安装

75. 在低速切削条件下，刀具、工件、切屑上的微粒相互黏接而被带走的现象称为（　　）。

（A）机械磨损　　（B）相变磨损

（C）化学磨损　　（D）物理磨损

76. 刀具磨钝标准通常都按（　　）的磨损量（$V_{(B)}$值）计算的。

（A）前刀面　　（B）后刀面

（C）月牙洼深度　　（D）刀尖

77. 用任何方法获得的表面，R_a的最大允许值为3.2μm用（　　）表示。

（A）

（B）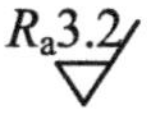

（C）

（D）

78. W18Cr4V是属于钨系高速钢，其磨削性能（　　）。

（A）较好　　（B）不好

（C）最多　　（D）不多

79. 硬质合金的耐热温度是（　　）℃。

（A）800～1000　　（B）1100～1300

（C）600～800　　（D）1300～1500

二、判断题

80.（　　）在同样频率比之下，机床系统的静刚度越大，阻尼比越大，动刚度越小。

81.（　　）工件上，已经切去多余金属而形成的新表面，叫加工表面。

82.（　　）加工中心对刀仪的刀柄定位机构与标准刀柄相对应，但要求的精度不高。

83.（　　）夹具应具有尽可能多的元件数和较高的刚度。

84．（　　）液压系统某处有几个负载并联时，则压力的大小取决于克服负载的各个压力值中的最小值。

85．（　　）使用内部命令对新软盘进行第1次写操作前可以格式化也可以不格式化。

86．（　　）OPR ALARM 显示报警号。

87．（　　）加工中心的主轴在空间处于垂直状态的称为立式加工中心。

88．（　　）一般情况下选择平行于主轴中心线的坐标轴为 z 轴。

89．（　　）伺服系统均有利于提高数控机床的加工精度。

90．（　　）加工中心的传动系统复杂、传递精度高、速度快。

91．（　　）加工中心机外对刀仪用来测量刀具的长度，直径和刀具形状角度。

92．（　　）正等测图的轴间角∠*XOY*=120°，∠*YOZ*=120°。

93．（　　）机床的刚度是指机床在静载时抵抗变形的能力。

94．（　　）机床的抗振性与机床的刚度有关，激振与固有频率比、阻尼比等有关。

95．（　　）通过带传动的主传动形式只适用于低扭距特性要求的主轴。

96．（　　）滚珠丝杠副具有传动频率高、摩擦力小等特点，但传动的精度却不高，并且不能自锁。

97．（　　）电动机与丝杠联轴器松动，会导致滚珠丝杠副噪声。

98．（　　）数控机床的分度工作台能完成分度运动，也能完现圆周运动。

99．（　　）定侧间隙可自动补偿的调整机构传动刚度好，能传递的转距较大。

附录B　中级铣削/加工中心操作工知识试卷样题2

一、单项选择题

1. 刀具主后角主要影响（　　）。
   （A）刀尖强度　　（B）散热情况
   （C）与工件的摩擦情况　　（D）主切削力
2. 半球的三个投影是（　　）。
   （A）三个圆
   （B）主视图和俯视图都是圆，左视图是一个半圆
   （C）主视图是一个圆，俯视图和左视图是两个半圆
   （D）三个半圆
3. 当刀具前角增大时，切屑容易从前刀面流出，且变形小，因此（　　）。
   （A）增大切削力　　（B）降低切削力
   （C）切削力不变　　（D）切削刃不锋利
4. 切削脆性材料时形成（　　）切屑。
   （A）带状　　（B）挤裂
   （C）崩碎　　（D）节状
5. 夹紧力（　　）。
   （A）应尽可能垂直于止推定位面
   （B）应尽可能与切削力、重力反向
   （C）应落在支撑元件上或在几个支撑所形成的支撑面内
   （D）应落在工件刚性较差的部位
6. 图样中的可见轮廓线用（　　）线绘制。
   （A）细实　　（B）虚
   （C）粗实　　（D）点画
7. 标注尺寸的三个要素是尺寸线、尺寸界线和（　　）。
   （A）箭头　　（B）数字
   （C）斜线　　（D）尺寸数字
8. 数控机床的环境温度应低于（　　）。
   （A）40℃　　（B）30℃
   （C）50℃　　（D）60℃

9. 加工中心的主轴在空间可做垂直和水平转换的称为（　　）加工中心。
（A）立式　　（B）卧式
（C）复合加工中心　　（D）其他
10. 以下不属于滚珠丝杠的特点的有（　　）。
（A）传动效率高　　（B）摩擦力小
（C）传动精度高　　（D）自锁
11. 机床出现主轴噪声大的故障时，原因有（　　）。
（A）缺少润滑　　（B）主轴与电动机连接的皮带过紧
（C）传动轴承损坏　　（D）以上都有可能
12. 最小加工余量的大小受下列哪些因素的影响（　　）。
① 表面精度粗糙度
② 表面缺陷层深度
③ 空间偏差
④ 表面几何形状
⑤ 装夹误差
（A）①②③　　（B）①④
（C）①②③④　　（D）①②③④⑤
13. 打开计算机的顺序是（　　）。
（A）先开主机，后开外部设备
（B）先开外部设备，后开主机
（C）先开主机，后开显示器
（D）以上皆错
14. 数控机床是计算机在（　　）方面的应用。
（A）数据处理　　（B）数值计算
（C）辅助设计　　（D）实时控制
15. ALTER 用于（　　）已编辑的程序号或程序内容。
（A）插入　　（B）修改
（C）删除　　（D）清除
16. TOOL CLAMP 表示（　　）。
（A）刀具锁紧状态指示灯
（B）主轴定位指示灯
（C）换刀指示灯
（D）刀具交换错误警示灯
17. 刀具半径右补偿值和刀具径向补偿值都存储在（　　）中。
（A）缓存器　　（B）偏置寄存器
（C）存储器　　（D）硬盘
18. 偏置量可设定值的范围为（　　）。
（A）0～±99.999mm　　（B）0～±999.999mm
（C）0～999.999mm　　（D）0～-999.999mm

19．下列哪一个指令不能设立工件坐标系（　　）。

（A）G54　　（B）G92

（C）G55　　（D）G91

20．数控机床一般要求定位精度为（　　）。

（A）0.01～0.001mm　　（B）0.02～0.001mm

（C）0.01～0.001um　　（D）0.02～0.001um

21．顺圆弧插补指令为（　　）。

（A）G04　　（B）G03

（C）G02　　（D）G01

22．CAN 键的作用是将储存在（　　）的文字或记号消除。

（A）存储器　　（B）缓冲器

（C）硬盘内　　（D）寄存器

23．ATC 表示（　　）。

（A）刀具夹紧指示灯　　（B）主轴定位指示灯

（C）过行程指示灯　　（D）刀具交换错误指示灯

24．下列（　　）指令是指令偏置 z 轴的。

（A）G18　　（B）G19

（C）G17　　（D）G20

25．SBK 表示（　　）。

（A）选择停止开关

（B）机器轴向锁定开关

（C）单节操作开关

（D）信号删除开关

26．下列（　　）指令不能取消刀具补偿。

（A）G49　　（B）G40

（C）H00　　（D）G42

27．想使刀具移动到换刀位置等机床中固定的位置时，可由（　　）指令编程。

（A）G54　　（B）G52

（C）G53　　（D）G55

28．加工中心的加工精度靠（　　）保证。

（A）机床本身结构的合理性和机床部件加工精度

（B）控制系统的硬件、软件来补偿和修正

（C）（A）与（B）

（D）以上都不是

29．数控机床机械结构特点有（　　）。

①高刚度　②高抗振性　③低热变形　④高的进给平稳性

（A）①③　　（B）①②④

（C）①②③　　（D）①②③④

30．机床的抗振性与以下哪些因素有关（　　）。

（A）刚度、振动　　（B）固有频率比

（C）刚度比　　（D）以上都是

31．一对啮合的标准直齿圆柱齿轮，其（　　）一定相切。

（A）齿顶圆　　（B）分度圆

（C）齿根圆　　（D）齿顶高

32．1/50mm 游标卡尺，游标（副尺）上 50 小格与尺身（主尺）上（　　）mm 对齐。

（A）49　　（B）39

（C）19　　（D）59

33．用百分表测量平面时，触头应与平面（　　）。

（A）倾斜　　（B）垂直

（C）水平　　（D）平行

34．千分尺的制造精度分为 0 级和 1 级两种，0 级精度（　　）。

（A）稍差　　（B）一般

（C）最高　　（D）最差

35．完整的计算机系统由（　　）两大部分组成。

（A）应用软件和系统软件

（B）随机存储器和只读存储器

（C）硬件系统和软件系统

（D）中央处理器和外部设备

36．计算机中的 CPU 是（　　）的简称。

（A）控制器　　（B）中央处理器

（C）运算器　　（D）软盘驱动器

37．要实现棘轮的转向可以任意改变，应选用（　　）。

（A）双向或对称爪棘轮机构　　（B）双动式棘轮机构

（C）摩擦式棘轮机构　　（D）防止逆转棘轮机构

38．具有结构简单，定位可靠和能承受较大轴向力的轴向固定形式是（　　）。

（A）轴肩或轴环　　（B）轴套或圆螺母

（C）弹性挡圈　　（D）圆锥销

39．使用滚动轴承，当载荷（　　）时，宜选用滚子轴承。

（A）较小　　（B）较小的径向载荷

（C）较平稳　　（D）大而有冲击

40．普通平键的应用特点有（　　）。

（A）依靠侧面传递扭矩

（B）一般多用于轻载或辅助性连接

（C）拆装不方便

（D）不适用于高速、高精度和承受变载冲击场合

41．液压传动的特点有（　　）。

（A）单位重量传递的功率较小

（B）易于实现远距离操作和自动控制

（C）传动准确效率高

（D）不可做无级调速，变速变向困难

42．材料在高温下能够保持其硬度的性能是（　　）。

（A）硬度　　（B）耐磨性

（C）耐热性　　（D）工艺性

43．在切削用量中，影响切削温度的主要因素是（　　）。

（A）切削深度　　（B）进给量

（C）切削速度　　（D）切削力

44．在切削加工过程中，用于冷却的切削液是（　　）。

（A）切削油　　（B）水溶液

（C）乳化液　　（D）煤油

45．在机械制造中划线精度要求控制在（　　）mm。

（A）0.025～0.05　　（B）0.05～0.1

（C）0.10～0.25　　（D）0.25～0.5

46．在尺寸链中某组成环增大而其他组成环不变，会使封闭环随之减少，则此组成环称为（　　）。

（A）链环　　（B）增环

（C）减环　　（D）补偿环

47．任何一个被约束的物体，在空间具有进行（　　）种运动的可能性。

（A）四　　（B）五

（C）六　　（D）七

48．伺服系统是数控机床的（　　）机构。

（A）编组　　（B）执行

（C）支撑　　（D）加工

49．在移动和定位过程中不能进行任何加工的机床属于（　　）控制数控机床。

（A）点位　　（B）直线

（C）连续　　（D）轮廓

50．设有光栅R检测反馈装置的数控机床称为（　　）控制数控机床。

（A）闭环　　（B）半闭环

（C）开环　　（D）半开环

51．按照物体生成的方法不同，实体建模的方法可分为体素法和（　　）两种。

（A）扫描法　　（B）几何法

（C）轮廓线法　　（D）以上皆错

52．计算机绘图系统按其工作方式可分为静态自动绘图系统和（　　）。

（A）数据绘图系统　　（B）投影绘图系统

（C）动态交互式绘图系统　　（D）以上皆错

53．主机、外存储器、输入/输出设备属于计算机系统的（　　）。

（A）部件　　（B）软件

（C）硬件　　（D）以上皆错

54．加工中心与一般数控机床的显著区别是（　　）。

（A）采用CNC数控系统

（B）操作简便

（C）具有对零件进行多工序加工的能力

（D）加工精度高

55．主轴轴线垂直设置的加工中心是（　　），适合加工盘类零件。

（A）卧式加工中心　　（B）立式加工中心

（C）万能加工中心　　（D）镗铣加工中心

56．立式加工中心最适合切削 z 轴方向尺寸相对（　　）的工件。

（A）较小　　（B）较大

（C）很小　　（D）很大

57．计算机辅助软件Mastercam是一套集（　　）和（　　）于一体的模具加工软件。

（A）CAD CAPP　　（B）CAPP

（C）CAD、CAM　　（D）CAM CAPP

58．加工用的NC程序是由以下哪一部分生成的（　　）。

（A）CPU　　（B）微处理器

（C）存储器　　（D）以上皆错

59．在用计算机辅助设计软件进行辅助设计时生成的刀具轨迹属于（　　）文件。

（A）NC　　（B）MC7

（C）NCI　　（D）以上皆错

60．加工中心操作人员不允许（　　）操纵机床。

（A）穿工作服　　（B）戴手套

（C）戴安全帽　　（D）留短发

61．加工中心的刀柄是系列、标准产品，其锥度为（　　）。

（A）7∶25　　（B）1∶3　　（C）7∶24　　（D）1∶4

62．最小加工余量的大小受下列哪些因素的影响（　　）。

① 表面精度糙度

② 表面缺陷层深度

③ 空间编差

④ 表面几何形状调养

⑤ 装夹误差

（A）①②③　　（B）①④　　（C）①②③④　　（D）①②③④⑤

63．在加工中心上应用组合夹具有的优点是（　　）。

① 节约夹具的设计制造工时

② 缩短生产准备周期

③ 夹具精度高

④ 便于单件生产

（A）①②　　（B）③④　　（C）①②④　　（D）①③

64．用任何方法获得的表面，R_a 的最大允许值为3.2μm。

(A) 

(B) 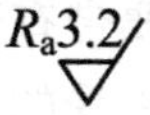

(C) 

(D) 

65. 加工中心的主传动系统的特点有（　　）。

① 转速高、功率大

② 主轴转换可靠，并能自动无级变速

③ 主轴上设计有刀具自动装卸装置、主轴定向停止装置等

(A) ①②　　(B) ②③　　(C) ①②③　　(D) 以上都不是

66. 外螺纹的牙顶及螺纹终止线用（　　）表示。

(A) 粗实线　　(B) 细实线　　(C) 点画线　　(D) 虚线

67. 支架类零件的主视图常选择（　　）位置。

(A) 测量　　(B) 工作　　(C) 加工　　(D) 安装

68. 以下哪种主传动系统适用于大扭距切削（　　）。

(A) 带有变速齿轮的主传动

(B) 通过带传动的主传动

(C) 由主轴电动机直接驱动的主传动

(D) 以上都可以

69. 装配图中，当需要表示某些零件运动范围和极限位置时，可用（　　）线画出该零件的极限位置图。

(A) 细点画　　(B) 粗点画　　(C) 虚　　(D) 双点画

70. 影响导轨导向精度的因素有（　　）。

①导轨的结构形式　　②导轨的制造精度和装配质量

③导轨和基硬件的刚度　　④导轨的重量

(A) ①③　　(B) ①②④　　(C) ①②③　　(D) ①②③④

71. 自动换刀装置应当满足的基本要求是（　　）。

(A) 换刀时间短

(B) 刀具重复定位精度高

(C) 有足够的刀具储存量，占地面积小

(D) 以上都是

72. 以下各类刀库中，结构简单、取刀方便、在中小型加工中心中应用最广泛的是（　　）。

(A) 单盘式刀库　　(B) 链式刀库

(C) 格子式刀库　　(D) 刺猬式刀库

73. 在数控机床机械系统的日常维护中，需要每天检查的有（　　）。

(A) 导轨润滑油箱　　(B) 滚珠丝杠

(C) 液压油路　　(D) 润滑液压泵

74. 如下有关数控机床维护的说法不正确的是（　　）。

(A) 对数控机床，每天要清理分水过滤器中的水分，每年要进行润滑泵和滤油器的清洗

(B) 长时间不用机床时，要定期给系统通电，目的主要是去除潮气

（C）送给数控机床中气动元件的压缩空气中要带有适量的润滑油

（D）在选择刀柄时要注意机床换刀系统所能承受的重量，严禁使用超重超长刀具

75．对于我国普通的数控系统，要求平均无故障时间 MTBF（　　）。

（A）≥10000 小时　　　　（B）≥1000 小时

（C）≥100 小时　　　　（D）<1000 小时

76．有效度是指一台可维修的机床，在某一段时间内维持其性能的概率。其计算方法为（　　）。

（A）平均修复时间/平均无故障时间

（B）平均无故障时间

（C）平均无故障时间/平均修复时间

（D）以上都不是

77．当机床出现主轴噪声大的故障时，原因有（　　）。

（A）缺少润滑　　　　（B）主轴与电动机连接的皮带过紧

（C）传动轴承损坏　　　　（D）以上都有可能

78．滚珠丝杠运动不灵活，可能的故障原因有（　　）。

① 轴向预加载荷太大

② 丝杠与导轨不平行

③ 丝杠弯曲变形

④ 丝杠间隙过大

（A）③　　（B）②③　　（C）①②③　　（D）①②③④

79．加工面在接刀处不平，可能的故障原因有（　　）。

① 导轨直线度超差

② 工作台室铁松动

③ 工作台室度太大

④ 机床水平度差，使导轨发生弯曲

（A）①④　　（B）②③　　（C）①②③　　（D）①②③④

80．用对刀仪静态测量的刀具尺寸与加工出的尺寸之间有一差值，影响这一差值的因素主要有（　　）。

① 刀具和机床的精度和刚度

② 加工工件的材料和状况

③ 冷却状况和冷却介质的性质

④ 使用对刀仪的技巧熟练程度

（A）①④　　（B）②③　　（C）①②③　　（D）①②③④

二、判断题

81．（　　）在特殊情况下，允许出现封闭的尺寸链。

82．（　　）在采用任意选择方式的自动换刀系统中，必须有刀具识别装置。

83．（　　）氧化铝砂轮适用于硬质合金刀具的刃磨。

84．（　　）定位基准的选择应使工件定位方便、夹紧可靠、操作顺手、夹具结构简单。

85．（　）加工中心机床的加工工艺按编程的需要，一般以一个换刀动作之间的加工内容为一个工序。

86．（　）加工中心的编程者要掌握操作技术，而操作工不熟悉编程也可以。

87．（　）数控机床精度检查分为几何精度检查、定位精度检查、切削精度检查。

88．（　）用G44指令亦可达到刀具长度正向补偿。

89．（　）启动DOS操作系统，可按机箱上的RESET按钮或按组合键。

90．（　）POS表示刀具的当前位置。

91．（　）加工中心的主轴在空间处于水平状态的称为立式加工中心。

92．（　）在同样频率比之下，机床系统的静刚度越大，阻尼比越大，动刚度越小。

93．（　）滚珠丝杠副的正、反向间隙空行程量，丝杠的螺距误差，可以通过控制系统的参数设置加以补偿或消除。

94．（　）使用在线检测传感器检测系统可在机床上对加工的工件可以进行在线检测，保证首件加工成功。

95．（　）使用在线检测传感器检测系统不能自动核正刀具与工件的坐标位置，以补偿刀具磨损和机床的误差。

96．（　）整体式结构的铣镗工具系统使用方法可靠，所用的刀柄规格品种数量少。

97．（　）夹具在机床上的安装误差和工件在夹具中的定位、安装误差对加工精度不会产生影响。

98．（　）当基准要素为中心要素时，基准代号的连线应与该要素的尺寸线对齐。（　）

99．（　）组合夹具的基本特点是满足三化：标准化、系列化、通用化。

100．（　）专用夹具的设计和制造周期长，安装精度低，只适用于大批量且精度要求不高的零件加工。

反侵权盗版声明

举报电话：（010）88254396；（010）88258888

传　　真：（010）88254397

E-mail：dbqq@phei.com.cn

通信地址：北京市万寿路 173 信箱

电子工业出版社总编办公室

邮　　编：100036